蛟龙号载人潜水器的故障及处理方法

崔维成　编著

上海交通大學出版社

内容提要

"蛟龙"号载人潜水器的研制是我国海洋高技术领域的一个重大技术突破。立项之初,我国载人深潜技术基础只有数百米,从数百米到7 000米,是一个巨大的技术跨越。更为困难的是当时的设计团队都没有见过真正的大深度载人潜水器。因此,整个研制工作是在边试验边改进的过程中进行的。"蛟龙"号载人潜水器研制过程中出现的故障及其解决方法是一笔宝贵的财富。为了使我国从事深海装备研制工作的技术人员少走弯路,本书编者在原设计人员提供的各个分系统故障分析报告的基础上整理出版此书,期望对加快我国海洋高技术的发展步伐起到一定的借鉴作用。

图书在版编目(CIP)数据

蛟龙号载人潜水器的故障及处理方法/崔维成编著.
—上海:上海交通大学出版社,2017
ISBN 978-7-313-15165-0

Ⅰ.①蛟… Ⅱ.①崔… Ⅲ.①潜水器—故障诊断②潜水器—故障修复 Ⅳ.①P754.3

中国版本图书馆CIP数据核字(2016)第130372号

蛟龙号载人潜水器的故障及处理方法

编　　著:崔维成
出版发行:上海交通大学出版社　　地　　址:上海市番禺路951号
邮政编码:200030　　电　　话:021-64071208
出 版 人:郑益慧
印　　制:苏州市越洋印刷有限公司　　经　　销:全国新华书店
开　　本:787 mm×1092 mm　1/16　　印　　张:11.5　　插页:4
字　　数:247千字
版　　次:2017年1月第1版　　印　　次:2017年1月第1次印刷
书　　号:ISBN 978-7-313-15165-0/P
定　　价:180.00元

前言

在人类发展的四大战略空间(陆/海/空/天)中,海洋是第二大空间,它是生物资源、能源、水资源、金属资源的重要蕴藏基地,也是当前最现实和最有发展潜力的战略空间。但是迄今为止,人类对海洋的了解程度还远不及外太空,隐藏在深海大洋中无穷的奥秘,等待着人类不断地去探索发现。海洋环境的特殊性决定了探索海洋必须依靠高技术的装备,载人深潜技术是现代高新技术的高度综合集成,其难度不亚于航天。

为了实现中华民族"可上九天揽月、可下五洋捉鳖"的梦想,为了提高我国的探查深海资源、开展深海科学研究的能力,科技部在"十五"中期立项,开展了大深度载人潜水器,7 000米级的"蛟龙"号的研制工作。

"蛟龙"号载人潜水器立项之初,我国载人深潜技术基础只有数百米,从数百米到7 000米,是一个巨大的技术跨越。因此,"蛟龙"号载人潜水器在研制过程中面临众多的技术挑战,例如:最为核心的就是总体设计和集成的问题,潜水器究竟配备什么部件,这些部件是什么样子的,所有这些部件怎么布置才能变成一个功能协调的潜水器,这些问题对于当时的"蛟龙"号设计团队来说是非常具有挑战性的,因为当时整个团队中没有一个人见到过真正的大深度载人潜水器,绝大多数的设计师都是本科刚毕业的学生,没有任何工程经验,在文献资料中也找不到答案,我们唯一能看到的是潜水器的大概样子。其次,就是这些设备的加工制造,如载人球、浮力材料、水下电机、高压海水泵、水声通信机等。有些在陆上是相当成熟的技术,如电机、泵、阀之类,到了水下要求体积小、重量轻、耐海水高压和腐蚀,就变得困难重重,步履维艰。

为此,"蛟龙"号载人潜水器的研制集结了全国五十多家优势科研院所的力量,我国科技人员刻苦钻研,集智攻关,攻克了大量的关键技术,如大深度载人潜水器的总体设计和集成技术、大深度载人钛合金球壳的设计技术和其他各种耐压结构的密封技术、高能量密度的深海动力技术、大深度载人潜水器的生命支持技术、高速水声通信技术和应急安全技术等。大量关键技术的突破,助推了我国载人深潜技术质的飞跃。

在研制工作中,我们走的是有中国特色的技术跨越式发展之路。与国际上同类的载人潜水器相比,"蛟龙"号载人潜水器具有如下几个显著的技术特点:

(1)"蛟龙"号载人潜水器具有当前世界上最大的设计下潜深度——7 000米,这意味着该潜水器可在占世界海洋面积99%的广大海域中作业。

(2)国外的有些载人潜水器在作业时,一个机械手必须要找到一个支点,这对热液区来说并不总是现实的，而且这种模式下只有一个手能用于作业，作业能力也受到限制。我们的“蛟龙”号具有针对作业目标稳定的悬停定位能力，不需要支点，两个机械手协同可以完成高精度作业任务。

(3) “蛟龙”号采用了国际上最先进的水声通信方式，可以高速传输数据、命令、语音和图像，有些国外的载人潜水器只能传输部分的信息。同时，“蛟龙”号载人潜水器配备了测深侧扫声呐，可以绘制海底的三维地形图和探测海底小目标。根据我们的了解，国外的几台载人潜水器均没有这一功能。

(4) 具有优良的总体航行和工作性能，具有充分的安全可靠性。因为我们的科研人员在研制时对潜水器的水动力外形优化下了功夫，根据我国乘坐过美国“ALVIN”号载人潜水器的科学家反映，我国“蛟龙”号的水下机动性比“ALVIN”的好。另外，在国外不同载人潜水器上配备的各种自救手段我们均配备了，因此，相比而言，我们的安全可靠性是很充分的。

“蛟龙”号载人潜水器 7 000 米级海上试验的成功，是我国海洋高技术发展的一个具有历史意义的里程碑，对提高我国海洋科技竞争力意义重大。

(1) “蛟龙”号载人潜水器 7 000 米级海上试验的成功，使中国拥有了具有最大深度的第二代作业型载人潜水器，使中国进入了深海载人技术发达国家的俱乐部。试验的成功将有助于提升我国在深海技术领域的国际影响力，并将极大地增强我国海洋科技界及管理决策部门走向深海的信心。

(2) 通过海上试验，锻炼和培养了年轻的中国载人深潜队伍，使这支队伍基本具备了高效、正确开展海试工作、海上现场排除技术故障及解决问题的能力，充分展现了当代科技工作者的科学精神和大无畏的勇气。这支队伍将是我国今后深海事业发展的宝贵财富。

(3) 通过这个项目的实施，对我国深海技术和相关产业发展也起到了很好的推动作用。“蛟龙”号载人潜水器大约 40%的部件是委托国外加工或从国外采购的，但在委托国外加工或采购国外设备的同时，一些设备的国产化工作也着手同步开展。比如，载人舱是潜水器的一个关键设备，由于当时国内钛合金厚板轧制和焊接的能力还不够，我们委托俄罗斯一个船厂加工，并利用克雷洛夫研究院的一个压力筒进行了打压验收。与此同时，我们坚持走自己的路，通过自主创新，也研制出了类似牌号的高强度钛合金，通过国内的技术更新，已经有多个机构具备了大厚板的轧制能力。通过这个过程，我们掌握了载人球的焊接制造工艺，为 4 500 米级载人球的国产化奠定了良好的基础。“蛟龙”号上的水声通信换能器，我们曾准备采用美国的产品，但在调试过程中发现问题，厂家拿回去返修时被美国政府扣住。我国科技人员立足于 500 米深度的一个产品加紧开发，现在也已经到达了 7 000 米的深度水平。潜水器上要用到的 7 个推力器，出于重量与体积的考虑，我们采购了美国某公司的产品，与此同时，我们也启动了国产化工作，在 7 000 米海区，两台国产化推力器换到潜水器上进行海试，也取得成功，而且噪声水平明显比美国的推力器要低。

其他如水下电机、水下 LED 灯、水密接插件、高压海水泵、机械手等设备的国产化问题也已经实现。根据研制人员的判断，即使国外不再卖给我们任何部件，我们的“蛟龙”号载人潜水器也完全可以用国内的产品顶上去，可以说，已经没有任何“卡脖子”的设备会影响到它今后的应用。

总之，这个项目对推动深海技术的发展确实起到了非常重要的作用，目前我们科技部也在积极引导有关企业，把深海高技术转化为产业，如浮力材料、水密电缆和水密接插件、水下推力器等具有较大的市场需求量，完全具备产业化的条件。

以上成绩的取得，是在大量的试验和多次的失败后取得的。尤其是“蛟龙”号载人潜水器研制过程中出现的故障及其解决方法是一笔宝贵的财富。海试现场顾问、科技部“863”海洋领域任命的海试现场技术验收组组长丁抗教授反复交代“蛟龙”号总师组要好好总结，争取出版一本故障集，这对“蛟龙”号今后的安全使用和维护有重要价值，也对我国其他深海装备的研制有重要价值。本书编者是“蛟龙”号载人潜水器总体与集成项目负责人，第一副总设计师。他在 7 000 米级海试期间，曾组织总师组部分人员编写了部分内容，但随后由于工作变动，此项工作一直未能完成。2013 年初，他依托上海海洋大学领导的大力支持，在国内组建首个深渊科学技术研究中心，全力冲刺全海深的着陆器、无人潜水器和载人潜水器的研制。考虑到“蛟龙”号研制过程中出现的故障和处理办法对新团队来说也是一本重要的学习资料，因此，他在原设计人员提供第 3 章相应章节(沈允生(3.1 节)、程菲(3.2 节)、邱中梁和叶聪(3.3 节)、杨申申(3.4 节)、汤国伟(3.5 节)、郭威(3.6 节)、朱敏(3.7 节)、姜磊(3.8 节))的基础上，利用他手中掌握的各年的海试总结报告和其他研制过程中的设计报告，编写完成了本著作，兑现了他对丁抗教授的承诺。因此，本书是“蛟龙”号研制团队 10 年共同奋斗的一项成果，而非编著者本人的学术著作。期望本书给从事深海装备研制的工程技术人员少走弯路能有一定的帮助。尽管编者本人从头至尾做了认真的修改和校对，但由于个人的专业知识的局限，存在的错误和不当之处希望读者尤其是“蛟龙”号的设计人员能及时返回(wccui@shou.edu.cn)，以便再版时更正。

目　录

1 蛟龙号载人潜水器基本介绍

1.1 立项背景和主要研制过程

为了满足我国寻找深海海底资源、赢得“蓝色圈地运动”的胜利，保卫我国海洋国土及资源以及推动我国前沿科学与技术发展的需要，国家科技部在“十五”期间立项支持了“7 000 m载人潜水器(蛟龙号)”项目，中国大洋矿产资源研究开发协会作为大乙方组织实施该项目，它包括潜水器本体研制、水面支持系统研制、潜航员选拔与培训、深海基地建设。潜水器本体由中国船舶重工集团公司第702研究所作为总师单位，中科院沈阳自动化所和中科院声学所作为副总师单位共同承担。702所承担了“7 000 m载人潜水器总体及集成”子课题，负责“蛟龙”号载人潜水器的总体设计、加工建造、总装联调和组织实施海上试验。

载人潜水器本体研制项目从2002年6月由科技部批复立项，至2012年6月30日完成7 000米级海上试验，研制工作整整花了10年。在这10年里，总师组通过任务使命细化和功能实现分析，分系统“四要素”的接口协调和固化，可靠性、质量保证大纲的制订和落实，方案设计、初步设计、详细设计三大设计阶段中关键技术理论分析、试验研究、样机验证、部件设备加工制造、设备及各分系统进行71.5 MPa压力筒内功能考核、潜水器总装集成、陆上分系统功能联调、水池整体性能和功能调试，海试准备和出所检测确认、1 000米级海试、3 000米级海试、5 000米级海试和7 000米级海试，最终成功实现了各项技术指标。

1.2 蛟龙号的主要使命

“蛟龙”号载人潜水器可以在7 000 m以浅海区执行下列主要使命：

运载科学家和工程专家进入深海，在海山、洋脊、盆地和热液喷口等复杂海底地形进行机动、悬停、正确就位和定点坐坡以执行下列任务：

钴结壳勘查，测量钴结壳矿床的覆盖率和厚度，并能利用潜钻进行钻取芯样作业；

热液硫化物勘查和热液喷口的温度测量，采集热液喷口周围的水样，并能保温保压储存样本；

在上述环境内对沉积物、浮游生物、吸附在岩石上的生物和微生物的定点采样；

海洋地质、海洋地球物理、海洋地球化学、海洋地球环境和海洋生物等科学考察的配套任务；

水下设备定点布放（包括换能器、声信标及采样器等）、海底电缆和管道的检测，完成其他深海探询及打捞等各种高难度作业。

1.3 蛟龙号的主要技术指标

“蛟龙”号载人潜水器在海试期间对设计作过一些改进，海试完成后所固化的主要技术指标如下：

最大工作深度：7 000 m。

主　尺　度：长 8.4 m；
宽 3.9 m；
高 3.4 m。

载人耐压球壳：钛合金材料；内径约 2.1 m；
直径 200 mm 的观察窗 1 个，直径 120 mm 的观察窗 2 个。

空 气 中 重 量：小于 23 t。

有 效 负 载：220 kg。

动　力　源：大于 100 kW·h。

航　　　速：最大速度 2.5 kn；巡航速度 1 kn。

使 用 海 况：4 级。

使 用 海 区：深度不大于 7 000 m 的海区。

载　　　员：3 人。

生命支持时间：3×12 人时（正常）；
3×72 人时（应急）。

水下逗留时间：12 h。

推 进 系 统：主推导管桨；
垂推可回转导管桨；
侧推槽道桨；
具有六自由度机动能力。

纵倾调节能力：±20°。

液 压 系 统：作业液压源，功率 6 kW；
辅助液压源，功率 4 kW。

作 业 系 统：七功能主从式机械手（一只，全伸长举力 60 kg）；
七功能开关式机械手（一只，全伸长举力 66 kg）；

热液保压采样器(可容纳 500 mL 的热液)5 只；
沉积物取样器(容积 1 L)。

观 察 系 统：成像声呐(作用距离 100 m)；
测深侧扫声呐(覆盖宽度：测深 2×250 m，侧扫 2×300 m，最小可检测高度 10 cm)；
水下摄像机(高清彩色两只、1CCD 彩色两只、黑白微光一只)；
水下照相机(一只)；
水下照明灯(HMI 灯 4 只、HID 灯 2 只、LED 灯 10 只)。

通 信 系 统：水声通信机(包括声音和图像，最大传输速率 10 kbit/s，最大作用距离 8～10 km)；
水声电话一台；
VHF 无线电通信。

定 位 系 统：远程超短基线定位声呐(最大作用距离 8 000 m)；
长基线定位系统；
激光陀螺(角度分辨率 0.1°)；
声学多普勒测速仪(测海流速度时测流精度±0.4%、±0.2 cm/s，测载体速度时测速精度±0.4%、±0.2 cm/s)；
测距声呐(作用距离 60 m)；
GPS 水面定位。

控 制 模 式：手动；
自动控制，可实现定深(±20 cm)、定高(0.5～50 m，±20 cm)、定航(0～360°，±1°)；
悬停就位，可在小于 0.5 kn 流的环境下，对直径 50 mm 的热液喷口进行 15 min 稳定作业的悬停就位。

起吊回收系统：潜水器与母船的吊车连接，单点起吊，可在 4 级海况下工作，5 级海况下应急回收，具有防撞、止荡和张力控制能力。

应急安全系统：应急电池(能量 2 kW·h)。

应 急 抛 载：可抛弃机械手、电池及压载等。

最终的外形照片如图 1.1 所示。

1.4　蛟龙号系统划分及简单介绍

7 000 m 载人潜水器的总体设计思路如图 1.2 所示。7 000 m 载人潜水器设计的依据为：

- 2001 年 12 月 23 日由科技部组织专家评审通过的“7 000 m 载人潜水器总体方案初步论证”；

图 1.1 “蛟龙”号外形

- 2002 年 7 月 9 日由科技部组织专家复审通过的项目各项技术指标和评审通过的合同书。

经过对任务使命和总体技术指标的深化归纳，提出 7 000 m 载人潜水器必须具备 5 个重大关键性能：

- 潜深 7 000 m 的能力；
- 良好的机动能力；
- 实时通信与微地貌探测能力；
- 保真取样能力；
- 安全可靠性能。

该 5 个性能是体现潜水器总体性能的亮点。在对 5 个重大关键性能细化分析后确定了 7 000 m 载人潜水器研制过程中需要突破的重点关键技术有：

- 超高压深海密封技术；
- 小体积密度耐压结构技术；
- 水动力布局优化技术；
- 人机一体化控制技术；
- 远距离大数据量的水声数字化语音图像传输技术；
- 高分辨率波束形成技术；
- 无源与保真的热液取样器技术；
- 小型化潜钻技术；
- 电气系统和液压系统等的容错技术和冗余设计技术；
- 应急抛载技术。

这些技术的有效突破将为总体技术指标的实现和任务使命完成提供保证。

在重点关键技术的基础上，结合总体技术指标和承担研制任务的三家单位的特点，我们把整个潜水器划分为11个子项和分系统。在每一个子项和分系统的设计中遵循以下4项主要准则，以获得可靠、实用的工程产品：

- 载体性能与作业要求一体化准则；
- 技术先进性和工程实用性统一化准则；
- 技术要素规范化准则——以中国船级社1996颁发的“潜水系统和潜水器入级与建造规范”为基本依据；
- 结构分块化、功能模块化准则。

在此基础上，开展了11个子项和分系统的方案设计、初步设计和详细设计(见图1.2)。

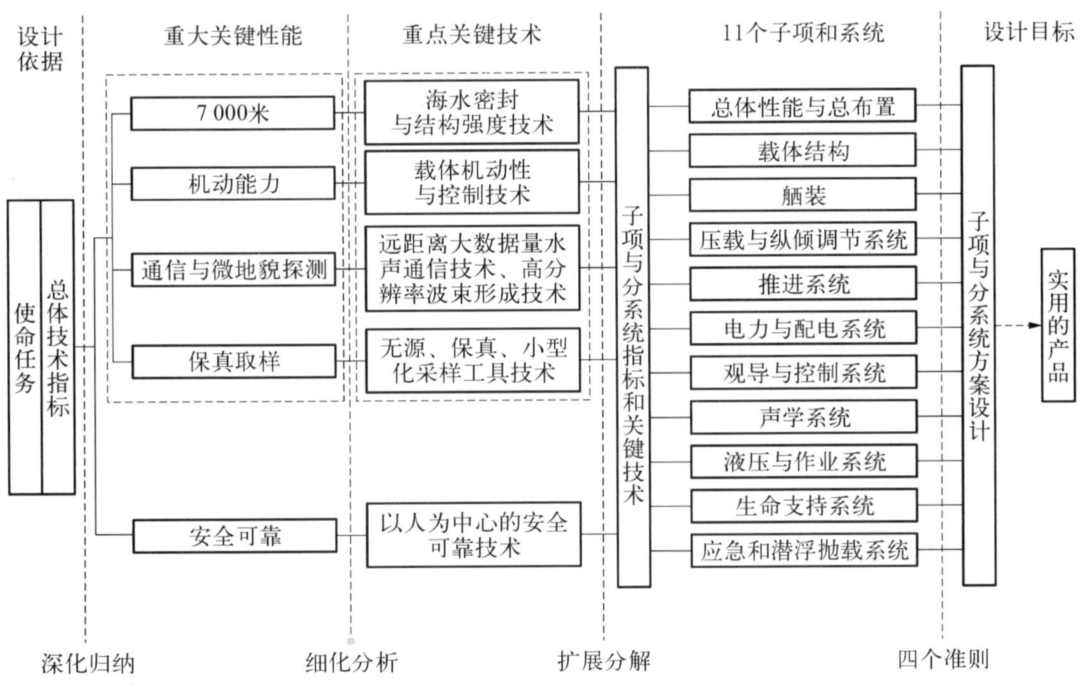

图1.2　7 000 m载人潜水器的总体设计思路

1.4.1　总体性能与总布置

“蛟龙”号的总布置如图1.3所示。潜水器自艉向艏共分为10站，站距0.8 m，基平面为主体的底部平面，坐标原点为基平面、中纵剖面和0＃横剖面的交点，X轴方向朝潜水器艏部，Z轴的方向朝顶部，Y轴的方向朝潜水器右舷。

“蛟龙”号载人潜水器总体布置是在功能模块化和结构分块化的设计思想指导下进行的，目标是使各系统的设备有效地运转，形成一个能够完成潜水器使命和任务的集成整体。在设计过程中，重点保证潜水器的可靠性和可维性。

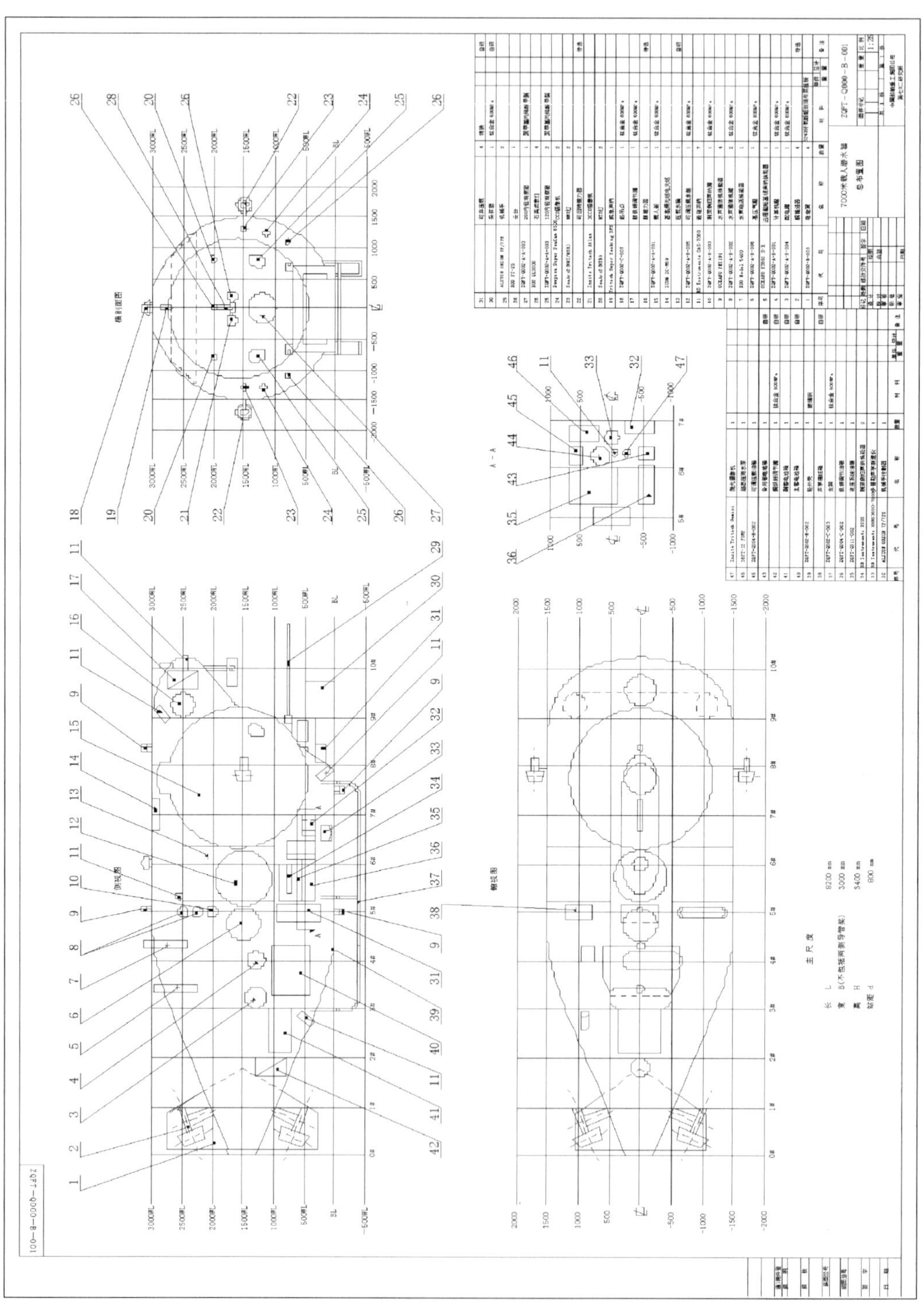

图 1.3 “蛟龙”号载人潜水器总布置

根据载人潜水器的外形结构和功能特点，将潜水器划分为以下5个主要的模块：

1）观察与作业

潜水器的使命任务特别地强调了观察与作业的功能，实用性在总布置中得到了特别的重视。

深海几乎漆黑一片，先进的光源、观察窗、摄像机系统和不依赖光的声学设备实现了潜水器的观察功能。这些设备主要布置在艏部，按照各自的特点确定其空间位置。

成像声呐布置在顶部，部分嵌在浮力材料内，探头伸出潜水器轻外壳，这样布置的目的是充分利用声呐的远距离成像能力。

用于高清晰观察和记录的3CCD摄像机以及一只石英卤素灯安置在艏部的云台上，可以对不同方向进行摄像。

两只CCD摄像机、两只HMI灯、两只HID灯和四只石英卤素灯布置在载人舱的四周，相互配合使用。

在潜水器的中部，布置了一台测深侧扫声呐，用于观测海底微地貌；同时布置有镜头向下的微光摄像机，其作用是对潜水器坐底目标的地质情况进行观察。

潜水器的作业工具布置在载人舱前的采样篮内，两只七功能机械手布置在采样篮两侧。

在对观察和作业模块的布置过程中，视野和作业范围得到了有效的划分，各范围如何重叠也是重点考虑的，观察的视野覆盖了左右上下各个方向，机械手和采样篮的相互关系也满足潜水器使命任务的要求。

2）载人舱

载人舱是潜水器的中枢，设置有三名乘员和大量的设备。如何高效地利用有限的空间和提供以人为中心的工作环境是首要考虑的两个问题。

在载人舱内配备一名驾驶员，位于中间200 mm观察窗的后面，他不仅要负责操纵潜水器的运动，还要负责机械手的操作控制并保持与支持母船之间的通信联系。

潜水器每次下潜可以携带2名科学家，他们位于驾驶员两侧，在120 mm观察窗的后面。科学家自带笔记本电脑进行数据记录与分析，同时他们可以控制一台舱外的摄像机进行观察和记录，也可以使用舱内辅助设备，如微型手持式数字摄像机，通过观察窗进行数据与图像记录。

载人舱内电气设备的布置是以乘员操作方便为目标进行规划的，在载人舱的前方主要布置各种设备的状态显示、综合信息显示和驾驶员操作控制面板，两翼各布置一个标准机架，用于安放视频设备和水声设备，在载人舱的后方，布置有生命支持系统、接线箱和供电系统，在载人舱上方布置载人舱内照明设备，下方布置通风设备、二氧化碳吸收装置、除臭装置和吸湿装置。

3）重量与浮力调整

重量与浮力调整部分布置的依据是潜水器重量与姿态计算，兼顾潜水器的水动力外形。根据不同的功能作用，潜水器的重量与浮力调整分为以下几个部分进行说明：

潜水器的大部分浮力由低密度的浮力材料提供，体积约 12 m^3，大部分布置在潜水器的顶部，这样布置的好处是可以增加潜水器水下的浮心高度。

压载水箱的作用是调节潜水器浮于水面的干舷，水箱的位置在潜水器的重心附近，用于吹除水箱内海水的高压空气存储在高压气罐内，气罐的位置紧跟水箱，这样减少了高压气路和阀件的布置难度。

潜水器依赖自身的负浮力下潜；下潜一定深度后，海水密度会增加，需要一定的重量来平衡；上浮的时候又需要一定的正浮力，这些重量和浮力的调整是由可弃压载来实现的。可弃压载的重量和位置通过潜水器下潜和上浮计算确定。

可弃压载的重量在每次下潜以前都经过计算，但是海底的情况难免与估算的结果有微量的差别，同时，潜水器作业也会带来潜水器重量的变化，这两部分的调节由可调压载系统完成。可调压载舱布置在潜水器重心附近，调节过程中不影响潜水器的姿态。

潜水器的纵倾调节通过移动艏艉调节罐中的水银来实现，在水动力外形允许的情况下，艏艉纵倾调节罐的布置应尽量获得最大的纵向距离。

4）机电设备

机电设备的布置主要考虑了可维性和潜水器重量、姿态平衡。

潜水器的电力由油浸银锌蓄电池提供，蓄电池分为 4 组，其中主蓄电池箱和副蓄电池箱重量比较大，而且还需要从潜水器上拆卸，所以两个蓄电池箱布置在艉部，这样可以使潜水器前后弯矩平衡，平时维护也比较方便。

液压源的作用是给潜水器的压载与重量调节系统、作业工具和应急抛载机构等提供液压动力，从可维性的角度出发，将需要液压动力的绝大多数设备集中在潜水器的中部，从液压源的油箱到纵倾调节油箱、可回转推力器回转机构、机械手控制器、抛载机构、可调压载系统油箱及其高压海水泵等设备的距离都比较小，方便布置管路，而且可以采用集中补偿的方法，减轻液压系统补偿的复杂程度，提高可靠性。

潜水器中的电气线路布置也遵循可维性的原则，并注意电磁兼容等因素。配电罐就布置在主、副蓄电池箱顶部这两者之间；和载人舱贯穿件对应的两个接线箱的位置紧跟在载人舱的后面，固定在框架上；和声学、航行控制对应的接线箱亦布置在对应设备的附近。缆线的长度通过这样的布置可以减少，还可充分利用框架型材的空隙，布线的空间也节省了。

这一部分的布置对潜水器的维护方便加以充分的考虑。通过打开两侧的轻外壳，所有机电设备都可以得到检修。在液压设备和蓄电池箱之间布置的可弃压载，当潜水器在甲板上或者在车间里时并不需要安装时，就可以空出长 0.6 m，宽 1.4 m 的空间，方便维护人员进入到潜水器轻外壳内，向前可以检修液压设备，向后则可拆卸蓄电池箱和航行控制计算机罐。

5）外部设备

潜水器的外部设备主要包括轻外壳、稳定翼、推进器、支架以及观通导航定位需要的换能器和天线这些布置在潜水器主体以外的设备。在布置上主要考虑的是这些设备的功能和正常使用所需要的环境要求。

推进器和稳定翼的布置是潜水器的水动力外形决定的,轻外壳的作用也是保证潜水器的水动力外形,总体布置完全满足了它们空间位置的要求。

底部支架在潜水器坐沉海底时会用到,位置和尺寸由载体结构的计算确定。通过协商,其位置和潜水器抛载、维护等性能不会冲突。

每个声呐设备的布置都满足覆盖一定的作用区域,伸出外壳一定距离,发射面无遮挡,较少振动、噪声和水流影响等要求。其他的设备例如水声电话的换能器、甚高频无线电通信天线等,也根据其使用时段和环境,确定了它们的空间位置。

潜水器的水动力性能主要包括线型与阻力、操纵性以及无动力上浮下潜性能 3 个部分。各部分的主要任务分别为:

(1) 线型与阻力。在保证总布置及总体性能的前提下,给出水动力性能优良的载体线型。

(2) 操纵性。针对载人潜水器运动稳定性和机动性要求,为潜水器提供满足总体性能指标的操纵性设计。

(3) 无动力上浮下潜设计。提供满足上浮下潜转移速度和姿态要求的上浮下潜压载设计。

上述 3 个部分是相互关联、相互制约的,在进行各部分设计时,应通盘考虑、综合平衡各部分的工作,以获得整个系统优良的水动力性能。

1.4.2 载体结构

载人潜水器的载体结构按承载方式可分为耐压结构和非耐压结构。耐压结构是保证科学家、工程技术人员或其他电子设备能在常压环境下进行海底科学考察和勘探作业的关键,也是保证非耐压的仪器设备能在深海环境下正常工作的基础。它包括能承受深海压力的大直径载人耐压壳、小直径仪器耐压罐、可调压载水舱、高压气罐等耐压壳体以及低密度浮力材料。非耐压结构包括支撑结构、轻外壳和稳定翼等,用来保证潜水器外形并承受潜水器总体载荷。

耐压壳体的重量约占潜水器总重量的 1/4 左右,因而合理设计耐压壳体,在保证强度的基础上,尽可能降低壳体重量,对潜水器性能有举足轻重的影响。目前,耐压壳的设计计算理论相对已经比较成熟,可选用新型的轻质高强度材料,从而降低耐压壳的重量。浮力材料为潜水器提供正浮力,部分构成潜水器流线的外形,还有的作为稳定翼的填充材料和内部设备的安装底座等。浮力材料的重量约占大深度载人潜水器总重量的三分之一左右,浮力材料的密度愈小,潜水器的重量愈轻。在不降低强度的前提下,降低浮力材料的密度仍然是目前研究需要追求的目标,但难度已经越来越大。

非耐压结构中,支撑结构既为潜水器内部的耐压壳和各种仪器设备等提供安装基础和支架,又给外部结构中的浮力块、轻外壳、稳定翼和外部设备提供支撑,而且还是潜水器吊放、回收、母船系固和坐沉海底时的主要承载结构,是重要的外部结构。轻外壳提供部分流线型的外形,保护内部设备免受外物碰撞;稳定翼用于提高潜水器的稳定性和水动力性能。支撑结构、轻外壳和稳定翼不必承受深海压力,但支撑结构需保证潜水器吊放回收的强度。非耐压结构重量一般占载人潜水器总重量的百分之十左右。而轻外壳和稳定翼的重量较轻,非耐压壳的重量主要集中在支撑结构上。如前所述,内部耐压结构的重量减轻已经较为有限,而支撑结构尚没有成熟的设计规范,结构形式差别很大,导致支撑结构重量可能的变化幅度较大,因此对支撑结构的合理设计将对减轻整个潜水器的重量具有重要作用。

1) 耐压结构的设计

"蛟龙"号载人潜水器上耐压结构主要有两种结构形式——球壳和柱壳两种,载人舱球壳、可调压载水舱和高压气罐均属于球壳,而其他的耐压罐都属于柱壳。

目前,对于浅深度的承受外压的钢制球壳和柱壳,计算方法基本上都比较成熟,可采用任何一个船级社的设计规范。对"蛟龙"号来说,其最大工作压力达到 71 MPa,材料选用的是高强度钛合金,国内外的规范上均没有成熟的计算方法,而且不同规范之间的差别很大。

图 1.4 "蛟龙"号载人舱球壳的实物照片

以载人舱球壳为例(见图 1.4),载人球耐压壳体的基本结构形式为大开孔球体结构。该球壳上设有一只透光直径 480 mm 的出入舱口孔、两只透光直径为 120 mm 的侧观察窗孔和一只透光直径为 200 mm 的主观察窗孔。对载人球壳的设计首先要合理确定完整球体下的壳体基本厚度,然后考虑开口区域的结构加强,并对加强结构进行几何尺寸优化,最终达到满足强度与设定空间尺度下的重量最轻的优化结果,也就是体积密度的最小化。对大深度完整耐压球壳体极限强度的计算主要有经验公式、有限元方法等。在研制蛟龙号的过程中,我们开发出了自己的极限强度计算方法[7],并被中国船级社收入他们的设计规范[8]。在满足极限强度的前提下,所有加强部位的最大应力在最大工作压力下,也要满足不超过材料屈服强度的要求,这可以通过有限元应力分析来加以检验[2,3]。图 1.5 是有限元应力分析的结果。

2) 非耐压结构的设计

载人潜水器的非耐压结构包括载体框架、稳定翼和轻外壳等,其中载体框架的设计,在此之前我国没有这方面的设计经验。根据"蛟龙"号潜水器总体性能和总布置的要求,结合国外已有潜器载体框架的分析,我们先后设计了 6 套载体框架结构的方案(见图 1.6),最终确定了"蛟龙"号载人潜水器载体框架现在的方案,即最后一个方案(图 1.7)。

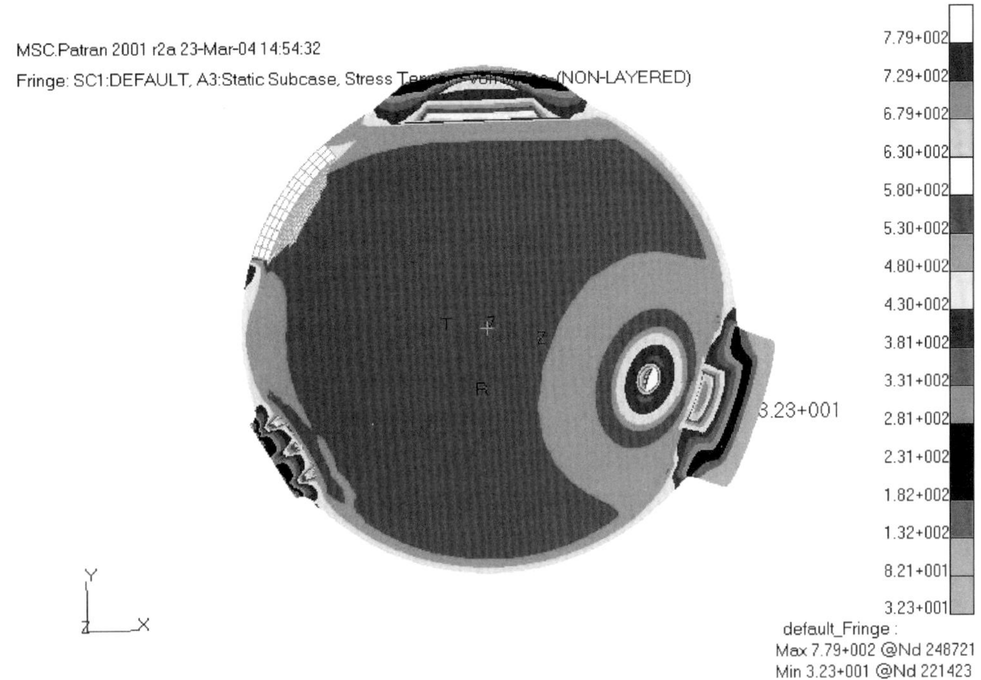

图 1.5　载人球壳 71 MPa 压力下应力分布(内表面)

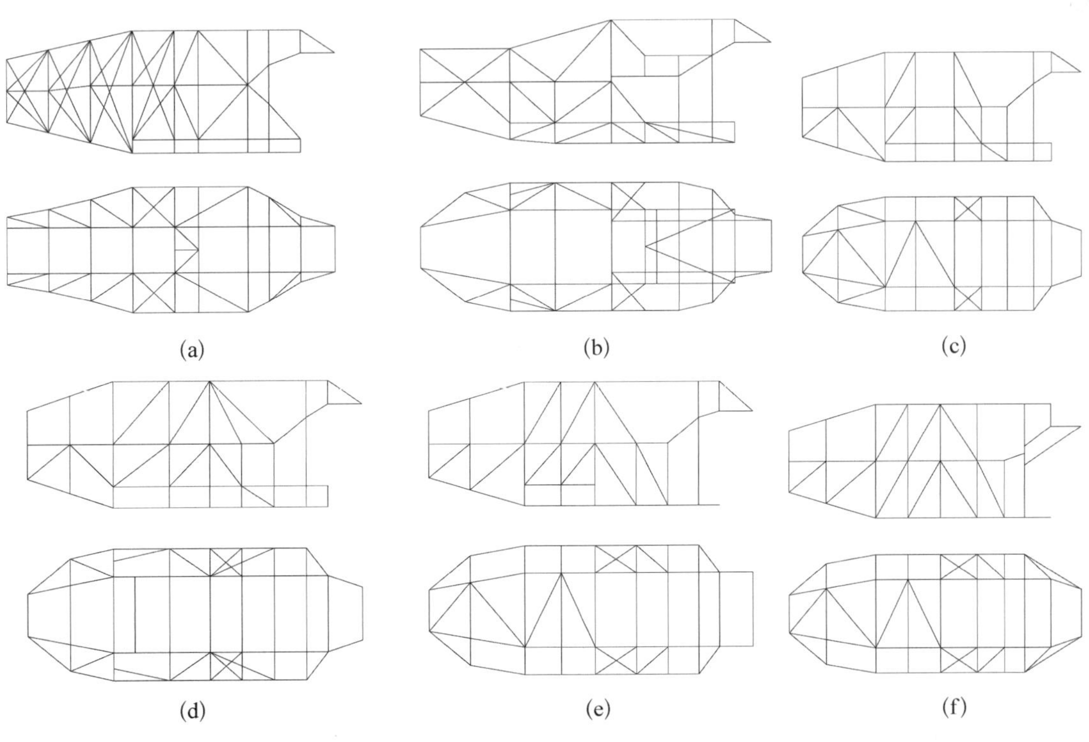

图 1.6　“蛟龙”号框架设计的演变过程

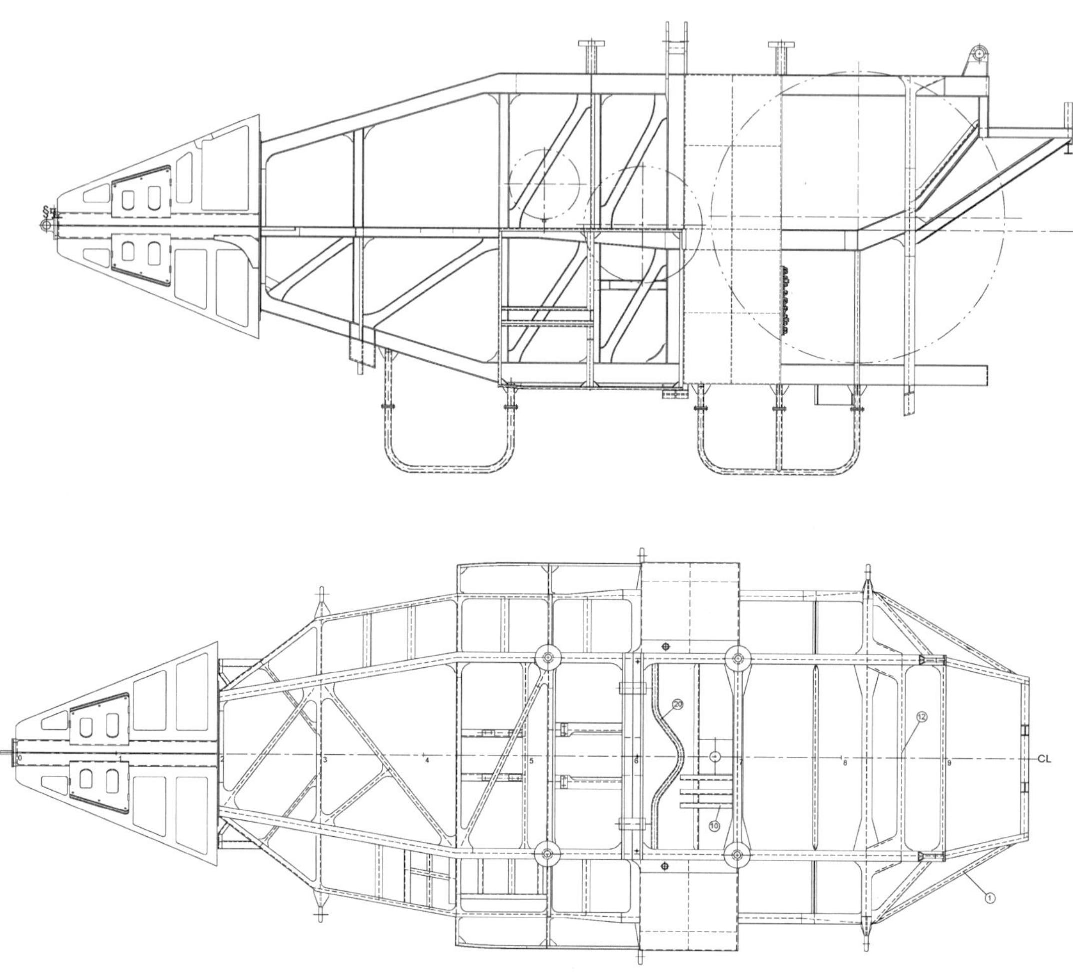

图 1.7 “蛟龙”号的最终框架设计

在载体框架结构的设计中，为了满足受力和承载以及安装精度的要求，框架采用分段设计，体现了结构分块化和功能模块化的特点。在制造和安装方面，实用性强，同时框架间距大于 600 mm，这不仅便于浮力材、轻外壳的安装，也给内部设备的维护保养和更换带来了方便。只要轻外壳或浮力材卸去，维修人员便可在框架间检修或进入框架内部保养测试，可维性高。

从现在的眼光来看，“蛟龙”号框架设计还有很多可改进之处，其中最需要改进的是载人舱与框架的连接应采用可拆卸的螺栓连接而不应采用焊接，因为，载人舱在使用过程中需要定期进行无损探伤检测。

1.4.3 舾装

潜水器舾装分系统包括安装台架、系固设备、设备保护支架、挂缆扶手以及防海水腐蚀、表面涂装和内装饰。

1.4.4 压载及纵倾调节系统

压载及纵倾调节系统是在潜水器遇到浮力与重力不平衡的情况时，对潜水器的压载进行有效调节的一套系统。

可调压载分系统的原理如图 1.8 所示。当浮力小于重力时，可调压载分系统可以利用高压海水泵将可调压载舱中的海水泵出，从而减少海水压载，提高潜水器的浮力；当潜水器需要得到负浮力时，该系统可以让海水注入可调压载舱中，以减少潜水器浮力，便于坐底作业。

当潜水器在水表面下潜或上浮时，压载水箱给排水分系统可以利用高压气罐中的压缩空气的吹除功能，实现潜水器最大浮力调整范围达 1 500 kg。其原理如图 1.9 所示。

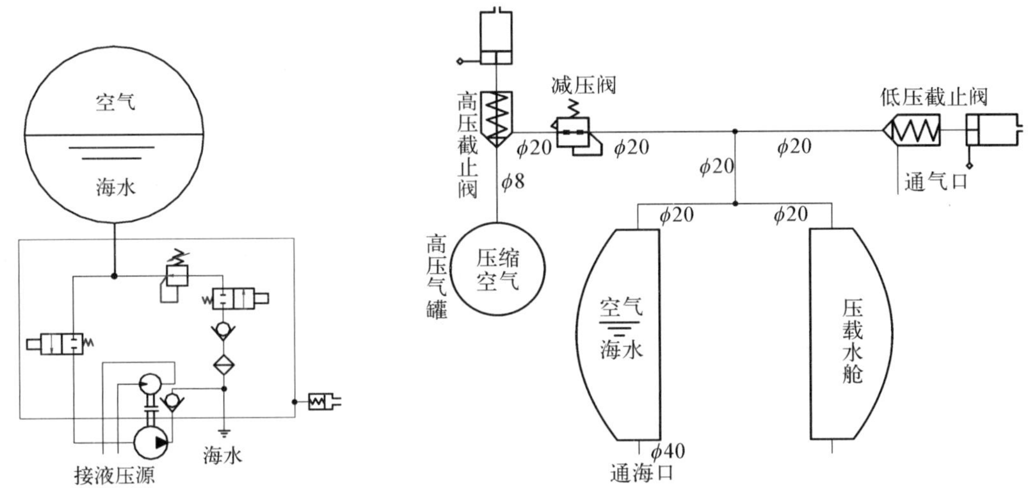

图 1.8　可调压载分系统原理　　**图 1.9　压载水箱给排水分系统原理**

纵倾调节分系统的功能是利用调节前后水银的重量分配，达到调节纵倾的目的。其原理如图 1.10 所示。

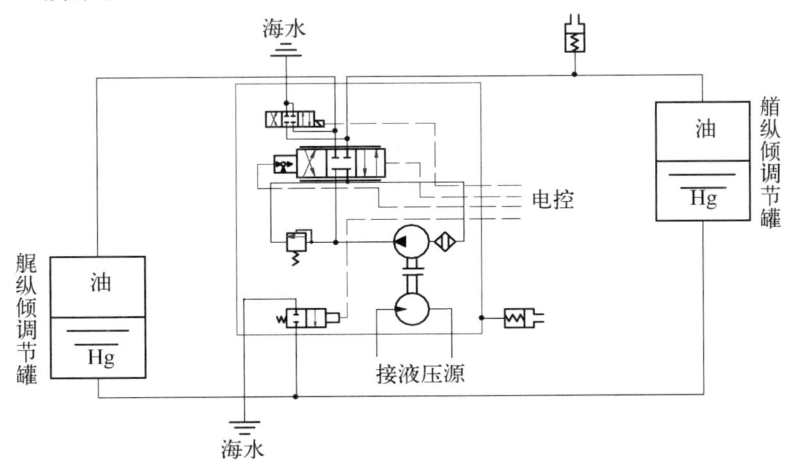

图 1.10　纵倾调节分系统原理

可调压载和纵倾调节分系统都是通过液压系统提供的高压油源驱动液压马达来带动海水泵和纵倾调节油泵进行有效工作的。

1.4.5 推进系统

“蛟龙”号载人潜水器的推进系统包括三大部分：① 4 个成“十”字形布置的艉推进器；② 2 个垂向可回转推力器；③ 1 个横向艏推力器。考虑到 7 000 m 大深度工作设备的可靠性难度以及合同要求完成时间的紧迫，为此首选由国外引进整套推进系统，包括螺旋桨、潜水驱动电机减速装置、压力补偿装置及其控制器。

1.4.6 电力及配电系统

电力及配电系统是 7 000 m 载人潜水器动力之源，负责整个潜器的供电任务，它具备如下功能：

(1) 为推力器电机、液压源电机及潜器外各种照明灯提供 110 V 直流电源。

(2) 为水声设备、运动控制系统、传感器及潜器载人舱内的各种设备仪表提供 24 V 直流电源。

(3) 在 24 V 直流电源故障时，为通信、生命支持系统及载人舱内照明等提供直流 24 V备用电源。

(4) 根据潜器上所有设备的功率消耗及典型航次的时间历程配备充足电量。

(5) 对主要供电回路进行配电切换和安全保护。

(6) 负责各电气设备之间的连接。

电力及配电系统由主蓄电池、副蓄电池、备用蓄电池、应急蓄电池、配电和电气线路总布置 5 个部分组成。

1.4.7 观导与控制系统

根据 7 000 m 载人潜水器的总体方案分解，观导与控制系统和其他分系统结合实现载人潜水器的载人舱外照明和摄像、与工作母船之间的辅助通信、运动操纵、手动和自动驾驶、机载设备控制、系统状态检测、故障检测报警和所有电气设备的数据显示、交换和记录，构成一套适应深海作业需要的先进人—机系统和自动观导与控制系统，以最大限度地提高潜水器使用效率，降低操作人员的劳动强度，同时提供完善的信息和检测系统以实现设备作业过程记录和保障设备的作业安全。观导与控制系统分为观通、综合信息显控、导航定位和航行控制 4 个分系统，其主要技术指标和性能要求如下：

(1) 观通分系统技术指标。

- 水下摄像机：3CCD 彩色摄像机　　1 个
  1CCD 彩色摄像机(450 线)　　2 个
  SIT 微光摄像机　　1 个

- 水下灯：HMI 卤素汞碘灯(400 W)　　2 个
  HID 高强度放电灯(400 瓦)　　2 个
  石英卤素灯(250 瓦)　　4 个
- 水下云台　2 自由度　　1 个
- 视频控制器　　1 套
- 图像显示及贮存系统　　1 套
- VHF 无线电通信机　　1 套
- 水声电话　　1 套
- 视频控制器、VHF 无线电通信机在载人舱内，其他要求工作在 7 000 m 水下，总重小于 132 kg。

(2) 综合信息显控分系统性能要求。

- 设备和面板的色彩和材料必须与总体舾装要求相一致。
- 操作面板的设计要根据球壳内总布置要求进行，并尽可能方便操作人员的操作需要。
- 重量：小于 50 kg(不包括计算机罐重量)。

(3) 导航定位分系统性能要求。

- 导航定位分系统配备的传感器有：光纤陀螺、纵倾传感器、横倾传感器、深度计。
- 光纤陀螺：可提供潜水器艏向相对于地球南北的角度，可测量 360°范围，精度为 0.1°，同时还可以提供 3 个角速度：艏摇、横摇、纵摇。
- 纵倾传感器：可提供潜水器纵向相对于水平横轴的旋转角度。
- 横倾传感器：可提供潜水器纵向相对于水平纵轴的旋转角度。
- 深度计：提供潜水器相对于海面的距离，其精度为 0.01%。
- 重量小于 5 kg。

(4) 航行控制分系统技术指标。

- 自动定深：范围 0～7 000 m、精度±20 cm(控制精度)。
- 自动定高：范围 0.5～50 m、精度±20 cm。
- 自动定航：范围 0～360°、精度±1°。
- 自动纵倾：范围 0～20°、精度±2°。
- 自动避碰：可自动躲避在 1～50 m 范围内设定的障碍物。
- 悬停就位：可实现在较小的环境流下，对直径 50 mm 的热液喷口进行 15 min 稳定作业的悬停就位；
- 载人舱内设备重量：小于 10 kg。

1.4.8 声学系统

根据 7 000 m 载人潜水器的总体方案分解，声学系统为潜水器研制和配备水声通信机、高分辨率测深侧扫声呐、声学多普勒测速仪、避碰声呐、成像声呐和远程超短基线定位声呐共6部声呐,其主要技术指标与性能要求如表1.1所示。

表1.1 声学系统主要技术指标

设备	主要技术指标	
水声通信机	工作频率	8～13 kHz
	传输图像	传输速率10 kbit/s 位误差概率 10^{-2}～10^{-3}
	传输语音	传输速率1 024 bit/s 位误差概率 10^{-2}
	传输指令	传输速率256 bit/s 位误差概率 10^{-4}～10^{-5}
	最大作用距离	8～10 km
	最大工作水深	7 km
	重量	小于22 kg(包括换能器、连接电缆和处理器的重量)
远程超短基线定位声呐	工作频率	16±1.5 kHz
	最大作用距离	8 000 m(环境噪声为60 dB时)
	测距精度	0.5%×斜距(60°圆锥角内)
	最大工作水深	7 000 m
	重量	小于25 kg(指潜水器部分)
避碰声呐	工作频率	400 kHz
	作用距离	60～100 m
	波束数	7个
	最大工作水深	7 000 m
	重量	小于105 kg(7个声呐及处理器和耐压罐的总重)
声学多普勒测速仪	工作频率	300 kHz
	海流剖面测量	最大作用距离80 m,最小层厚1 m 测速精度±0.4%　±0.2 cm/s
	测载体速度	最大作用距离150 m 测速精度±0.4%　±2 cm/s
	最大工作水深	7 000 m
	重量	小于12 kg(包括连接件重量)
高分辨率测深侧扫声呐	工作频率	150 kHz
	波速3 dB角宽	垂直角宽:100°;水平角宽:1.5°
	覆盖宽度	测深:2×250 m;侧扫:2×300 m

（续表）

设　备	主　要　技　术　指　标	
高分辨率测深侧扫声呐	垂直于航迹分辨率	10 cm
	最小可检测高度	10 cm
	最大工作深度	7 000 m
	重量	小于 40 kg（两个换能器、处理器和连接电缆总重）
成像声呐	工作频率	325 kHz、675 kHz
	最大工作深度	7 000 m
	作用距离	300 m
	重量	小于 3 kg（指换能器和连接电缆的重量）
运动传感器	重量	小于 15 kg
声学系统载人舱内设备	重量	小于 15 kg（3 个计算机和两个监视器及安装架总重）

1.4.9　液压与作业工具系统

液压系统是 7 000 m 载人潜水器的重要动力源，为潜水器的运动和作业系统提供液压动力能源（如为潜水器进行浮力调整、姿态调整以及进行水下采样作业时提供液压动力）。潜水器上使用的液压系统通过有效的压力补偿，可以在高压环境下工作，而不需要设计坚实的耐压壳体结构来保护，因而使其具有重量轻的优点，可安装在潜水器的非耐压结构支架上，从而可为潜水器设计节省更多的耐压空间，降低耐压球壳结构设计的难度，同时提高了整个潜水器的安全性和可靠性。

为了确保 7 000 m 载人潜水器在深海环境下有先进的作业能力，在潜水器上配置了功能较强的机械手和多种功能的专用作业工具——潜钻、热液保真取样器、沉积物取样器三大装置，这样可以借助于操作人员的灵活控制来发挥作业工具的特定功能，即可以完成对钴结壳、锰结核的采集或钻探取样，以及对热液硫化物、悬浮生物和沉积物的取样，并借助于这些特定工具的保温、保压功能实现安全可靠的保真取样。

液压系统主要技术指标和性能：

- 整个系统的工作环境为水下 7 000 m。
- 整个系统应具备良好的防腐特性。
- 液压泵源最大消耗功率不大于 10 kW；其工作电源为 110 V 直流，阀件控制电源为 24 V 直流。输出液压管路总计 16 路。最大工作压力为 21 MPa。
- 潜钻的工作油源压力为 21 MPa，阀件控制电源为 24 V 直流。
- 机械手应具有 7 个自由度。
- 潜钻能取≥ϕ18×200 mm 的钴结壳带部分基岩的芯样；总重量不超过 80 kg。

- 热液保真取样器和沉积物取样器的采样有效体积分别为 0.5 L 和 1 L，并应具有保温保压功能和保真功能；单件重量分别不大于 10 kg。

1.4.10 生命支持系统

载人潜水器的生命支持系统通过控制载人耐压舱中的氧气浓度，吸收二氧化碳，创造一个适合于乘员工作的生存环境。

生命支持系统的主要技术指标：

(1) 生命支持总时间为 3 人×84 小时=252 人・时，

其中：正常工作生命支持时间为 3 人×12 小时=36 人・时；

应急状态生命支持时间为 3 人×72 小时=216 人・时。

应急状态生命支持时间又可分为两部分：

开放式生命支持时间为 3 人×60 小时=180 人・时；

口鼻面罩式生命支持时间为 3 人×12 小时=36 人・时。

(2) 载人舱内氧浓度控制范围：17%～23%。

(3) 载人舱内二氧化碳浓度控制范围：<0.5%(正常工作)；

<1.0%(应急状态)。

(4) 载人舱内维持常压。

(5) 重量指标为 260 kg。

生命支持系统的主要性能要求：

氧浓度、二氧化碳浓度监测仪表有数字式和模拟式各 1 套，数字式仪表带有数据接口，计算机能直接和仪表连接，读取数据。当数据超出范围时，能发出报警信号。氧浓度仪表的显示分辨率不低于 0.1%，二氧化碳浓度仪表的显示分辨率不低于 0.1%。仪表的传感头应该是免维护的。数字式氧浓度计的输出同时作为自动供氧控制的输入信号。

载人舱保持 1 个大气常压，由一数字式压力计监测并显示。当压力超出此范围时，能发出报警信号。该压力计带有数据接口，计算机能直接和它连接，读取数据。压力计的分辨率不低于 0.1 kPa。压力计的监测范围应包含 50～150 kPa。

有测量舱室内温度、湿度并能显示的仪表。

有使舱内空气流动循环的功能。

1.4.11 应急和潜浮抛载系统

应急安全系统是在潜水器遇到紧急情况必须及时返回水面待救而在潜水器上设计安装的一套应急抛载系统。应急抛载功能的启动，一方面在作业工具如采样篮和机械手等由于缠绕而无法脱身时可以抛弃作业工具；另一方面，当耐压体出现渗漏现象时，通过抛弃潜水器携带的高密度物质，如纵倾调节水银、主蓄电池箱等，可使潜水器获得尽可能大的浮力和上浮速度，以便使潜水器能够在最短的时间内上浮到水面接受救援。

整个应急抛载过程视紧急程度决定具体抛载步骤。一般情况下，首先抛弃的是取样器，其次抛弃的是纵倾调节用的水银，最后抛弃的是主蓄电池箱。这样可以使潜水器获得将近 2 000 kg 的浮力。机械手只有在被缠绕的情况下才启动抛弃动作。

在实施抛弃过程中，潜水器重量分布的变化，会导致潜水器重心和浮心位置的改变，从而使潜水器原有的平衡被打破，有可能使潜水器产生横倾和纵倾，为此，在进行应急安全系统设计时，应确保系统在横倾 $\pm 15^{\circ}$，纵倾 $\pm 30^{\circ}$ 的范围内能够正常抛载。为安全起见，应急抛载功能应采用双重保险的抛载方法，即在液力抛载失效的情况下，可以采用电爆法继续实施有效抛载。

潜浮抛载系统是用于抛弃潜水器的下潜和上浮可弃压载的，每次潜水均需要实施抛载动作，因此在设计中首要考虑的是其可靠性。在设计上浮下潜压载抛载机构时，除了考虑电磁铁抛载方案外，另外设计了一套通过液压油缸进行抛载的备用机构，在电磁铁抛载失效时，通过应急操作驱动该机构，实施应急状态下对上浮下潜压载的抛弃。

抛载装置如图 1.11 所示，其工作原理如下：

(1) 吊挂动作：将左叉、右叉及主轴组成“剪刀”状，重物夹挂在“刀口”部位，再将挡杆套进杠杆的槽内，挡住左叉、右叉的“刀柄”外摆，杠杆在拉簧的拉力下紧靠侧板，完成起吊时的自锁功能，此时油缸无压力油而处于待命状态或电磁铁处于通电状态。

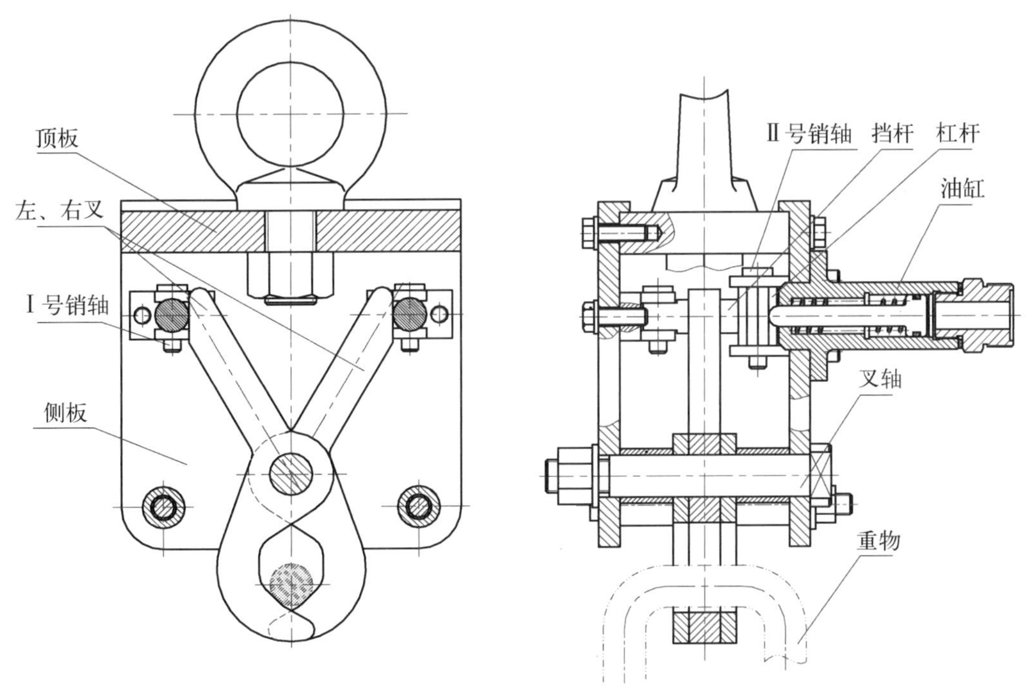

图 1.11　抛 载 装 置

（2）抛弃动作：当接通控制油缸的电磁阀或者电磁铁关断电源，在油缸活塞杆的推动下或者在电磁铁无吸力时，杠杆克服拉簧拉力并绕销轴Ⅱ摆动，脱离套牢挡销的部位，此时挡销可绕销轴Ⅰ自由摆动；在重物重力在左叉或右叉上的转化力的推动下，又因失掉挡销卡位的条件下，左叉或右叉的“刀柄”就可以向外摆动，其“刀口”部位就随之张开，重物也会自动脱离，即完成抛载的任务。

（3）油缸活塞在待命状态时，是靠缸内弹簧作用自动缩入缸体内，活塞杆头部对杠杆保持一定间隙；或者在电磁铁通电时，磁铁铁芯吸牢杠杆。这样就让其保持自锁位置，可实现抛载的双保险。

1.5 蛟龙号与国际同类载人潜水器的比较

与国际同类型的大深度载人潜水器相比，蛟龙号具有以下 4 个技术特色：

1）最大的作业深度

“蛟龙”号具有最大的工作深度——7 000 m。项目组通过反复的理论分析、模型试验和功能样机试验，解决了钛合金载人球壳的设计和建造、高压海水环境下的压力补偿、大容量低析气量的油浸银锌蓄电池等一系列技术难点，在此基础上研制的耐压设备均通过了 7 000 m 深度高压环境的功能考核试验，确保了在 7 000 m 深度时的耐压、密封、作业能力。

2）优良的操纵性能和航行控制能力

“蛟龙”号具备独特的低阻流线型主体＋X 型稳定翼＋7 个矢量布置的推力器的水动力布局形式，具有优良的操纵性能，通过采用手操与自动控制两种模式来实施各推力器之间的匹配和协同工作，可获得包括纵向、横向、垂向、转向、俯仰、横倾在内的 6 个自由度机动控制能力，配合压载和纵倾调节装置可有效地执行巡航、悬停、爬坡、坐底和离底等各种复杂任务。

3）最多种类的安全保障措施

“蛟龙”号具备最多种类的安全保障措施。潜水器装备了可互为备用的仪表电池、生命支持系统和水声通信设备，装备了在应急情况下使用的应急供电系统和面罩式呼吸装置。在潜水器运行的全过程，电路接地故障检测系统能够实时诊断、隔离电气绝缘故障，能有效预防电源短路、载人舱漏水等故障的发生。在不同的应急状态下，可采取多种冗余的手段完成包括可弃压载、主蓄电池箱、纵倾调节水银、机械手、采样篮在内的 6 种应急抛弃，并可在深海释放应急浮标装置，从而获得水面支持母船的救援。

4）优良的水声通信和探测能力

“蛟龙”号可实现水面和海底之间最大距离达 10 km 的水声数字通信，在带宽为 5 kHz 时其最大通信速率达 10 kb/s，可同时传输语音、图像、信号和文字。同时，“蛟龙”号在国际上是第一个具备海底微地形地貌探测能力的深海载人潜水器，该探测系统和潜水器稳定的运载平台相结合可获得侧扫宽度 400 m、测深宽度 250 m、分辨率达 5 cm 的精细海底地形。

表1.2给出了“蛟龙”号与国际上其他几台同类型的大深度载人潜水器的比较。

表1.2 国际上著名的深海载人潜水器性能比较

名　字	Mir1和Mir2	Nautile	Shinkai6500	Alvin	蛟　龙
国　家	俄罗斯	法　国	日　本	美　国	中　国
工作深度/m	6 000	6 000	6 500	4 500	7 000
观察员/驾驶员	1/2或2/1	1/2	1/2	2/1	1/2
最大速度/kn	5.0	2.5	2.5	1.35	2.5
有效载荷/kg	290	200	150	180	220
电池/能量/kW·h	Ni-Cd/100	Pb酸/38.4	Ag-Zn/86.4	Pb酸/37.4	银锌/110
水下工作时间/h	10～15	4～5	4	4～5	12
空气中重量/t	18.6	19.3	25.8	17	22
长×宽×高/m	7.8×3.6×3.0	8.0×2.7×3.5	9.5×2.7×3.2	7.1×2.6×3.7	8.0×3.9×3.4
耐压壳材料	马氏体Ni钢	钛合金	钛合金	钛合金	钛合金
作业能力	巡航、坐底	巡航、坐底	巡航、坐底	巡航、坐底	巡航、悬停、坐底
下水年份	1987	1984	1989	1964	2009

在10年的研制试验过程中，通过“蛟龙”号载人潜水器的研制和试验，推动了我国深海通用技术的发展，包括浮力材料、电缆接插件、推进电机、作业工具在内等深海通用技术获得了规范化海上试验的机会，并逐渐替代国外产品在“蛟龙”号上的使用。

1.6 蛟龙号海上试验的重要信息

海上试验是“蛟龙”号载人潜水器研制的最后阶段，开展海上试验是为了全面检查建造完成的潜水器的技术性能、使用效能、安全性和可靠性，以及与批准的合同文件、设计文件和各种规范要求相符合的情况，以最终确定潜水器可否交付验收，投入使用。海上试验有以下几个目的：

(1) 潜水器各系统和设备在海洋环境下的功能调试、考核和验收；

(2) 潜水器总体性能的考核和验收。

同时，海上试验也相辅进行：

(1) 潜水器与水面支持系统之间的工作匹配性考核和验收；

(2) 潜水器各操作岗位和维护人员的培养、锻炼；

(3) 为潜水器各操作规程和维护手册的完善提供依据。

海上试验本身也是一项复杂的系统工程，它不仅涉及潜水器本体、水面支持系统的技术状况本身，而且涉及试验海区准备、试验人员组织，同时还涉及试验协同船只准备、海试应急预案准备等诸多因素。

“蛟龙”号载人潜水器海上试验经调查论证选定了三个试验区域，即中国南海区域（3 000米级以浅），如图 1. 12 所示；太平洋中国多金属结核合同区（东北热带太平洋）（5 000 米级），如图 1. 13 所示和西北太平洋马里亚纳海沟（7 000 米级），如图 1. 14 所示。

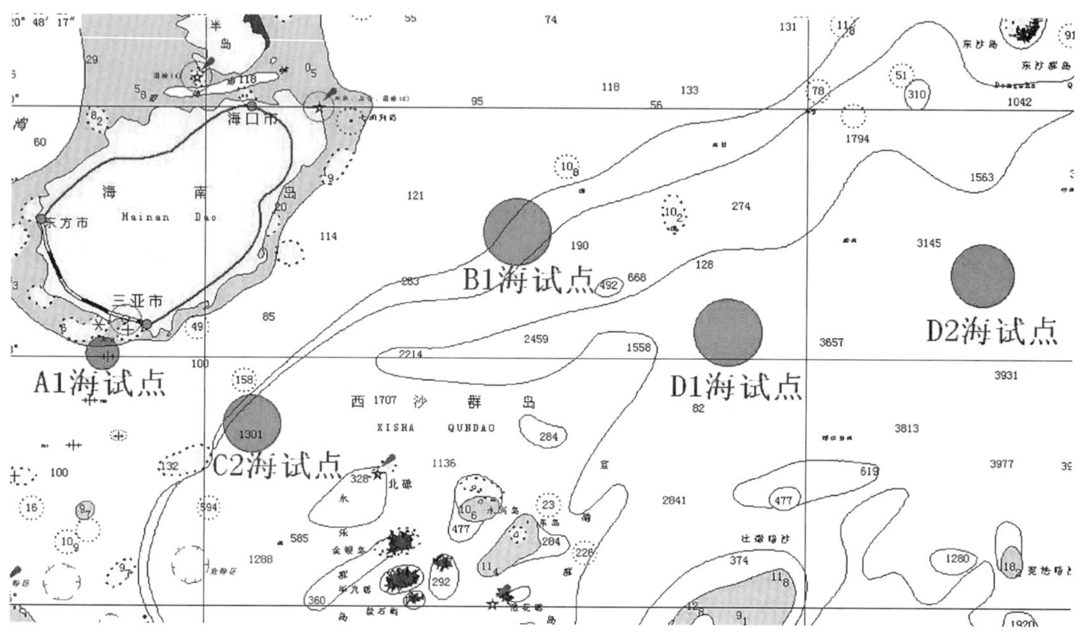

图 1. 12 中国南海区域（3 000 米级以浅）（A1 是 50 米级海区；B1 是 300 米级海区；C2 是 1 000 米级海区；D2 是 3 000 米级海区）

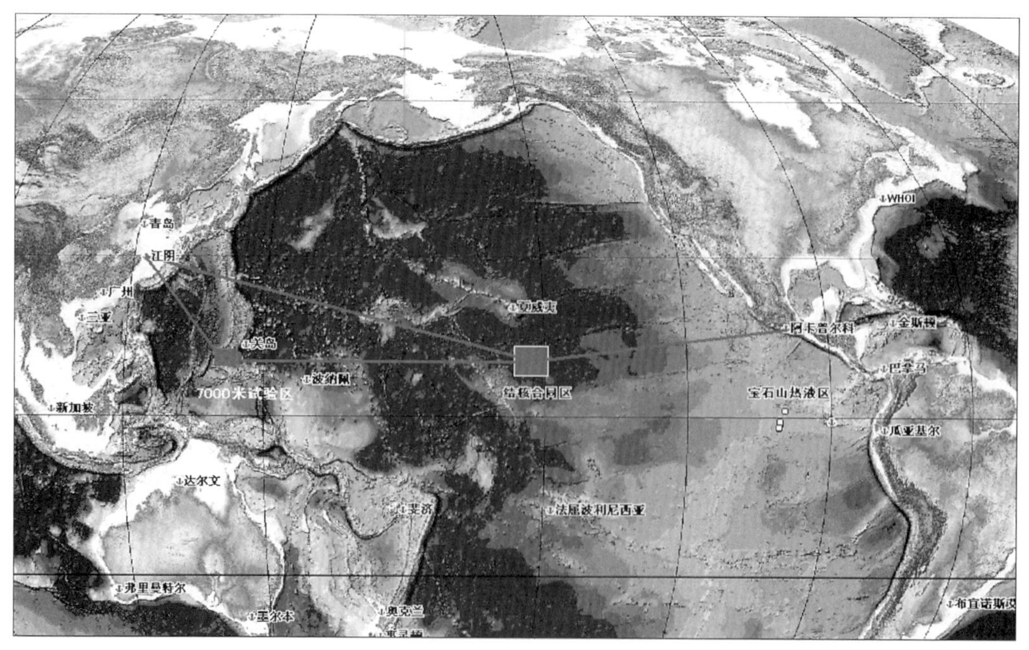

图 1. 13 太平洋中国多金属结核合同区（东北热带太平洋）（5 000 米级）

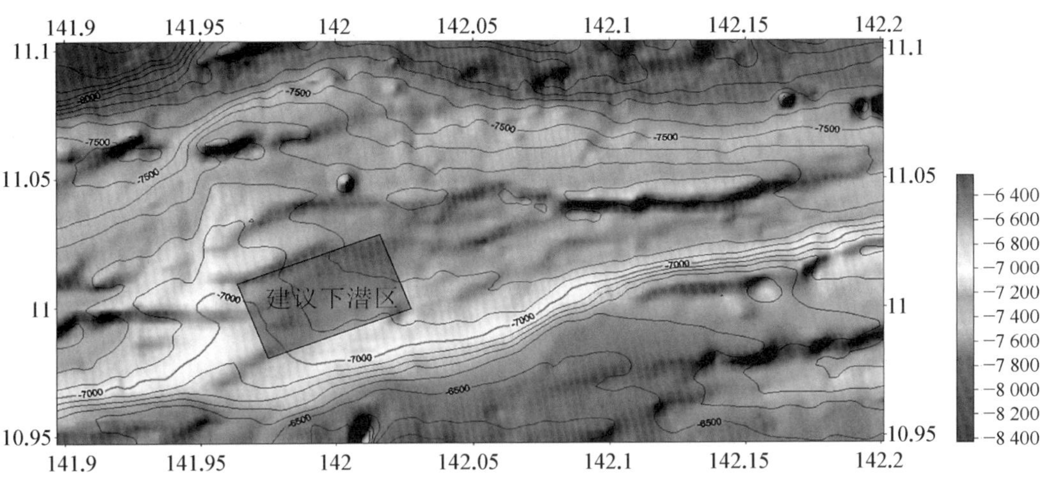

图 1.14　西北太平洋马里亚纳海沟(7 000 米级)

潜水器海上综合试验的岗位设置及各操作岗位的编号、主要工作内容如图 1.15 所示。

潜水器海上综合试验岗位设置分为 5 级：

第Ⅰ级：海试领导小组组长；

第Ⅱ级：海试现场总指挥；

第Ⅲ级：母船、潜水器、水面支持系统和辅助船相关负责人；

第Ⅳ级：负责一个方面工作的部门长；

第Ⅴ级：各操作岗位人员。

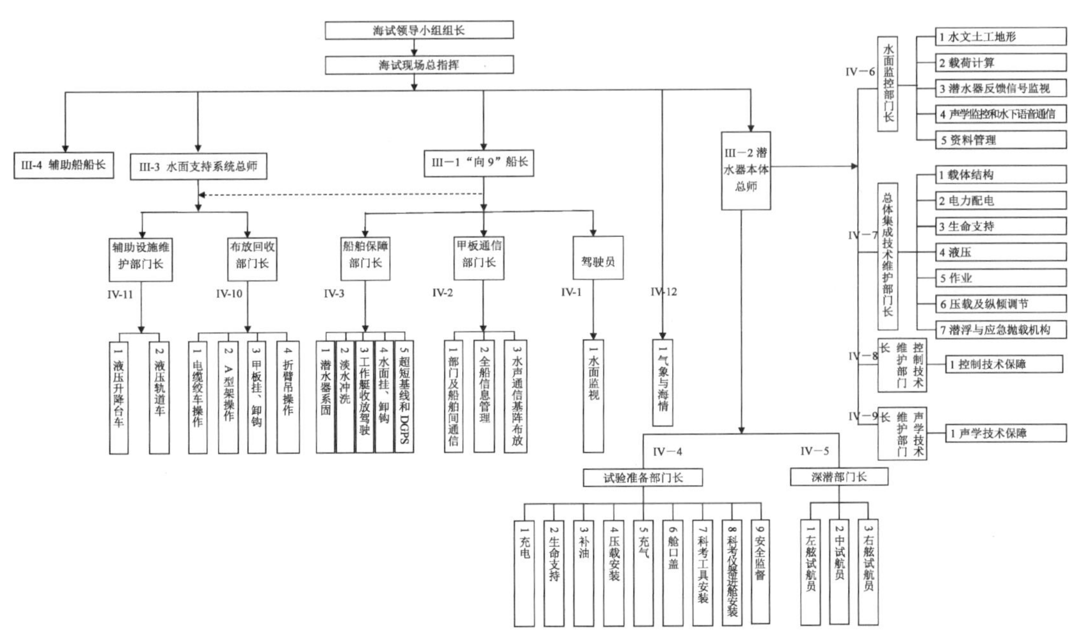

图 1.15　海试岗位设置和编号

“蛟龙”号海上试验总共下了 51 个潜次，每个潜次的基本信息如表 1.3 所示。

表 1.3 “蛟龙”号海试的 51 个潜次的基本信息表

编　号	时　间	地　点	深　度/m	下　潜　人　员		
Dive1	2009.8.3	江阴码头	水面	无		
Dive2	2009.8.3	江阴码头	水面	叶　聪	唐嘉陵	
Dive3	2009.8.4	江阴码头	水面	叶　聪	付文韬	
Dive4	2009.8.15	三亚锚地	水面	唐嘉陵	崔维成	张东升
Dive5	2009.8.15	三亚锚地	水面	叶　聪	丁　抗	刘烨瑶
Dive6	2009.8.16	A1	水面	付文韬	崔维成	张东升
Dive7	2009.8.17	A1	水面	叶　聪	丁　抗	唐嘉陵
Dive8	2009.8.18	A1	38	叶　聪	丁　抗	唐嘉陵
Dive9	2009.8.20	A1	水面	唐嘉陵	崔维成	张东升
Dive10	2009.8.21	A1	41	叶　聪	丁　抗	付文韬
Dive11	2009.8.23	A1	44	叶　聪	丁　抗	刘开周
Dive12	2009.8.30	B1	水面	唐嘉陵	杨　波	张东升
Dive13	2009.8.31	B1	213	叶　聪	丁　抗	刘晓东
Dive14	2009.9.7	B1	100	叶　聪	刘开周	杨　波
Dive15	2009.9.12	三亚锚地	水面	唐嘉陵	丁　抗	朱　敏
Dive16	2009.9.13	B1	335	叶　聪	丁　抗	杨　波
Dive17	2009.9.18	B1	268	叶　聪	刘开周	张东升
Dive18	2009.9.20	B1	292	叶　聪	丁　抗	杨　波
Dive19	2009.9.30	三亚锚地	水面	付文韬	丁　抗	杨　波
Dive20	2009.10.3	C2	1 109	叶　聪	丁　抗	杨　波
Dive21	2010.5.29	江阴码头	水面	叶　聪	唐嘉陵	杨　波
Dive22	2010.6.8	A1	水面	叶　聪	唐嘉陵	张东升
Dive23	2010.6.9	A1	37	叶　聪	唐嘉陵	张东升
Dive24	2010.6.11	B1	291	叶　聪	崔维成	唐嘉陵
Dive25	2010.6.12	B1	291	叶　聪	付文韬	杨　波
Dive26	2010.6.20	D2	2 068	叶　聪	丁　抗	杨　波
Dive27	2010.6.22	D2	3 039	叶　聪	丁　抗	杨　波
Dive28	2010.6.27	D2	水面	叶　聪	付文韬	唐嘉陵
Dive29	2010.6.28	D2	2 104	叶　聪	唐嘉陵	付文韬
Dive30	2010.6.29	B1	286	叶　聪	刘开周	张东升
Dive31	2010.6.30	B1	286	唐嘉陵	丁　抗	付文韬

（续表）

编　号	时　间	地　点	深　度/m	下　潜　人　员		
Dive32	2010.7.6	A1	33	叶　聪	崔维成	付文韬
Dive33	2010.7.8	D2	2 088	叶　聪	崔维成	唐嘉陵
Dive34	2010.7.9	D2	3 757	叶　聪	丁　抗	杨　波
Dive35	2010.7.11	D2	1 134	叶　聪	付文韬	杨　波
Dive36	2010.7.12	D2	3 757	叶　聪	刘开周	唐嘉陵
Dive37	2010.7.13	D2	3 759	唐嘉陵	丁　抗	付文韬
Dive38	2011.6.28	江阴码头	水面	叶　聪	付文韬	唐嘉陵
Dive39	2011.6.29	江阴码头	水面	叶　聪	付文韬	唐嘉陵
Dive40	2011.7.20	E3	4 027	叶　聪	崔维成	杨　波
Dive41	2011.7.25	E3	5 057	叶　聪	付文韬	杨　波
Dive42	2011.7.27	E2	5 188	唐嘉陵	丁　抗	张东升
Dive43	2011.7.29	E1	5 184	付文韬	刘开周	叶　聪
Dive44	2011.7.31	E1	5 180	付文韬	丁　抗	唐嘉陵
Dive45	2012.6.1	江阴码头	水面	叶　聪	付文韬	唐嘉陵
Dive46	2012.6.15	G1	6 671	叶　聪	崔维成	杨　波
Dive47	2012.6.19	G1	6 965	唐嘉陵	丁　抗	张东升
Dive48	2012.6.22	G1	6 963	付文韬	丁　抗	叶　聪
Dive49	2012.6.24	G1	7 020	叶　聪	刘开周	杨　波
Dive50	2012.6.27	G1	7 062	唐嘉陵	丁　抗	付文韬
Dive51	2012.6.30	G1	7 035	叶　聪	崔维成	张东升

注：A1——南中国海(21°00.0′N，112°00.0′E)；B1——南中国海(112°36.7′E，19°00.6′N)；C2——南中国海(17.087°N，110.0350°E)；D2——南中国海(18°12′N，114°21′E)；E1——(10°05′～10°10′N，154°9′～154°14′W)；E2——(8°38′～8°43′N，154°8′～154°13′W)；E3——(4°45.2′～4°50′N，151°4′～151°10′W)；G1——位于密克罗尼西亚专属经济区内的马里亚纳海沟试验区(142°N，11°N)。

2 蛟龙号载人潜水器故障分析及应急预案

2.1 概述

海上试验是对产品设计、建造质量和最大工作深度下安全可靠性考核的一个重要环节。海上试验的成功与否直接关系到整个研制工作的成败。但海上试验本身也是一项复杂的系统工程，它不仅涉及潜水器本体、水面支持系统的技术状况本身，而且还涉及试验海区准备、试验人员组织，同时还涉及试验协同船只准备等，为了使海上试验能安全顺利地开展，海试出航前制订充分的海试应急预案是十分必要的。本章只介绍“蛟龙”号载人潜水器在海上可能出现的状况及采取的相应措施，并不代表“蛟龙”号载人潜水器海上试验所有的故障。

本书中采用的故障和应急状态定义如下：凡是依靠潜水器本体和水面支持母船能够完成救援的各种非正常操作状态均定义为故障；潜水器在外力作用下无法上浮称为应急状态。故障按危害程度又分为严重故障、一般故障和轻微故障三类。

2.2 载人潜水器安全保障措施及应急预案

2.2.1 载人潜水器上配备的安全保障设备

(1) 可弃压载抛载机构：可弃压载的最大重量有 1.3 t，只要它能全部抛弃，潜水器就肯定变成正浮力而上浮。可弃压载抛载机构在电源系统故障的情况下会自动抛弃，在电源系统正常的情况下也可以由驾驶员采用液压机构抛弃。

(2) 主蓄电池箱抛弃机构：主蓄电池箱的重量有 1.2 t，在可弃压载抛不掉的情况下，如果能把主蓄电池箱抛掉，潜水器也会变成正浮力而上浮。主蓄电池箱抛弃机构是由电爆螺栓实施的，为了提供冗余度，在连接杆上采用两个电爆螺栓串联，只要两个之中有一个工作就能达到有效抛弃的目的。

(3) 纵倾调节水银的抛弃：纵倾调节用的水银重量有 480 kg，它可以很方便地被抛弃。只是水银抛弃后会对环境带来污染，因此，一般情况下不鼓励使用。但为了紧急逃生也可以使用。通过抛弃水银，可以获得 430 kg 的浮力，很多情况下即使其他东西抛不掉，只抛弃水银潜水器已可以上浮了。

(4) 机械手抛弃机构：在机械手被缠绕的情况下实施，如果整个手臂被缠住，则可以抛弃整个手臂。

(5) 采样篮抛弃机构：在采样篮被缠绕的情况下实施，起爆采样篮与框架之间连接的电爆螺栓，则可以抛弃整个采样篮。

(6) 压载水箱排水：当潜水器已上浮到离水面只有 10 m 的距离时，应启动压载水箱排水系统，它可以提供最大达到 1.5 t 的浮力，确保潜水器在水面有较大的干舷。

(7) 应急浮标：当潜水器被困于海底无法上浮时，可以通过电爆螺栓释放应急浮标。应急浮标和潜水器相连的系索长度为 9 000 m，由浮标上的频闪灯显示浮在水面上的位置，支持母船可直接抓取浮标，提升潜水器至水面，再进行挂钩回收至甲板。

2.2.2 载人潜水器海上试验可能发生的故障模式

在海洋环境和水面支持母船均满足要求的情况下，载人潜水器海上试验可能发生的故障均与潜水器本体有关。主要是载人潜水器本体系统的失效或载人潜水器被外界障碍物如渔网、铁丝网等缠绕住不能上浮两大类。载人潜水器可能被缠绕的部位有采样篮、机械手、两个可回转推力器、坐底支架、艉部稳定翼和推力器。载人潜水器本体系统的失效又可以分为承载结构如主框架、耐压球和罐、浮力材、轻外壳等的强度失效和安装在框架上的设备以及安装在耐压球和罐内的设备的功能失效。耐压球和罐的强度从设计上来说是有充分保障的，也经过了压力筒内最大工作压力的试验检验，只有蠕变和材料性能退化等可能有影响，因此，要求每隔 10 年再打压一次，确认新的使用深度。在 7 000 m 海试前对耐压罐等又进行了 78 MPa(7 000 m 的 1.1 倍)压力测试。载人舱由于国内没有打压条件，只作技术状态的全面评估，如果评估发现问题，则必须在海试前予以解决。有关载人舱的技术状态评估方法将在第 5 章中介绍。所以，海上试验对于耐压球和罐的主要风险是密封性能，是否会发生漏水。主框架也经过了满负荷强度试验的验证，但主框架的焊缝比较多，在多次循环载荷下有可能在高应力的焊接部位出现裂纹，需要进行经常的检查，一旦发现必须马上修复，修复并经检验合格后方可再继续使用。浮力材本身的强度也是经过压力筒内最大工作压力下试验检验，强度的退化应该是很慢的，我们也要求每隔 10 年再打压一次，在 7 000 m 海试前也挑选部分浮力块进行 78 MPa(7 000 m 的 1.1 倍)压力测试。浮力材的主要风险还是从主框架上脱落，但这不大可能同时发生，一部分脱落的后果是浮力损失，发现此种情况，立即抛载上浮，回到甲板上后进行修复。如果没有大的碰撞，轻外壳的强度能满足使用要求，而且玻璃钢材料的抗老化性能好。轻外壳的主要风险也是与框架的连接强度，特别是受到较大的碰撞后可能发生强度破坏，更有可能发生脱落。此时也应立即抛载上浮。以下重点讨论潜水器本体的功能性故障。

对于功能性故障，从理论上来说，所有潜水器的设备都有可能，我们将分为 6 种故障类型进行讨论：① 耐压球和罐的漏水故障；② 充油设备的漏油故障；③ 生命支持系统故障；④ 电源设备故障；⑤ 声学设备故障；⑥ 机械设备故障。

2.2.3 载人潜水器设备的故障分析、危害评估及确保安全的处理措施和处理程序

2.2.3.1 耐压球壳和罐的漏水报警及处理措施

载人潜水器的耐压壳体主要包括载人舱、可调压载水舱、计算机罐、配电罐以及其他的小型声呐主机罐。不同耐压壳体损坏所引起的后果是不同的,所采取的应对措施也是不一样的。各耐压壳体漏水故障的危害评估和处理措施如表 2.1 所示。

表 2.1 耐压壳体漏水故障危害评估和处理

设备名称	故障状态	故障危害评估	处理措施
载人舱	漏水	严重故障	抛压载、主蓄电池箱和水银
可调压载水舱	漏水	一般故障	抛弃压载
计算机罐	漏水	轻微故障	抛弃压载
配电罐	漏水	轻微故障	抛弃压载
其他小型声呐主机罐	漏水	轻微故障	抛弃压载

2.2.3.2 油位报警及处理措施

载人潜水器上的充油设备主要包括主、副和备用蓄电池箱、5 只充油接线箱和 2 只带有公用补偿器的充油接线箱、15 L/min 液压源和 10 L/min 液压源、液压系统油箱、2 只电磁阀箱、应急液压源和阀箱、2 只机械手阀箱和机械手补偿器等设备。

为实时检测充油设备是否发生泄漏,在以上大部分设备中都安装了泄漏报警和补偿极限位置报警传感器。

当发出补偿油位极限位置报警时,说明设备的油补偿量已经全部用尽,继续下潜将有发生泄漏的危险;当发出设备泄漏报警时,说明海水已经进入设备内部,需要尽快上浮。其故障危害评估和处理措施如表 2.2 所示。

表 2.2 充油设备油位报警故障危害评估和处理

设备名称	故障状态	故障危害评估	处理措施
蓄电池箱	补偿报警	轻微故障	切断电源输出,抛弃压载
液压源	补偿报警	轻微故障	切断液压源 110 V 供电,抛弃压载
航行控制检测接线箱或观察系统接线箱	补偿报警	轻微故障	切断液压源 110 V 供电,抛弃压载
接线箱、纵倾调节油箱或机械手	补偿报警	轻微故障	切断相关设备电源开关,抛弃压载
蓄电池箱	泄漏报警	一般故障	切断电源输出,抛弃压载
航行控制检测接线箱或观察系统接线箱	泄漏报警	一般故障	切断液压源 110 V 供电,抛弃压载
接线箱或电磁阀箱	泄漏报警	一般故障	切断相关设备电源开关,抛弃压载

液压源是为作业工具、机械手、抛载机构和切割装置提供动力的，在潜水器上设有两套互为备用的液压源。在主副液压源上均设有泄漏报警装置。液压源故障危害评估和处理措施如表 2.3 所示。

表 2.3　液压源故障危害评估和处理措施

设备名称	故障状态	故障危害评估	处理措施
主液压源	泄漏	一般故障	关闭主液压源，抛弃压载
副液压源	泄漏	一般故障	关闭副液压源，抛弃压载
主、副液压源	同时泄漏	严重故障	关闭主副液压源，然后启动应急液压源，实施抛载上浮。如果应急液压源启动失败，则立即使用电磁铁抛弃压载上浮

在 1 000 米级、3 000 米级和 5 000 米级海试阶段，在下潜试验中出现过电池箱补偿报警、液压系统泄漏报警等故障，均按规程操作，潜水器安全上浮回收。

2.2.3.3　生命支持系统故障及处理措施

生命支持系统是保障潜水器试航员正常呼吸维持生命的重要系统，任何危及试航员安全的故障或潜在危险都是不允许出现的，因此，载人潜水器在载人球壳内安装了 3 套相对独立的供氧系统，任何一套系统正常工作即可保障乘员呼吸的需要。生命支持系统由氧气瓶、供氧装置、二氧化碳吸收装置、呼吸面具系统和各种舱内大气环境检测显示设备组成，其中任何一种设备发生故障时，应立即启动另外的一套相应装置来保障系统的运行，并马上报告指挥间，由潜水器负责人下达潜水器上浮命令。如果与指挥间的潜水器负责人通信不畅，则由主驾驶员决定并执行潜水器上浮。表 2.4 是生命支持系统故障危害评估和处理措施。

表 2.4　生命支持系统故障危害评估和处理措施

设备名称	故障状态	故障危害评估	处理措施
正常供氧系统	不能供氧	轻微故障	使用另外一套，抛载上浮
备用供氧系统	不能供氧	轻微故障	使用另外一套，抛载上浮
呼吸面具系统	不能供氧	轻微故障	使用另外一套，抛载上浮
两套系统同时	不能供氧	一般故障	使用另外一套，抛载上浮
三套系统同时	不能供氧	严重故障	抛水银、压载和主蓄电池箱

2.2.3.4　电源设备故障及处理措施

潜水器上的供用电设备主要为以下几种：

1) 供电设备

包括主蓄电池箱，提供 110 V 直流电源；副蓄电池箱，提供 24 V 直流电源；备用蓄电池箱，提供备用 24 V 直流电源；以及载人舱内的应急蓄电池，提供载人舱内的应急 24 V 直流电源。

2）配电设备

包括配电罐，为推力器 110 V、17 只水下灯和热液取样器加热器 110 V 提供配电保护；主蓄电池箱内的一只直流接触器，为液压源 110 V 进行配电；载人球壳内接线箱电源切换器，为载人球壳内 24 V 电源、备用 24 V 电源和应急 24 V 电源进行配电保护和供电切换。

3）110 V 用电设备

包括 7 只推力器、海水泵、15 L/min 液压源和 10 L/min 液压源、17 只水下灯和热液取样器加热器等。

4）24 V 用电设备

包括载人舱内设备，计算机罐内节点控制器，摄像机、照相机、云台等观通设备，声学设备，液压系统电磁阀箱，两只机械手以及潜钻等作业工具，压载抛弃电磁铁、电缆应急切割、电爆管，CTD 传感器、液位传感器等设备。

5）动力水密电缆和信号电缆

各电源设备如果出现故障，其故障危害评估和处理措施如表 2.5 所示。

表 2.5 电源设备故障危害评估和处理

设备名称	故障状态	故障危害评估	处理措施
蓄电池	任何一组无法供电	严重故障	立即返航
	24 V 副电池无法供电	严重故障	系统会自动抛弃压载上浮
推进器	任何一只无法工作	一般故障	潜水器航行会有问题立即返航
配电系统	配电设备	一般故障	返航
	动力电缆故障	严重故障	立即返航
	信号电缆故障	轻微故障	切断，视情况决定
舱外计算机	不能正常工作	严重故障	重新启动，不成功立即返航
舱内显控	不能正常工作	一般故障	重新启动，不成功立即返航
航行控制	不能正常工作	一般故障	重新启动，不成功立即返航
姿态传感器	不能正常工作	轻微故障	如果影响到潜水器的安全航行就返航
观察设备	不能正常工作	轻微故障	如果单一的设备故障可以继续作业，全部故障则返航

水密电缆是负责动力传输和信号传输的，线路的故障将直接导致设备无法运作，潜水器上共安装有 7 只接线箱，它们是设备、供电、控制、信息采集等各个系统之间的中继站，是电力和信号传输的通道，接线箱是充油式压力补偿的容器，一旦接线箱发生泄漏

将产生比较严重的后果,必须立即返航。接线箱故障对相关设备的影响如表 2.6 所示。

表 2.6　接线箱故障对相关设备的影响

接线箱名称	故障影响
左舷接线箱	1. 备用 24VDC 电源失效 2. 计算机网络通信信号无法传递 3. 4 只水下摄像机及 1 只照相机和云台失效 4. 液压源、推力器无法正常工作 5. VHF 无线通信机失效
右舷接线箱	1. 推力器手控信号失效 2. 舱外的科学考察设备失效 3. 潜钻失效 4. 主蓄电池箱箱体的应急抛弃失效 5. 纵倾调节失效 6. 上浮、下潜压载的电磁铁动作,抛弃压载
观察系统接线箱	8 只水下灯、3 只水下摄像机及 1 只照相机、1 个云台失效
作业系统接线箱	主从式机械手和两只作为备用设备的取样器失效
航行控制检测接线箱	1. 7 只推力器动力源和控制信号失效 2. CTD 传感器失效 3. 左、右桨回转机构失效,艏、艉纵倾调节罐水银指示器和可变压载水舱液位传感器失效
声学系统主接线箱	所有声学设备失效
声学系统副接线箱	水声通信机失效

2.2.3.5　*声学设备故障及处理措施*

载人潜水器共装备有 6 套声学设备,它们负责潜水器与母船的通信联系、潜水器定位、海洋水流测量、目标和障碍物检测等任务,是潜水器上重要的设备,它们的故障会降低潜水器的能力,其中有些设备的故障对潜水器产生潜在的不安全因素,对不同的故障应有不同的应对策略,具体如表 2.7 所示。

表 2.7　声学设备故障及处理措施

声学设备名称	故障状态	故障危害评估	处理措施
水声通信机	其中一套故障	轻微故障	系统有备份,可以继续作业
	全部发生故障,无法通信	严重故障	潜水器应立即返航
定位声呐	无法定位	一般故障	可以通过惯性导航航行,但误差较大,在返航过程中应定时通过水声通信机告知潜水器位置

（续表）

声学设备名称	故障状态	故障危害评估	处理措施
避碰声呐	用于高度测量的通道全部产生故障	轻微故障	失去潜水器与海底距离检测，可在离底较高的位置用成像或测深侧扫进行作业，不可进行离底较近作业
	其他避碰故障	轻微故障	应减速航行，根据作业区域情况，决定是否返航
多普勒声呐	无法工作	轻微故障	只对航行自动控制有影响，可以继续作业
扫描声呐	无法工作	一般故障	不能了解潜水器前方区域情况，不能作高速度巡航作业
测深侧扫声呐	无法工作	轻微故障	可以继续进行其他作业
运动传感器	无法输出数据	轻微故障	影响控制和导航系统，影响测深侧扫声呐和多普勒测速仪数据精度，经分析若已对潜水器安全构成威胁，应返航
声学主控器	无法正常工作	严重故障	水声通信机、避碰声呐、多普勒测速仪失效，应立即返航

2.2.3.6 机械设备故障及处理措施

（1）机械手会危及潜水器安全的故障是被缠绕，如果缠绕发生在手爪，可以将手爪脱离来解脱；如果缠绕发生在其他部位而无法解脱时，可以利用另外一只机械手来帮助解脱，在摆脱失败情况下，主驾驶可以启动抛弃机械手，并立即上浮。作业工具除钻结壳取芯器外均由机械手操作，发生缠绕或卡住的故障时，处理方式与机械手故障相同。钻结壳取芯器自带脱离机构，如果由于钻头被卡死而无法解脱时可以将其抛弃。机械手或作业工具故障解除后，潜水器依然可以执行其他相关任务而不需要上浮。

（2）重量调节系统包括压载水箱系统、纵倾调节系统和可调压载系统，压载水箱只是当潜水器在离水面小于 10 m 时才能使用，它的作用是增加潜水器的干舷，对起吊状态有利，但不会影响潜水器的起吊，更不会危及潜水器的安全。纵倾调节系统发生故障时，对潜水器的静态纵倾调节能力产生影响，不会危及潜水器安全，因此，在这种情况下仍然可以执行平坦地区的各种任务。可调压载系统故障时，无法调节潜水器的浮态，此时不能进行取样作业，如果此时潜水器浮态已经稳定，也可以继续进行海底的现场观察作业；如果潜水器的浮态不稳定，必须抛弃压载上浮。

（3）上浮下潜抛载机构是保证潜水器下潜和上浮的关键设备，每一套机构均进行了冗余设计，潜水器上共有 4 套上浮下潜抛载机构，分别布置在潜水器的两舷，下潜抛载机构是在潜水器无动力下潜到海底时进行抛载动作，保证潜水器在海底的零浮力状态；上浮抛载机构是在潜水器作业完成后进行抛载动作，使得潜水器获得正浮力而上浮。如果由于某种无法预知的原因导致压载块不能正常释放，必须采取果断措施进行应急处理，让潜水器上浮到海面待救。具体的抛载机构故障情况及采取措施如表 2.8 所示。在下潜时可能的故障为 300 kg（最大值）下潜压载没有正常抛弃，在完成作业上浮时，可能的故障为 1 000 kg（最大值）上浮压载没有正常抛弃。

表 2.8　上浮下潜抛载机构故障危害评估和处理

设备名称	故障状态	故障危害评估	处理措施
可弃压载抛载机构	左面 150 kg 压载铁没抛	一般故障	抛弃 1 000 kg 压载铁上浮
	右面 150 kg 压载铁没抛	一般故障	抛弃 1 000 kg 压载铁上浮
	全没有抛弃	一般故障	抛弃 1 000 kg 压载铁上浮
	左面 500 kg 没有抛弃	一般故障	抛弃另外 500 kg 压载铁上浮
	右面 500 kg 没有抛弃	一般故障	抛弃另外 500 kg 压载铁上浮
	1 000 kg 都没有抛弃	严重故障	抛弃水银和主蓄电池箱

2.2.3.7　设备故障的一般处理程序

当潜水器上设备发生故障时，舱内主驾驶员应依据上面所说的设备故障应对措施进行处理。如需要上浮，潜水器上浮至海面后依据正常程序进行回收。

在水下通信中断半小时或检测到 0.5 mA 的漏电电流情况下，主驾驶员可自行采取抛载措施，上浮至海面后利用无线电进行通信并向船长报告情况。在通信中断并且定位无信号情况下，母船应按通信中断半小时前潜水器上报的水流方向进行规避操船，以保证潜水器不会误撞船底，并布置目视搜索小组，在母船的各个方位进行观察，以保证尽快发现上浮的潜水器。

2.2.4　载人潜水器应急状况时的处理预案

载人潜水器在外力作用下无法上浮的状态的可能情况有：

(1) 潜水器的外部附体被缆、索之类缠绕；

(2) 机械手和携带的作业工具包括采样篮被作业物缠住；

(3) 各种潜浮抛载机构全部失灵或载荷抛下而被卡在附近的载体支架上；

(4) 潜水器坐海底陷在估计不足的软泥里，不能自拔。

在发生上述情况后，进入应急程序，可采取的措施有：

(1) 在潜水器与水面支持母船通信正常的情况下，由主驾驶员上报指挥间水下遇险情况以及潜水器位置、流速、流向等海底状况，由指挥间潜水器负责人命令潜水器采取应急措施。在通信异常的情况下由主驾驶员决定采取应急措施。

(2) 在可能情况下利用机械手对缠绕物进行切割，或抛弃机械手解脱缠绕。

(3) 将推力器输出调整到最大，用推力器进行潜水器各向运动，使得潜水器脱离外力作用。

(4) 抛弃水银和主蓄电池以提供额外浮力；在抛弃主蓄电池后潜水器会有较大的纵倾，应按照《载人潜水器应急抛弃主蓄电池情况应急逃生及回收预案》来回收潜水器。

(5) 等待它救。

2.3　蛟龙号海试应急预案列表

在编制国家海洋局批准的《7 000 m载人潜水器海上试验大纲(试行)》时，曾经制订过本章前文所介绍的应急预案，在2009年和2010年的1 000米级和3 000米级海试过程中，陆续对应急预案进行了补充和修订。在2011年5 000米级海试准备阶段以及航行过程中，又结合该次试验特点新制订了一些应急预案。为便于这些应急预案的实施，我们对所有这些应急预案进行了重新梳理，确定了响应级别以及海试现场的组织者，为确保海试的安全顺利进行打下更扎实的基础。本预案列表经载人潜水器海试现场指挥部批准后，作为载人潜水器5 000米级和7 000米级海试的执行文件。它对今后同类型的潜水器海上试验也具有指导作用。故海试应急预案如表2.9所示。

表2.9　“蛟龙”号载人潜水器应急预案列表

序号	情况简述	故障性质/响应级别	处置措施简述	现场组织者
潜水器本体				
1	潜水器本体无法实施自救	严重/一级	释放应急浮标救援失败，转为一级应急状态，报告领导小组，请求外援	Ⅱ→Ⅰ
2	潜水器本体陷在淤泥里或被缠绕无法抛载上浮	严重/二级	释放应急浮标，实施水面救援，并按照程序上报	Ⅱ
3	主框架在甲板上目测发现肉眼可见裂纹	严重/二级	组织修复后方可下水进行试验或作业，并按照程序上报	Ⅲ-2
4	潜水器坐底支架被缠绕	严重/二级	驾驶潜水器努力摆脱缠绕，并按照程序上报	Ⅳ-5
5	潜水器可回转推力器被缠绕	严重/二级	驾驶潜水器努力摆脱缠绕，并按照程序上报	Ⅳ-5
6	潜水器尾部推力器或稳定翼被缠绕	严重/二级	驾驶潜水器努力摆脱缠绕，并按照程序上报	Ⅳ-5
7	一只机械手手臂被缠绕	严重/二级	利用另外一只机械手帮助解脱，并按照程序上报	Ⅳ-5

(续表)

序号	情况简述	故障性质/响应级别	处置措施简述	现场组织者
8	机械手手臂被缠绕不能解脱	严重/二级	在利用另外一只机械手帮助解脱无效的情况下,可抛弃机械手,并按照程序上报	Ⅳ-5
9	采样篮被缠绕	严重/二级	抛弃采样篮,并按照程序上报	Ⅳ-5
10	钻结壳取芯器发生缠绕或卡住	严重/二级	在钻结壳取芯器自带脱离机构失效,无法解脱时,可以将其抛弃。发生缠绕而无法解脱时也将其抛弃,并按照程序上报	Ⅳ-5
11	浮力块从主框架上脱落	严重/二级	立即抛载返航,主驾驶也可视情况抛弃水银,并立即上报	Ⅳ-5
12	轻外壳从主框架上脱落	严重/二级	立即抛载返航,并立即上报	Ⅳ-5
13	载人舱漏水	严重/二级	立即抛载返航,主驾驶可视漏水速度决定是否抛弃水银或主蓄电池箱,并立即上报	Ⅳ-5
14	三套生命支持系统同时不能供氧	严重/二级	首先是打开氧气瓶安全阀,然后抛载上浮,主驾驶可视情况决定是否抛弃水银或主蓄电池箱。舱内人员尽量减少运动量,并立即上报	Ⅳ-5
15	主、副液压源同时泄漏	严重/二级	关闭主副液压源,用电磁铁实施抛载返航。然后再启动应急液压源备用,并按照程序上报	Ⅳ-5
16	蓄电池任何一组无法供电	严重/二级	潜水器会自动抛载返航,主驾驶立即上报	Ⅳ-5
17	蓄电池 24 V 副电池无法供电	严重/二级	潜水器会自动抛载返航,主驾驶立即上报	Ⅳ-5
18	配电系统动力电缆故障	严重/二级	立即抛载返航,并立即上报	Ⅳ-5
19	舱外计算机不能正常工作	严重/二级	重新启动,不成功立即返航,同时立即上报	Ⅳ-5
20	左舷接线箱漏水	严重/二级	立即抛载返航,并立即上报	Ⅳ-5
21	右舷接线箱漏水	严重/二级	立即抛载返航,并立即上报	Ⅳ-5
22	观察系统接线箱漏水	严重/二级	立即抛载返航,并立即上报	Ⅳ-5
23	作业系统接线箱漏水	严重/二级	立即抛载返航,并立即上报	Ⅳ-5
24	航行控制检测接线箱漏水	严重/二级	立即抛载返航,并立即上报	Ⅳ-5
25	声学系统主接线箱漏水	严重/二级	立即抛载返航,并立即上报	Ⅳ-5
26	声学系统副接线箱漏水	严重/二级	立即抛载返航,并立即上报	Ⅳ-5

(续表)

序号	情况简述	故障性质/响应级别	处置措施简述	现场组织者
27	水声通信机和 6971 水声电话都发生故障,无法通信	严重/二级	在 15 分钟没有通信后,立即抛载返航,并立即上报 利用超短基线系统监测潜水器深度和方位,并组织水面瞭望,及时发现潜水器	Ⅳ-5 Ⅲ-2
28	计算机罐漏水	严重/二级	立即抛载返航,并立即上报	Ⅳ-5
29	配电罐漏水	严重/二级	立即抛载返航,并立即上报	Ⅳ-5
30	其他小型声呐主机罐漏水	严重/二级	立即抛载返航,并立即上报	Ⅳ-5
31	蓄电池箱补偿报警	严重/二级	切断电源输出,立即抛载返航,并立即上报	Ⅳ-5
32	可弃压载抛载机构左右 500 kg 压载铁全没有抛弃	严重/二级	抛弃水银和主蓄电池箱返航,并立即上报	Ⅳ-5
33	呼吸面具系统不能供氧	严重/二级	立即抛载返航,并立即上报	Ⅳ-5
34	发生火灾	严重/二级	如果火灾,立即组织灭火,并抛载返航,还可抛水银和主蓄电池箱返航,同时立即上报	Ⅳ-5
35	可调压载水舱漏水	一般/三级	抛弃压载返航,主驾驶也可视情况的严重程度决定是否抛弃水银返航,并立即上报	Ⅳ-5
36	蓄电池箱泄漏报警	一般/三级	如是 110 V 蓄电池箱泄漏则立即抛载返航;如是 24 V 蓄电池箱泄漏,则先切换,再抛载返航,并立即上报	Ⅳ-5
37	航行控制检测接线箱或观察系统接线箱泄漏报警	一般/三级	切断液压源 110 V 供电,抛载返航,并立即上报	Ⅳ-5
38	接线箱或电磁阀箱泄漏报警	一般/三级	切断相关设备电源开关,抛载返航,并立即上报	Ⅳ-5
39	主液压源泄漏	一般/三级	关闭主液压源,抛载返航,并立即上报	Ⅳ-5
40	副液压源泄漏	一般/三级	关闭副液压源,抛载返航,并立即上报	Ⅳ-5
41	两套生命支持系统同时不能供氧	一般/三级	使用另外一套,抛载返航,并立即上报	Ⅳ-5
42	推进器任何一只无法工作	一般/三级	潜水器航行会有问题,立即抛载返航,并立即上报	Ⅳ-5
43	配电设备故障	一般/三级	抛载返航,并立即上报	Ⅳ-5

（续表）

序号	情况简述	故障性质/响应级别	处置措施简述	现场组织者
44	舱内显控不能正常工作	一般/三级	重新启动，不成功则立即抛载返航，并立即上报	Ⅳ-5
45	航行控制不能正常工作	一般/三级	重新启动，如不成功，可在综合显控计算机上运行航行控制程序，视情况返航，并及时上报	Ⅳ-5
46	声学主控器无法正常工作	一般/三级	会导致水声通信机失效。关闭计算机，重新启动。如果无法恢复则改用6971水声电话进行联系	Ⅳ-5
47	定位声呐无法定位	一般/三级	可以通过运动传感器和声学多普勒测速仪数据自主导航在小范围内航行 上浮过程组织实施《载人潜水器与母船相对位置不明时的安全上浮应急预案》	Ⅳ-5 Ⅲ-2
48	成像扫描声呐无法工作	一般/三级	无法了解潜水器前方区域情况，禁止高速巡航作业	Ⅳ-5
49	机械手手爪被缠绕	一般/三级	先用另一机械手协助解脱，如不成功，可将手爪抛弃，无法抛弃手爪则抛弃一个机械手，并按照程序上报	Ⅳ-5
50	可弃压载抛载机构左面150 kg压载铁没抛	一般/三级	抛弃全部1 000 kg压载铁返航，并立即上报	Ⅳ-5
51	可弃压载抛载机构右面150 kg压载铁没抛	一般/三级	抛弃全部1 000 kg压载铁返航，并立即上报	Ⅳ-5
52	可弃压载抛载机构左右150 kg压载铁全没有抛弃	一般/三级	抛弃全部1 000 kg压载铁返航，并立即上报	Ⅳ-5
53	可弃压载抛载机构左面500 kg没有抛弃	一般/三级	抛弃全部1 000 kg压载铁返航，并立即上报	Ⅳ-5
54	可弃压载抛载机构右面500 kg没有抛弃	一般/三级	抛弃全部1 000 kg压载铁返航，并立即上报	Ⅳ-5
55	液压源补偿报警	轻微/三级	切断液压源110 V供电，抛载返航，并立即上报	Ⅳ-5
56	航行控制检测接线箱或观察系统接线箱补偿报警	轻微/三级	切断液压源110 V供电，抛载返航，并立即上报	Ⅳ-5
57	接线箱、纵倾调节油箱或机械手补偿报警	轻微/三级	切断相关设备电源开关，抛载返航，并立即上报	Ⅳ-5

（续表）

序号	情况简述	故障性质/响应级别	处置措施简述	现场组织者
58	正常供氧系统不能供氧	轻微/三级	使用另外一套，按照程序上报	Ⅳ-5
59	备用供氧系统不能供氧	轻微/三级	使用另外一套，抛载返航，并立即上报	Ⅳ-5
60	配电系统信号电缆故障	轻微/三级	切断，视情况决定	Ⅳ-5
61	姿态传感器不能正常工作	轻微/三级	如果影响到潜水器的安全航行就返航，并按照程序上报	Ⅳ-5
62	观察设备不能正常工作	轻微/三级	如果单一的设备故障可以继续作业，全部故障则返航，并按照程序上报	Ⅳ-5
63	水声通信机或 6971 水声电话故障	轻微/三级	水声通信机和 6971 水声电话互为备份，可以继续作业	Ⅳ-5
64	避碰声呐用于高度测量的通道全部产生故障	轻微/三级	利用高度计或声学多普勒测速仪的高度数据	Ⅳ-5
65	避碰声呐其他避碰故障	轻微/三级	应减速航行，根据作业区域情况，决定是否返航，并按照程序上报	Ⅳ-5
66	多普勒声呐无法工作	轻微/三级	只对航行自动控制有影响，可以继续作业	Ⅳ-5
67	测深侧扫声呐无法工作	轻微/三级	可以继续进行其他作业	Ⅳ-5
68	运动传感器无法输出数据	轻微/三级	影响测深侧扫声呐和多普勒测速仪数据精度，控制和导航系统改用光纤罗盘和倾斜仪提供的航向和姿态数据	Ⅳ-5
		水面支持系统		
69	A形架出现两种以上的故障	严重/二级	若同时采取相应的应急措施可以实现安全回收，则执行复合应急措施回收 若仍然不能安全回收，则组织实施行“潜航员海面离潜器自救预案”，以及应急拖带程序	Ⅲ-3 Ⅱ
70	系统断油、断电或者不能摆动	严重/二级	组织实施“潜航员海面离潜器自救预案-利用母船和水面支持系统的措施” 组织实施应急拖带程序	Ⅲ-3 Ⅱ
71	提升绞车故障	严重/二级	组织实施“潜航员海面离潜器自救预案-利用母船和水面支持系统的措施” 组织实施应急拖带程序	Ⅲ-3 Ⅱ
72	超短基线定位系统紧急故障	严重/二级	可以通过运动传感器和声学多普勒测速仪数据自主导航在小范围内航行 上浮过程组织实施《载人潜水器与母船相对位置不明时的安全上浮应急预案》	Ⅳ-5 Ⅲ-2

（续表）

序号	情况简述	故障性质/响应级别	处置措施简述	现场组织者
73	A形架的1只主推油缸故障，使A形架不能正常收回	一般/二级	控制减小A形架的舷外摆角，以减小A形架摆回的动力需求，完成使用单缸动力回摆；须精心控制拖曳绞车的张力，并视海情大小附加采用小橡皮艇向后辅助拖带，来防止潜水器模型碰撞船艉	Ⅲ-3
74	拖曳绞车故障	一般/三级	用一根拖绳连接载人潜水器模型的艉部挂点，用小橡皮艇定位载人潜水器模型的艏向，以及止荡，或者采取人工止荡	Ⅳ-10 Ⅲ-3
75	回收潜器时轨道车不能行走	一般/三级	潜器落架，就地系固 排除故障后回位	Ⅳ-11 Ⅲ-3
76	轨道车不能升起	一般/三级	用A架提升绞车按需要提升潜水器到一定高度，并挂钩。排除轨道车故障	Ⅳ-11
77	绞车主泵不工作	一般/三级	液压管路中蓄压器有压力油时，通过操作二位三通电磁阀，控制叠片式液压刹车释放，允许卷筒转动。由人工回收吊阵，因此不要过多释放电缆	Ⅳ-10 Ⅲ-3
78	A形架的1只升降套柱油缸故障，不能提升起潜水器模型来完成在海面上与导接头的对接	轻微/三级	用另一只正常的升降套柱油缸空载提升套柱 再用主提升绞车，按正常程序提升潜水器模型，并完成潜水器模型与导接头对接	Ⅳ-10
79	潜水器模型导接头挂钩驱动油缸失效，无法完成对潜水器模型挂钩	轻微/三级	利用提升绞车，提升潜水器模型并进而将升降套柱直接同时整体提升到要求高度，由主吊绳承受负载重量，不挂钩，然后继续进行回收	Ⅲ-3
80	液压升降台车不能升降或行走	轻微/三级	采用其他临时措施进行潜水器底部各种设备的维修及更换。如其他临时措施不起作用，则必须等液压升降台车修复后再进行海上试验	Ⅳ-11
81	液压电缆绞车不能正常工作	轻微/三级	(1) 利用船上的液压源(船上有液压源供应的话)向液压马达供油。即断开液压泵站向液压马达供油的A、B口接管，将船上液压源的进油管和回油管通过一只手操换向阀与液压马达的A、B口相连 (2) 液压马达损坏，多层碟式制动器(刹车)闭合，此时绞车将无法运行，只能修复或更换液压马达，恢复绞车的收、放工作	Ⅳ-11

（续表）

序号	情况简述	故障性质/响应级别	处置措施简述	现场组织者
试验母船				
82	试验海区海况异常	/二级	由气象、环境预报专家和船长会商，并及时上报现场总指挥	船长
83	避免高海况上浮	/二级	潜水器在海上试验时，如果收到在试验区域影响海试安全的天气和海况预报，则应在天气或海况对布放回收产生影响前回收上船，以确保潜水器的安全 潜水器在海上试验时，如果母船在无预报的情况下，突然遇到影响布放回收的海况或天气，对于这类情况分成 2 种分别处理：首先，海上风速较高但海况仍然小于 4 级，且预计紧急上浮后在完成回收潜水器时的海况仍然小于 4 级，则潜水器紧急上浮回收。第二，海况大于 4 级或预计紧急上浮后海况大于 4 级，则潜水器在水下等待高海况过后回收	Ⅱ
84	试验计划超期	/二级	应急停靠密克罗尼西亚的布纳佩，并及时上报	Ⅱ
85	参试人员出现意外（如疾病等）	/二级	紧急停靠密克罗尼西亚的波纳佩港，必要时立即向最近搜救中心呼救，并及时上报	Ⅱ
86	防核辐射	/二级	如遇严重超标，“向阳红 09”船将尽快驶离该航线或区域	Ⅱ
87	信息安全	/二级	遇重要和特殊情况，通过密码电报向海试领导小组报告	Ⅱ
88	保密	/二级	根据不同的情况按照保密预案采取相应的措施	Ⅱ
89	正常指挥通信受阻	/二级	采用应急通信手段，船长及时报告总指挥	船长
90	船只安全受到威胁	/二级	根据《5 000 米级海试安全保障措施及应急预案》，采取相应的措施，并及时报告总指挥	船长
91	海试气象保障及防抗台风	/二级	根据《5 000 米级海试气象保障及防抗台风应急预案》，采取相应的措施，并及时报告总指挥	船长
92	海试涉外事态、海空情况	/二级	根据《5 000 米级海试涉外事态、海空情况应急处置预案》，采取相应的措施，并及时上报	Ⅱ

（续表）

序号	情况简述	故障性质/响应级别	处置措施简述	现场组织者
93	海试救生预防	/二级	根据《5 000米级海试救生预防措施及应急处置预案》，采取相应的措施，及时报告总指挥	船长
94	海试防恐怖袭击防海盗	/二级	根据《5 000米级海试防恐怖袭击防海盗预防措施及应急处置预案》，采取相应的措施，及时报告总指挥	船长
95	7 000 m海区选址	/二级	密克罗尼西亚EEZ区将作为首选海区，通过外交部照会，得到同意后由“海洋六号”船在8—10月间开展调查。如遇密克政府阻碍，则启动印度尼西亚EEZ作为选址区域方案，“海洋六号”船随时听从海试领导小组指示	Ⅲ-4 Ⅱ→Ⅰ
96	人为干扰	/二级	及时规避，避免发生正面对抗和冲突。“海洋六号”船与对方周旋，保护“向阳红09”船尽快回收潜水器，同时迅速通过密码电报报海试领导小组，听候指示	Ⅱ Ⅲ-4
97	试验警戒	/二级	“海洋六号”船在海试期间负责海试警戒支撑保障任务	Ⅲ-4
98	思想政治工作	/二级	广泛动员，开展系列活动，做好医疗和伙食服务，重视安全，做好应对各类突发事件的预案	临时党委书记
99	向阳红09船通过吐膦喇海峡	/二级	根据《向阳红09船5 000米级海试通过吐膦喇海峡处置预案》，采取相应的措施，并及时上报	船长

3 蛟龙号载人潜水器研制阶段故障及排除

3.1 结构系统

3.1.1 结构系统简介

载人潜水器的载体结构按承载方式可分为耐压结构和非耐压结构。耐压结构是保证科学家、工程技术人员或其他电子设备能在常压环境下进行海底科学考察和勘探作业的关键，也是保证非耐压的仪器设备能在深海环境下正常工作的基础。它包括能承受深海压力的大直径载人耐压壳、小直径仪器耐压罐、可调压载水舱、高压气罐等耐压壳体以及低密度浮力材料。非耐压结构包括支撑结构、轻外壳和稳定翼等，用来保证潜水器外形并承受潜水器总体载荷。为了方便起见，我们把坐底支架、采样篮、样品存放筐、压载铁、油漆等也放入此章。

在 4 年的海试中，结构系统的各项指标全部满足了合同考核指标的要求，尤其是载人舱球壳，承受住了 5 次极限深度的考核，密封可靠，确保了舱内人员的安全，为“蛟龙”号载人潜水器海试的圆满顺利完成奠定了坚实的基础。但在 4 年的海试过程中，结构系统也暴露出了一些问题，包括设计方面的缺陷、意外情况造成的损伤等问题，设计人员根据现场出现的问题，及时提出了解决措施，确保了潜水器海试的顺利开展。下面就结构系统在海试中出现的问题和解决措施进行详细介绍。

3.1.2 结构系统的检测方法

1）载人舱球壳目视检测

2011 年 10 月，课题组成员对载人舱球壳内外表面的可见焊缝外观进行了全面的目视检测，未发现肉眼可见的缺陷。

2）载人舱球壳超声波探伤

课题组委托无锡特检院对赤道环焊缝进行了超声波无损检测，检测结果显示：缺陷位置和缺陷形态与 2010 年检查结果相同，夹渣部位未发现扩展。图 3.1 为超声波检查时的示波图。

3）框架目视检测

2011 年 10 月，课题组成员对载体框架（包括轻外壳支架和设备支架）焊缝外观进行

图 3.1　超声波检查的示波图

了全面的目视检测，发现可见裂纹 1 处，即艉部左舷主蓄电池箱导向基座和一个滚轮安装板的搭接焊缝，如图 3.2 所示。该焊缝不是主要受力焊缝，初步分析是由于坐底支架撞击导致焊缝开裂。

图 3.2　搭接焊缝裂纹

4）框架表面着色探伤

对 5 000 米级海试前载体框架修复的部位进行了着色探伤，未发现修复部位有缺陷。对关键节点进行了检测，发现了 6 个缺陷，缺陷位置及大小如表 3.1 所示。

表 3.1　载体框架探伤检查缺陷统计表

缺陷编号	缺陷位置和形态	照　　片
1－11	3＃横框架，左舷斜撑对接焊缝，艏侧，缺陷为横向裂纹，长度 20 mm，裂纹深度 3 mm	图 3.3
3－26	4＃＋250 横框架，左舷底纵桁上面板与舷侧斜撑的对接焊缝，艏侧，缺陷为裂纹，长度约 30 mm，深度 1 mm 左右	图 3.4
7－22	左舷顶纵桁，6＃～7＃之间靠近止荡点，下面板与腹板角焊缝，未熔合，长度为 50 mm	图 3.5
8－22	右舷顶纵桁与水箱连接处，艏侧，上面板与腹板外侧焊缝，咬边，长度 73 mm	图 3.6
15－3	起吊框架与左舷艏侧顶纵行上面板肘板焊缝尖端，裂纹，长度为 8 mm，深度 2 mm 左右	图 3.7
15－39	起吊框架艉侧，左舷顶纵行下面板与腹板内侧角焊缝，未熔合，长度为 80 mm	图 3.8

图 3.3　缺陷 1 - 11

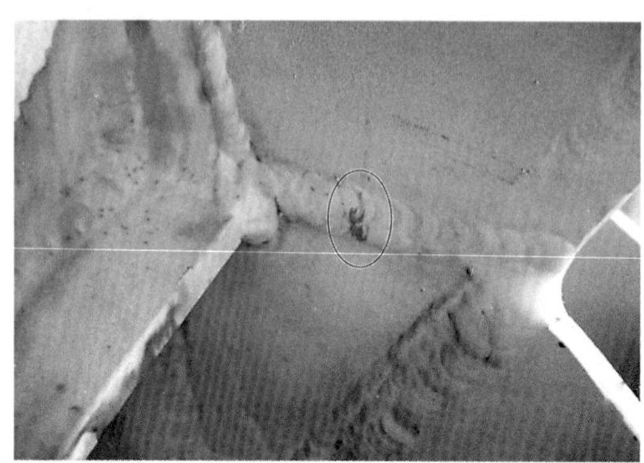

图 3.4　缺陷 3 - 26

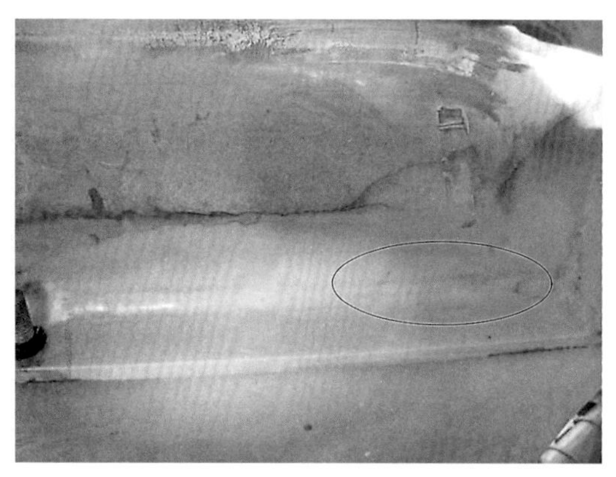

图 3.5　缺陷 7 - 22

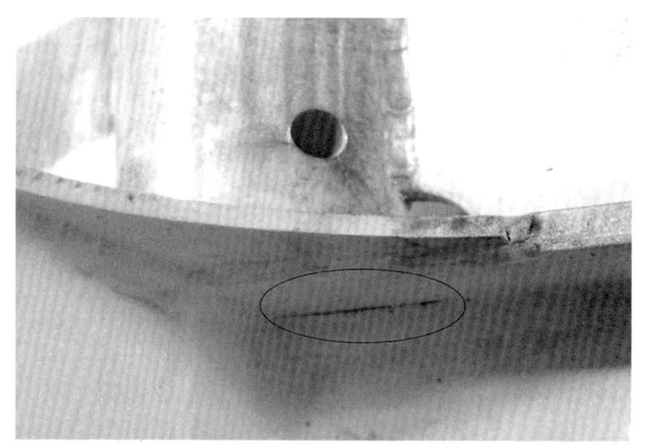

图 3.6　缺陷 8 - 22

图 3.7　起吊耳板裂纹

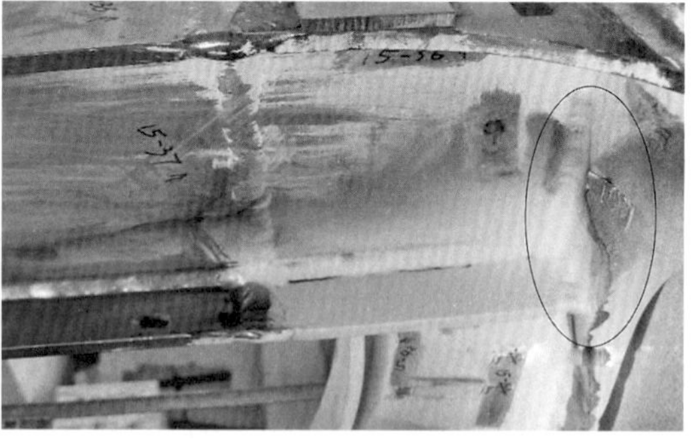

图 3.8　右舷 15 mm 裂纹

2011 年 12 月，课题组委托南京宝色对上述检测出的焊缝缺陷进行了修补，在对缺陷处进行打磨后，明确了缺陷的形态。课题组对本次检测出的缺陷进行了分析，结论如下：

(1) 缺陷 1 - 11 和缺陷 3 - 26，均为被撞击坐底支架附近的焊缝，缺陷均为裂纹，是由于撞击产生的。

(2) 缺陷 15 - 3 为承力构件裂纹，是框架反复起吊造成的疲劳裂纹。本次发现的裂纹可以按照第一批裂纹的修复工艺进行修复。

(3) 其余缺陷均为未熔合缺陷或咬边。缺陷产生的原因主要是焊接工艺不合理，长时间受力后易产生脱开现象。

根据表 3.1 中的焊接缺陷位置、缺陷形态和尺寸，施工人员逐一的进行了修补和检查：

● 目视检查：

检查焊缝表面质量，外观颜色应为银白色、淡黄色，焊缝外观应光滑，无焊瘤、咬边和夹渣等缺陷。

● 着色渗透检查：

焊接完成后 48 小时，进行着色渗透检测，应满足《承压设备无损检测》(JB/T 4730—2005)要求，着色检测Ⅰ级合格。

在焊接结束后，课题组对焊接质量进行了检测，满足要求。

5) 密封面检查

按照舱口盖使用说明书的要求对舱口盖密封面进行了检查，对舱口盖密封圈进行更换，对舱口盖启闭机构进行了密封检查，确认了启闭机构耐压能力和操作性能。

对 POD 罐密封面进行全面的检查、清洁，更换密封圈。

目测检查水密电缆表面，对电缆表面进行清洁，更换有异常的电缆。

清洁、检查水密接插件的密封面，更换 O 形圈。对与贯穿件类似的配电罐上的水密插座拆下，检查其 O 形圈的情况，并以此对贯穿件 O 形圈进行评估，根据评估结果进行维护。

对配电罐上水密插座进行了拆检，水密插座 O 形圈有压缩变形，通过对该 O 形圈进行 78 MPa 压力试验表明，该 O 形圈仍然可以确保在 78 MPa 实现水密，表明载人潜水器上类似水密插座(包括载人舱的穿舱件插座)密封性能满足要求。

3.1.3　框架裂纹的产生和修复

2010 年 10 月，在“蛟龙”号载人潜水器经历 1 000 米级和 3 000 米级两个阶段海试后，设计师邀请江苏特种设备检验研究院对框架的焊缝进行了 100%着色探伤。探伤结果发现框架上有多处裂纹和未熔合的缺陷。根据缺陷产生的位置和缺陷的种类，设计师对其进行了分析。

针对框架产生裂纹的情况，设计师首先对框架全系统的应力分布进行了分析，图 3.9 所示即为框架的高应力分布区域，图中数字为区域的编号。这些高应力分布区域在模拟加载试验中均进行了应力应变测量。测量结果表明，在 45 t 模拟载荷下，高应力区域的最大应力值均在 200 MPa 以内，即满足在 2 倍载荷下应力安全系数不小于 3 的要求。

以 9＃站艏部牵引耳板下方工字梁上面板和腹板之间的角焊缝处产生的缺陷为例，该缺陷为线性缺陷，缺陷长度为 300 mm 左右。设计师对该处的受力状态进行了分析。原先设计时，是按照耳板承受 1 t 拉力校核耳板应力。在实际海试过程中，发现需要的牵引力较大，可能超出单只 1 t 的拉力值。设计师根据实际的工况对耳板进行了强度校核，分别计

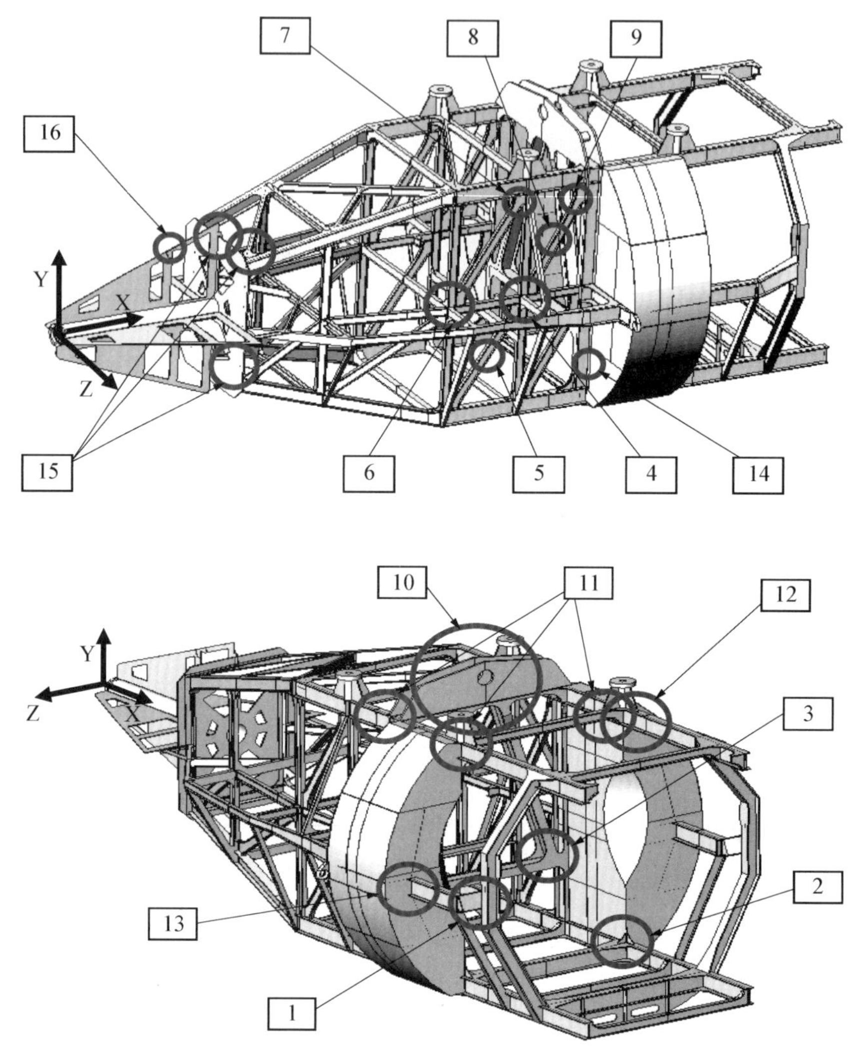

图 3.9 全框架高应力分布

算垂向拉力 3 t、前倾 30°拉力 3 t 和后倾 30°拉力 3 t 三种工况的应力分布。图 3.10～图 3.12 为应力分析结果。从三个图中可以看出，最大应力为 227 MPa，发生的位置为工字梁腹板与下面板交接处。实际牵引工况主要是前倾 30°牵引，在该工况下，要将框架破坏需要 11 t 以上拉力，在实际牵引过程中远达不到。最大应力发生的位置与缺陷发生的位置不在同一位置，因此可以判断，该处的缺陷不是由于耳板受到超过设计工况的拉力导致的。

2010 年 11 月，设计师委托南京宝色有限责任公司对上述检测出的焊缝缺陷进行了修补，在对缺陷处进行打磨后发现：所有检查出的裂纹缺陷均为未熔合缺陷。缺陷产生的原因主要是焊接工艺不合理，产生未熔合缺陷的焊缝均为仰焊焊缝，且堆高不够，长时间受力后易产生脱开现象。在焊接修复结束后，江苏特种设备检验研究院对焊缝处进行了 100％着色探伤检查，Ⅰ级合格。

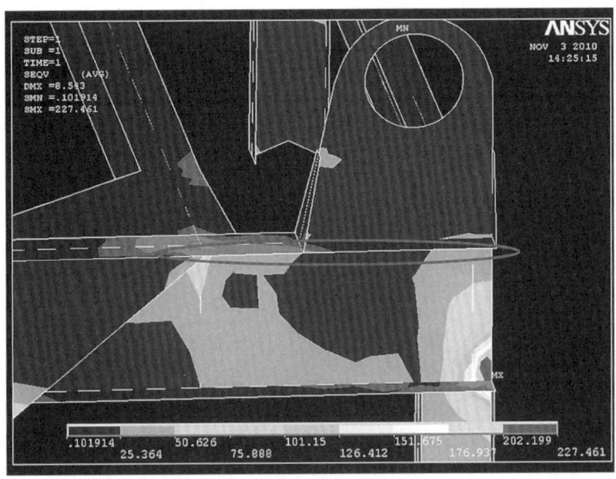

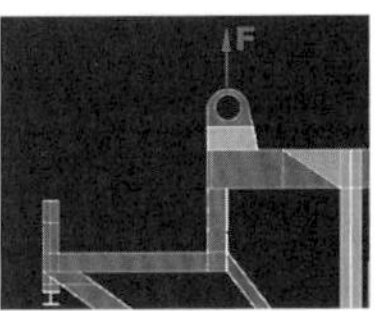

图 3.10　缺陷区域耳板垂直 3 t 拉力应力分布

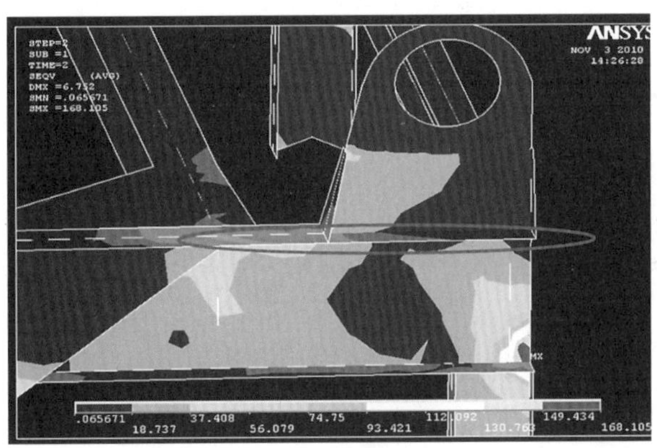

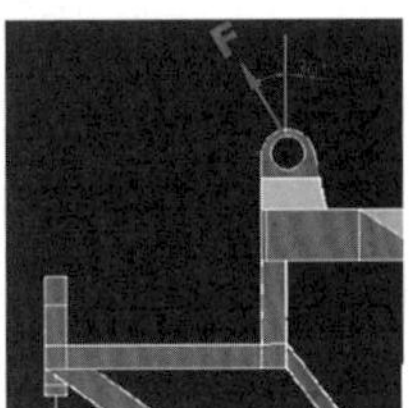

图 3.11　缺陷区域耳板前斜 30°、3 t 拉力应力分布

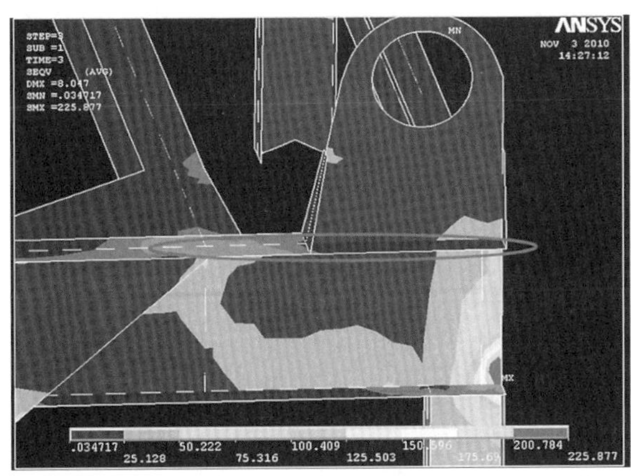

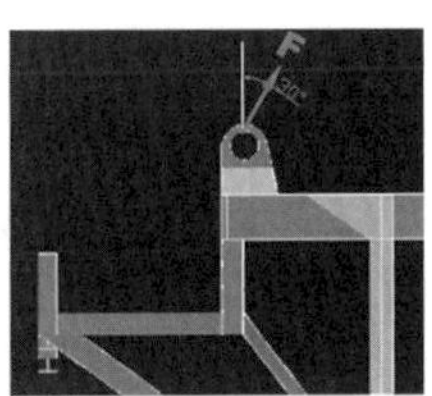

图 3.12　缺陷区域耳板后斜 30°、3 t 拉力应力分布

由于艏部牵引耳板在实际使用过程中受力较大，设计师在艏部牵引耳板下面的工字梁腹板上增加肘板进行结构加强。图 3. 13 是新增加强筋的结构。

图 3. 13　新 增 加 强 筋

3. 1. 4　坐底支架的改进和撞击修复

载人潜水器在 1 000 米级海试期间，于 2009 年 9 月 13 日在中国南海 B1 试验海区进行 300 m 下潜深度试验，在进行坐底项目试验时，由于配载过重、下潜速度较快、海底地质为沙质，而潜水器的坐底支架与海底接触面积较小，导致坐底支架陷入海底较深，对潜水器造成了一定的安全隐患。

1 000 米级海试结束后，设计师根据 1 000 米级海试过程中出现的安全隐患，对坐底支架进行了改进设计。由于甲板上承载潜水器的轨道车尺寸限制、坐底支架拆装的空间要求及潜水器布放回收的要求，坐底支架外形采用前后两组雪橇形式，结构形式为箱形，材料选用 600 MPa 级的钛合金。横剖面形状为直角三角形，底边较宽，有一定的拔模角度。这样既能保证坐底时有较大的接触面积，防止陷入软质海底，又考虑了在坐底时万一负浮力过重坐底支架陷入软质海底地质比较容易拔出，而且海底的泥沙和淤泥不易附在坐底支架上，不额外增加潜水器离底的重量。

在 3 000 米级海试过程中，发现坐底后，坐底支架内部淤泥累积的现象较为严重。为了解决这一问题，海试结束后，设计师又对坐底支架进行了进一步的改进设计。将坐底支架内腔装上浮力块，浮力块外表面修磨成实际潜水器外形的一部分，与前后光顺过渡，且装入内腔的浮力块可拆卸。图 3. 14 为改进前后的坐底支架的对比。

经过 5 000 米级和 7 000 米级海试的验证，改进后的坐底支架满足改进设计要求，接触面积增大了，且不会产生淤泥累积的现象了。

在 5 000 米级海试第 41 潜次中，潜水器的坐底支架与母船甲板上的台架发生碰撞，导致左舷艉部的坐底支架与框架的连接杆，一根完全与框架脱落，另外一根产生较大的变

(a)

(b)

图 3.14　“蛟龙”号坐底支架改进前后对比
(a) 改进前的坐底支架　(b) 改进后的坐底支架

形。设计师对本次碰撞事故的主要原因进行了分析：

(1) 根据设计要求，潜器布放工况是四级海况，回收工况是五级海况。在 41 潜次中，在潜器起吊后，由于同步时钟发生故障，所以潜器暂停布放，重新回收至甲板台架上。当时海况较恶劣，母船晃动厉害，加大了潜器布放回收的难度。

(2) 回收时，A 架将潜器缓慢下降接近台架时，提升绞车突然停止动作，此时潜器正随着母船的纵摇前后摆动，从而导致坐底支架与台架碰撞。

(3) A 架操作人员缺乏在高海情下布放回收潜水器的经验，没有及时升高潜水器的位置。

根据以上原因，为避免再次发生坐底支架与台架碰撞的失误，在回收潜器时应注意以下预防措施：

(1) 严格按照设计指标，即在四级海况以下布放潜器，五级海况以下回收潜器。尽量避免在高海情或复杂海况下布放和回收潜水器。

(2) 严格按照 A 架的操作说明书操作 A 架布放和回收潜水器，并按照说明书对甲板吊放系统进行定期检查维护。在实际操作时，在潜器坐底支架接近台架时，需操作提升绞车连续动作，将潜器坐底支架落入台架中间的空档，在此期间，应避免绞车发生停顿或无法放缆。

(3) 加强甲板布放人员的实际操作训练。

5 000 米级海试结束后，设计师对损坏的坐底支架连接杆进行重新加工，对底部支架的连接杆与主框架的连接方式进行了修改，将原先的焊接改成螺栓连接。

3.1.5　采样篮连接方式的改进及样品存放篮的改进设计

载人潜水器第 42 次下潜试验中，当载人潜水器布放入水后，试航员报告采样篮丢失。通过回放视频可以发现，载人潜水器布放入水的瞬间，采样篮突然脱离潜水器而丢失。

采样篮与载人潜水器是通过一个爆炸螺栓连接的(见图 3.15)，为了采样篮抛弃的可

图 3.15 采样篮安装照片

靠性，该螺栓的主要受力为剪切力，从采样篮丢失过程分析，由于在第 40 潜次丢失了采样篮底板而用花甲板代替，该花甲板镂空较小，在潜水器入水时受到的水流冲击力更大，使得爆炸螺栓断裂导致采样篮丢失。

用钢材临时加工采样篮供后续试验使用，并将采样篮用螺栓固定牢，暂时放弃抛弃功能，返航后对采样篮连接形式进行改进，防止类似情况发生。

1）新采样篮

改进后的采样篮选用 TC4 焊接结构。

载体框架上焊接的原有安装支架保持不变，新增两个半圆楔安装支架。

在原有采样篮的基础上保持宽度 1 000 mm 不变，长度从 900 mm 增加到 1 012 mm，理由一是结构增强牺牲了采样篮后部 50 mm 的空间，理由二是扩展采样篮空间，便于机械手操作。

原有采样篮结构形式是一个方框，现改为具备 4 个强力纵构件、3 个强力横构件的桁架结构，目的是加强采样篮抗抨击性能。另外，增加刚度使人员在踩踏采样篮时有安全感。

从抗抨击、避免爆炸螺栓受剪的角度，将半圆楔由 4 个增加到 6 个，由 1 行增加为 2 行，在保证抛载动作可顺利完成的前提下，防止采样篮的扭转变形。

考虑到作业工具均具备底座或者存放容器，改进设计中取消了原有的铝合金格栅（见图 3.16）。

2）样品存放箱

根据使用和布放需求设计了两种新的样品存放箱，每种方案分别有 158 mm 和 188 mm 两种宽度规格。

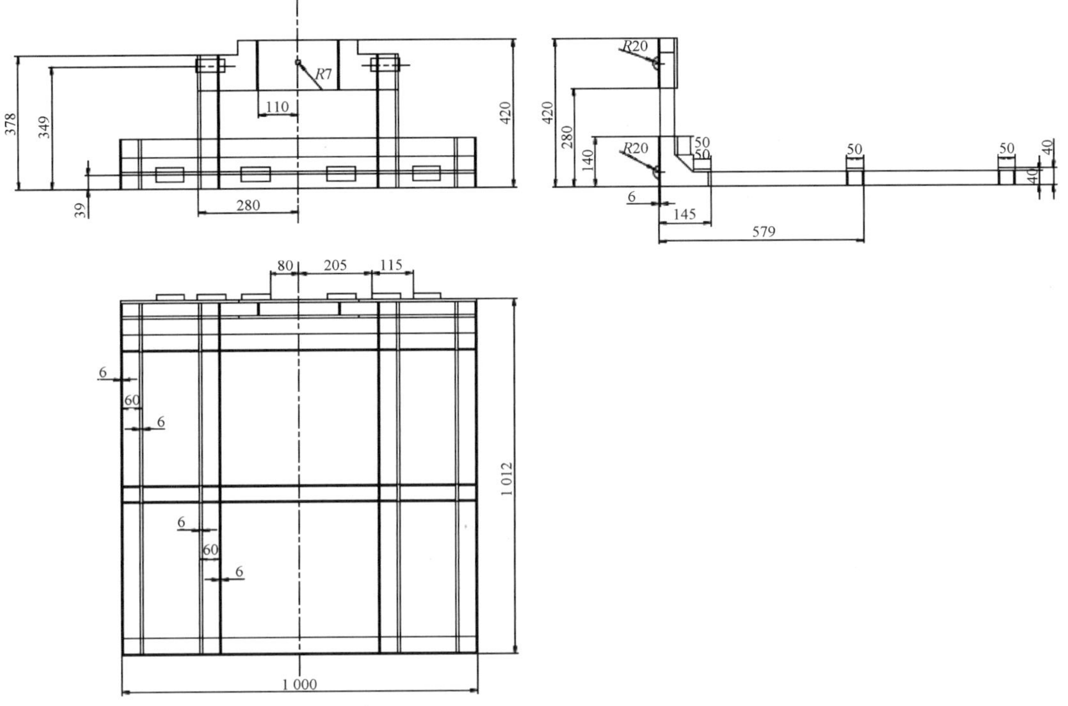

图 3.16　采样篮结构

拉盖式存放箱如图 3.17 所示，箱体材料为工程塑料，密度为 0.91～0.93 g/cm³，固定耳板为不锈钢，使用不锈钢螺钉连接，拉盖板使用有机玻璃，拉环使用同样的工程塑料，可使拉环漂浮于箱体上方，方便机械手抓取，拉绳使用弹性材料，可以在比较大的范围伸缩。

图 3.17 所示为存放箱关闭状态，当使用时，操作机械手抓住拉环(图中深色圆圈)，稍微后退，将拉绳从挂钩上取出，然后稍微抬高，使拉环的高度高于箱体上盖，平移拉环，拉盖板在绳子拉力下向前平移，待拉环移动到另一端的挂钩上方即可，将拉环下压，绳子挂在挂钩上，此时箱体上盖打开，打开面积约占顶部总面积 1/3，此时可将采集到的生物等样品放入箱体中。打开状态如图 3.18 所示。

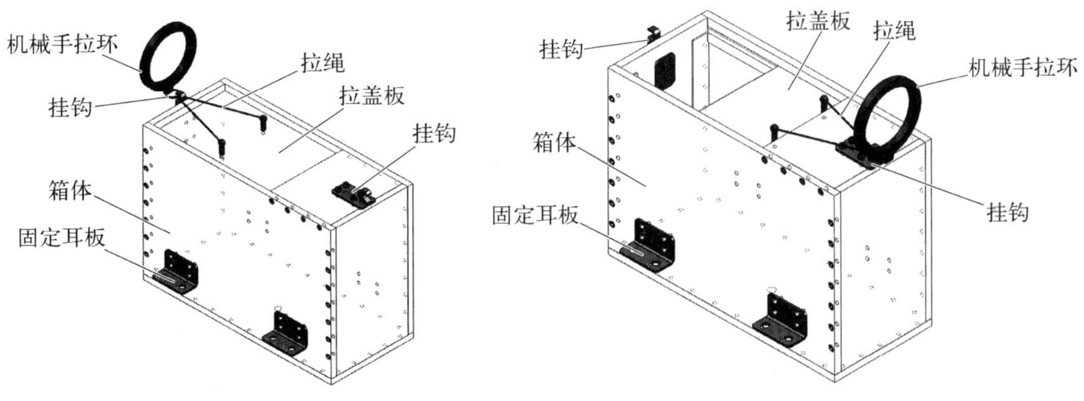

图 3.17　拉盖式存放箱关闭状态　　图 3.18　拉盖式存放箱打开状态

取样完成后，用同样方法将拉环从前端的挂钩移到后端的挂钩上挂好，拉盖在拉力作用下自动关闭，由于绳子的预紧力，不会被打开。由于工程塑料强度较低，所有固定耳板、挂钩等与箱体壁均采用夹板固定，如图 3. 19 所示，较大限度地增大了受力面积，提高了可靠性。所有螺钉均采用 M5 的不锈钢螺钉，箱体壁装有螺钉的地方厚度有所加强。存放箱装配完成后用密封胶水填注所有零件之间的缝隙，提高密封性，底板开有透水螺钉孔。158 mm 宽度的箱体在空气中质量为 5. 9 kg，188 mm 宽度的在空气中质量为 6. 3 kg。两种样品存放箱的水中质量小于 2 kg。

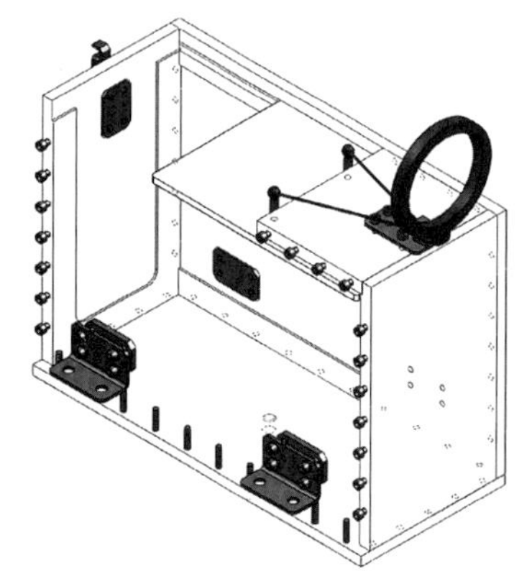

图 3. 19　拉盖式存放箱取样完成后的关闭状态

图 3. 20　翻盖式存放箱关闭状态

翻盖式存放箱外形结构如图 3. 20 所示。

箱体材料和装配结构与拉盖式相同，图 3. 20 所示为关闭状态，拉绳的一段固定在翻盖板上，另一端挂在挂钩上，依靠拉绳的拉力使翻盖拉紧。使用时采用同样的操作方式，机械手抓住拉环将拉绳取出，移动拉环打开翻盖板，打开后的状态如图 3. 21 所示，由于拉环受到浮力，悬浮于盖板上方，取样完成后，机械手可以很方便地抓取拉环，将盖板合上。

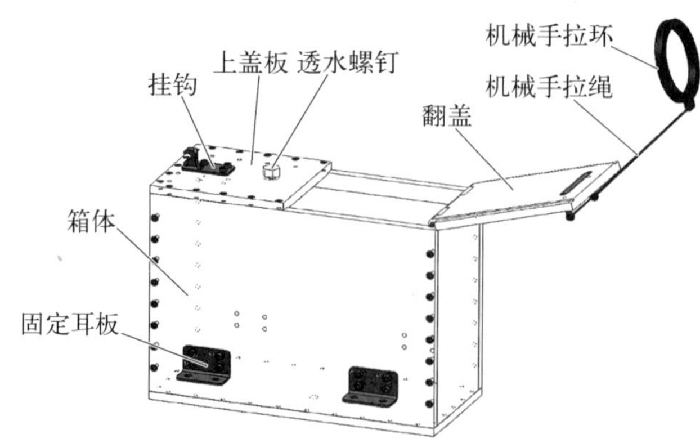

图 3. 21　翻盖式存放箱打开状态

158 mm 宽度的箱体在空气中质量为 6. 3 kg，188 mm 宽度的为 6. 8 kg，在水中小于 2 kg。

图 3.22 所示是将两种方案的生物箱安装在潜器采样篮上的模拟图。可以看到如果生物箱横向排列，则翻盖纵向打开比较合理。生物箱的固定可根据需要采用夹板或是扎带。

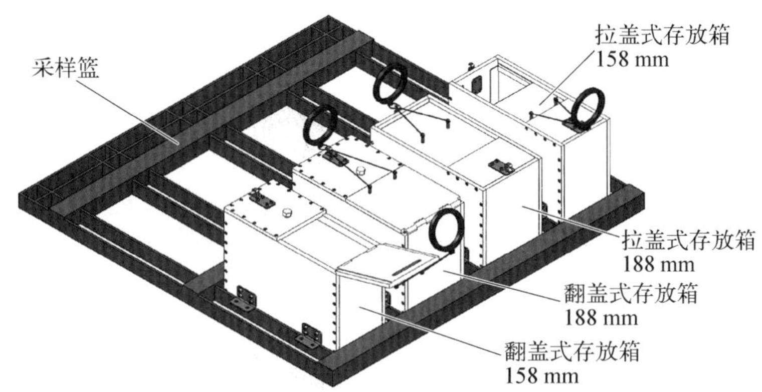

图 3.22　两种生物样品存放箱安装在潜器采样篮上

3.1.6　压载铁安装事故及设计完善

2011 年 7 月 18 日早晨起来天下蒙蒙雨，东北风 6 级，最大浪高在 2.5 m 以上，不适合下潜。由于海况恶劣，船舶摇摆比较厉害，白天不时有阵雨来袭，自上午 10:00 开始等待合适的安装压载铁窗口，结果到晚上也没有等到合适的时间窗口。晚上指挥部会议之后，为了确保次日在天气许可的情况下可以下潜（执行第 40 潜次的下潜任务），只好在比较恶劣的海况条件下，开始安装压载铁。在众人的共同努力下，21:00 上浮压载铁由铲车艰难地提升到安装位置，但安装人员发现压载铁在两个轻外壳之间进不去，通过移动铲车不断地调整位置，这时，一块 260 kg 重的压载铁从近 3 m 的高空掉下来，尽管当时的安装现场有不少人，但非常幸运的是竟然没有伤到任何人和设备。出现这种情况后，现场负责指挥的副总指挥当即决定取消该晚的压载铁安装，待次日早晨视海况再决定是否安装。

7 月 19 日上午，召集有关人员商量解决办法，从几个方面采取措施：① 重新安装压载铁两侧的轻外壳，扩大压载铁安装空间；② 把压载铁上端悬挂卸扣换小一号，方便在吊挂机构上挂钩；③ 改变最危险的用铲车把 260 kg 重的压载铁左右就位的方式，而是用移动轨道车来调整水平就位，铲车只用于上下移动压载铁。通过这些措施，19 日下午的压载铁安装就很顺利，以后几次海试的压载铁安装也均顺利完成。

现在来重新审视这次压载铁安装的事故，出现问题的原因是多方面的。首先是为了抢进度，在船舶摇晃比较厉害且晚上进行安装压载铁的作业。以前两年的海试，尽管也有在较高海情下进行试验的例子，但没有进行过压载铁的安装。因此，工人师傅没有经验，再加上操作铲车最熟悉的师傅因受伤没有上船，另一位师傅操作铲车不熟练，在高空调水平位置时，由于不熟练再加船舶摇晃厉害导致压载铁滑落。其次，在甲板上进行轻外壳安装时没有专门注意间隙的问题，致使留给压载铁安装的间隙太小。在海试现场，我们还怀疑过是否是厂家把压载铁加工大了。回所后，通过对外包申请技术要求、验收检测报告进行检查后发现，整个过程的签署和批准程序符合要求，检验验收的测量数据也符合图纸要求，没有明显的问题。但从改进角度来说，我们还可以把挂钩尺寸要求范围再缩小一点。因此，这次事故的最主要原因是在高海情下安装压载铁。另外，工人师傅操作不熟练，安装压载铁的方式也不是很恰当，前一天的轻外壳安装不到位，致使压载铁难于进入。

针对压载铁进入安装框架困难的问题，改装了压载铁安装框架，扩大了安装框架入口的尺寸。针对压载铁挂装的困难，通过试验增加了一个过渡连接环节，在目前的压载铁上增加一个卸扣，该卸扣预先安装到抛载机构上，压载铁安装时与压载铁上的挂点连接即可。改装完成后对压载铁的安装进行试验，发现新的安装方法非常方便，对抛载效果也没有影响。

3.1.7 油漆改进

针对 5 000 米级海试过程中钛合金水箱上的油漆在深海高压下的剥落问题，我们委托专业厂家重新配方，制订了 6 种不同的油漆方案，利用钛合金筒体进行了这 6 种方案的试验；在压力筒内对筒体进行了 71 MPa 下的测试，均没有发生脱落现象，我们选择了一种最好的方案进行潜水器钛合金水箱油漆，随后的海上试验和应用没有再发生油漆剥落的问题。

3.2 电力与配电系统

3.2.1 电力与配电分系统简介

电力与配电分系统是“蛟龙”号载人潜水器中的一个重要分系统，承担了为潜水器供电、配电保护和所有电气信号流提供载体的任务，相当于一个人的心脏、血管系统。

电力与配电分系统由蓄电池组、配电盘和舱内接线箱、7 只舱外的充油接线箱、147 对水密接插件和水密电缆组成。

电力与配电分系统的系统组成如图 3.23 所示。

3.2.2 电力与配电分系统故障情况统计

“蛟龙”号载人潜水器完成系统总装、陆上联调和水池试验后，在 2009—2012 年四年间，分别在南海进行了 1 000 米级和 3 000 米级海试，在东太平洋中国专属经济区进行了 5 000 米级海试，在马里亚纳海沟区域进行了 7 000 米级海试，在这期间，我们还根据各个海试阶段中暴露出的缺陷和不足对潜水器进行了改造和完善工作。至此，“蛟龙”号载人潜水器完成了研制验证需要进行的所有海上试验，对潜水器上所有分系统，包括电力与配电分系统设备进行了性能测试、考核和验收工作。

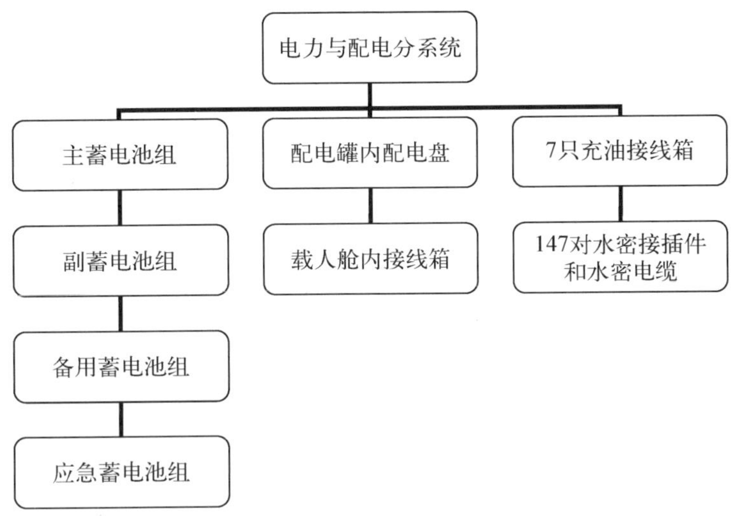

图 3.23 电力与配电分系统组成图

在这 4 次海试过程中，潜水器一共进行了 51 个下潜潜次，在各个阶段的水池试验中，潜水器也陆续进行了 120 个下潜试验。在潜水器进行水池试验和海上试验中，电力与配电分系统的设备出现了一些故障，甚至暴露了不少设计缺陷，尤其在 1 000 米级海试阶段，故障出现的频率较高。由于缺乏经验，我们判断和排除故障的效率低，任务重，有些故障和缺陷甚至不能在海试现场排除，需要回到总装车间后对系统进行改造后才能得到彻底解决。从 1 000 米级海试开始，我们研制出，并逐步发展和完善了一套接地绝缘检测装置，通过它可以发现、定位并隔离发生泄漏的设备、水密接插件和水密电缆。随着我们在海试中经验的积累和系统性能的日益完善，我们能够对大多数的潜水器用电设备出现的接地故障做到及时发现、迅速定位、有效隔离和彻底排除。

分析在各个阶段的水池试验和海试中出现的电气故障，可以发现故障产生的原因是多种多样的，有些是设计中存在的缺陷，有些是设备超期服役，有些是操作时失误导致的，现将其进行分类，并举例进行分析。

3.2.3 设计经验不足导致的故障

1）接地故障检测仪

接地系统故障是我们在海试中遇到频率最高的，也是关注度最高的一类故障，在 7 000 m 载人潜水器进行海试之前，我们并没有对接地检测的重要性引起重视，在丁抗教授的提醒和启迪下我们首先设计并安装了一只无源接地检测仪，在 1 000 米级海试中，根据需要，增加了一路有源接地检测，1 000 米级海试后改为有源接地和无源接地两套检测系统，到现在形成了以有源检测为主，无源检测为辅的接地检测方法，如图 3.24 所示。可以说，海试过程中所有电气方面的故障，基本上都可以在接地检测中有所体现，其重要性可见一斑。

图 3.24　位于中潜航员前端操控台上的接地绝缘检测面板

“接地”的“地”指的是电源保护地，对潜水器来说，通常是指金属框架和外壳。“接地检测”指测量某路电源或信号对“地”之间的绝缘阻抗，在“蛟龙”号载人潜水器中，通常是测量某路电源的负端与潜水器外壳之间的绝缘阻抗。“接地故障”指被测量信号与潜水器外壳之间的绝缘阻抗降低到某个值以下，我们认为这是个故障，故障的原因通常是在这个被测量信号的线路上的某处出现了漏水故障，海水导致了信号与金属外壳之间的阻抗降低。

在“蛟龙”号载人潜水器中，在载人舱外有近 30 台 110VDC 电源供电设备和近 50 台 24VDC 电源供电的设备，以及 147 套水密接插件和水密电缆。这些设备和接插件一旦发生漏水，可能在短时间内不会有大的伤害，但如果不及时处理，这些设备或水密接插件将很快与海水发生电化学反应，造成电路板或水密接插件的芯线迅速腐蚀而失效。

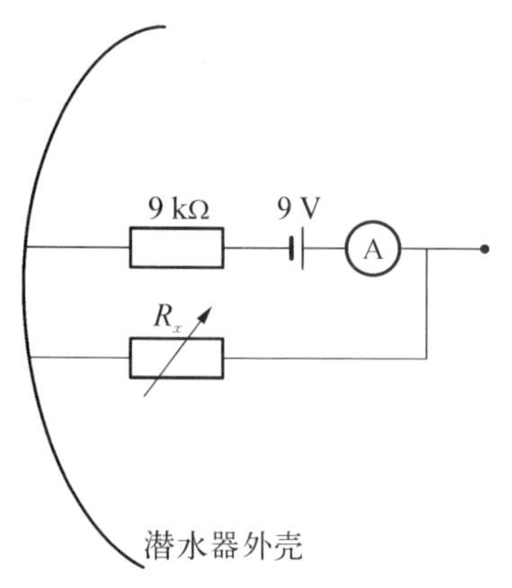

图 3.25　有源接地检测原理

在“蛟龙”中，接地检测分为“有源”和“无源”两种方法，我们现在基本是以“有源检测”方法为主。有源接地检测的原理如图 3.25 所示。

图 3.25 中，R_x 就是被检测点与潜水器外壳之间的绝缘阻抗，在接地检测电路中外接了一只 9 V 的电池，因此这种检测方法被称为“有源”检测方法，在检测通道中还串联了一只 9 kΩ 电阻和一只满量程为 2 mA 的数字式电流表，电流表显示的数值就称作“接地电流”。

当 R_x 为 0 Ω 时，检测点与潜水器外壳短路，接地电流应该为 1.0 mA，对应的接地等级为 10 级，当 R_x 为无穷大时，检测点与潜水器外壳完全隔离，接地电流应该为 0.0 mA，对应的接地等级为 0 级。其他等级对应的绝缘阻抗和接地电流如表 3.2 所示。

表 3.2　检测点对外壳绝缘电阻和检测电流对应表

绝缘等级	0 级	1 级	2 级	3 级	4 级	5 级	6 级	7 级	8 级	9 级	10 级
测量电流/mA	0	0.1	0.2	0.3	0.4	0.5	0.6	0.7	0.8	0.9	1.0
绝缘电阻/kΩ	∞	81	36	21	13.5	9	6	4	2.1	1	0

除了表 3.2 所列之外，接地电流在一种情况下可能会超过 1 mA，就是潜水器外壳带正电的情况下，检测回路中的总电压超过 9 V，而绝缘阻抗较低时，接地电流会超过1 mA，甚至超过 2 mA。这种故障危害性比较大，在下潜过程中如果不能及时隔离，需要尽快停止工作上浮。

在“蛟龙”号载人潜水器中，我们设置了 110 V、24 V、备用 24 V 和应急 24 V 等检测通道。此外，为了能够更好地判断故障源，我们对载人舱内、外主要的 24 V 供电支路单独设置了检测通道，这些供电支路可以通过载人舱内的配电箱面板上的空气开关双位切断。

下面对水池试验和四年海试中出现的一些接地故障进行具体介绍和分析。

2）设备绝缘性能差引起接地故障

“蛟龙”号载人潜水器上安装了很多的用电设备，有些设备为了自身可靠性、安全性考虑，往往将电源地直接或间接连接到设备外壳上，如生命支持系统控制箱、硬盘录像机等，为了不影响接地，我们采用了 DCDC 模块电路隔离或使用塑料螺钉、环氧垫板等物理隔离的方法，降低对接地系统的影响。但是，经常会发生舱内过于潮湿，或者绝缘油漆磨损，造成系统接地电流异常上升的现象，这给我们判断接地故障是舱内结露现象严重造成的假故障，还是舱外设备发生漏水造成的真故障带来了很大的困惑。

比如说生命支持系统，其供电的 24 V 电源地是与其控制盒外壳短路的，我们原来是采用物理隔离方法，即用橡胶垫和尼龙螺钉等把控制盒与潜水器框架隔离，但由于控制盒表面油漆脱落，以及载人舱内空气潮湿导致内壁结露等原因，生命支持系统成为影响接地检测的不稳定因素之一。

在 5 000 米级海试前的水池试验初期，有一次进行陆上通电时，生命支持系统上电后，有源接地电流就跳到 1 mA，于是我们下定决心彻底解决其电源地与外壳短路的问题。我们进舱打开生命支持系统控制盒进行检查，发现有两块氧气浓度检测模块比较可疑，经过测量，发现模块的信号地和模块底部的一个金属凸起短路，如图 3.26 所示，然后又通过安装导轨与控制盒的外壳短路，如果控制盒与潜水器外壳绝缘不好，就会造成接地电流异常。我们采取措施将该模块和安装导轨之间隔离，生命支持系统导致的接地异常消失。

图 3.26　AO4 模块信号地与底部的金属凸起短路

3）设备泄漏导致接地故障

“蛟龙”号载人潜水器上各用电设备由于泄漏、破损导致的故障，几乎都可以在接地绝缘检测仪上得到体现，通过接地绝缘检测仪，往往可以迅速发现故障、定位发生故障的设备并进行故障隔离，然后在潜水器返回甲板后在较短时间内完成设备的维修。

在 3 000 米级海试第 30 潜次，潜水器下潜过程中，打开高度计 24 V 电源时，24 V 有源接地电流由 0.1 mA 跳至 0.6 mA，潜航员立刻切断了高度计电源，24 V 有源接地恢复到 0.1 mA。返航后我们首先测量了高度计的芯线对其外壳的电阻，仅为 5 kΩ，拆开高度计外壳，发现里面有海水进入，电路板锈蚀严重。

此外，还有多次类似的故障，通过接地检测很快就能定位故障设备，在最短的时间内排除故障。比如第 10 潜次中，左舷 CCD 摄像机水密插头漏水导致 24 V 有源接地达到 6 级；第 14 潜次中，多普勒测速仪水密接插件漏水导致 24 V 无源接地达到 6 级；第 20 潜次中，主机械手的一根供油管破裂漏油之后，接地绝缘检测仪上的 24 V 有源接地电流上升到 7 级；第 40 潜次中，左舷 HMI 灯镇流器老化而绝缘性能降低，导致 110 V 有源接地达到 10 级等。

4）无法通过断电进行定位的接地故障

在潜水器下潜中，不是所有的接地故障都能通过切断设备的正、负极电源来进行故障定位的，在这种情况下，我们首先要通过观察供电电源的电压和电流的变化判断是不是蓄电池组故障造成的，然后再决策是否继续进行下潜作业。

在第 50 潜次中，“蛟龙”号载人潜水器创造了 7 062 m 的我国载人深潜纪录，正是这次下潜，出现了 24 V 有源接地达到 10 级的故障，潜航员先后关闭了所有摄像机、传感器和除计算机罐和水声通信机罐之外的设备，但故障仍然存在，好在潜水器把这个故障带回到了母船。返回甲板后，24 V 有源接地仍然达到 10 级。

我们关闭了所有用电设备，切断所有供电空开，24 V 有源接地仍为 10 级，拔去副蓄电池箱上的主供电插头，24 V 有源接地恢复到 0 级，但此时将 24 V 总上电空开闭合，24 V 有源接地达到 6 级。我们打开舱内接线箱，依次把 24 V 电源的进线从供电回路上拆下，发现当拆下一根+24 V 供电导线时，24 V 有源接地恢复正常，这根导线是安装在载人球壳贯穿件上的主供电插座的一根尾线。

检查后发现这根导线的表皮已经被磨穿，和潜水器外壳短路。把这根导线跳开不用，故障排除。

在 7 000 m 压力下，载人球壳承受了 71.5 MPa 的压力，直径会有 1 cm 的收缩，而舱内接线箱是紧贴在载人球壳贯穿件上的，贯穿件上的 9 只水密插座的 300 多根尾线由一个直径 10 cm 的圆孔进入舱内接线箱，虽然这些尾线都进行了保护，但当载人球壳收缩较多时，还是将这根芯线的表皮磨破，因此在切断所有设备供电时，24 V 有源接地仍然达到了 10 级。

5）在大深度压力下设备变形引起可逆的接地故障

随着“蛟龙”号下潜深度的增加，压力的上升引发了新的接地故障现象。在 3 000 米级海试中，当潜水器下潜深度超过 2 000 m，有源接地会突变到 10 级（相当于电源地与框架短路），而当潜水器上浮到 2 000 m 以浅时，有源接地就会恢复到正常，可以确定这不是由于设备泄漏等故障引起的，而是某个耐压设备或接插件在高压下变形收缩，设备内部的 24 V 地和设备的外壳相碰短路，而当潜水器上浮时，外压减小，设备的外壳逐渐恢复到原来尺寸，24 V 地和外壳分离，接地电流恢复到正常值。

由于计算机罐、水声通信机罐等重要设备在下潜过程中不能断电，因此无法通过切断设备正、负电源的方法进行故障定位，而在上浮途中，故障现象消失，也无法在甲板上进行故障排查，只能在海试的间隙，拆下计算机罐、水声通信机罐和测深侧扫罐等耐压设备，对内部的电路进行检查和整改，终于在 3 000 米级最后的两个潜次中没有再出现这个故障。

但在 5 000 米级海试中，同样的问题又出现了，潜水器下潜到 5 000 m 以深时，24 V 有源接地跳变到 10 级，而上浮到 4 000 m 时，24 V 有源接地又恢复正常。由于时间所限，我们没有进行进一步的故障排查工作。

回到总装车间后，我们对所有耐压罐都进行了检查和维护，在 7 000 米级海试中，24 V 有源接地的这个“幽灵”故障消失了。

6）24 V 接地异常故障

2012 年 6 月 24 日，第 49 潜次下潜过程中，24 V 有源接地最高达到 0.7 mA，返回甲板后，我们经过排查，认为故障原因是副蓄电池箱绝缘下降。于是对副蓄电池箱进行了清洗和更换补偿油。27 日，蛟龙号潜水器进行了第 50 潜次的下潜。在下潜中，24 V 有源接地电流最大达到 1.02 mA。

潜水器返回母船后，我们对副蓄电池组 24 V 供电回路进行了故障排查工作。

关闭系统电源，切断舱内接线箱面板上的 24 V 上电总开关，24 V 有源接地仍在 1.0～1.2 mA 范围内跳动；从副蓄电池箱端拔去主供电电缆 XP9 插头，24 V 有源接地恢复到 0.001 mA；此时将 24 V 上电总开关闭合，24 V 有源接地又跳至 0.5 mA；于是怀疑是主供电电缆发生泄漏导致芯线对外壳绝缘性能下降，用一根备用供电电缆插到副蓄电池箱和载人球壳贯穿件之间，24 V 有源接地没有变化，因此与电缆无关。

判断是从载人球壳贯穿件上的主供电水密插座到舱内接线箱之间的问题，打开舱内接线箱，分别从接线端子上断开承载＋24 V 电源的主供电插座 1＃、2＃和 3＃尾线，当断开 1＃芯线时，24 V 有源接地从 0.5 mA 左右恢复到 0.001 mA，测量 1＃尾线对外壳电阻，仅为 20 kΩ 左右。

由于舱内接线箱内线路非常多，无法找到主供电插座 1＃芯线具体的破皮位置，但已经可以确定是该芯线破皮导致本次故障。

载人球壳贯穿件上的 9 只水密插座的尾线是经紧贴贯穿件的舱内接线箱上的一个圆孔进入舱内接线箱的，虽然已经进行了保护，但线比较多，在 7 000 多米水压下，载人舱的直径将收缩 1 cm 左右，正好将主供电插座的 1＃芯线压在载人球壳贯穿件和舱内接线箱之间，导线表皮压破，和潜水器外壳短路，造成 24 V 有源接地达到 10 级的故障。

找到故障原因后，我们将主供电插座的 1＃芯线从端子排上脱开，用电工胶布包好。此外，打开副蓄电池箱，从蓄电池箱端将主供电插座的 1＃芯线从副蓄电池组的正端脱开并包好。

系统再次进行通电检测，24 V 有源接地电流恢复到 0.08 mA 的正常值。

由于经过故障排除后，潜水器的 24 V 供电正端从 3 根 3.3 mm^2 芯线并联改为 2 根 3.3 mm^2 芯线并联，线路上的承载电流能力有所下降，因此需要对第 51 潜次中 24 V 供电电流进行限制，要求不得超过 50 A。

待潜水器回所后，我们将对载人球壳贯穿件端的 24 V 主供电插座进行检查和更换。

7）24 V 有源接地报警

潜水器进行第 44 次下潜试验中，当潜水器下潜到 5 100 多米时，24 V 有源接地电流突然由 0.04 mA 跳升到 1 mA，潜航员随即关注副蓄电池组的电压和电流有无异常变化，在确认无异常后，继续进行下潜作业。当潜水器抛载上浮到 4 500 多米时，24 V 有源接地突然恢复到 0.04 mA。

在潜水器刚刚抛载上浮后，潜航员立即关闭了一系列设备进行故障定位判断工作，但由于潜水器很快上浮到 4 500 m，接地故障消失，因此并没有定位到故障源，此时尚有以下设备没有隔离：水声通信机、运动传感器、远程超短基线声呐、CTD 传感器、深度传感器、压载水舱液位传感器和计算机罐等。

本次接地故障现象完全类似于 3 000 米级海试中曾经出现的故障现象，即潜水器下潜到某个深度时有源接地突然跳升到 1 mA，而上浮到相近深度后有源接地又突然恢复正常，因此我们认为故障原因同样是由于某个设备在高的外压下变形收缩，导致设备内部的 24 V 地和金属外壳短路，24 V 有源接地达到 1 mA；而潜水器上浮到相近深度时，该设备恢复尺寸，24 V 地和外壳分开，接地恢复正常。

在此前的第 43 潜次，潜水器并没有出现同样的故障，我们认为故障源是在第 43 潜次结束后，潜水器上新增加或曾经打开检修过的设备之一，这样的设备有 3 个：热液取样器、水声通信机罐 1 和机械手高清摄像机。其中热液取样器在水下曾被断电隔离过，因此可以排除，水声通信机罐 1 始终没有断电，此外机械手高清摄像机虽然也同样被断电隔离过，但由于其视频屏蔽在载人舱内和观通系统的 12 V 地短路，而其视频屏蔽和 24 V 地短路，因此并不能被隔离，不能排除其嫌疑。

根据分析，我们认为故障源是水声通信机罐 1 和机械手高清摄像机其中之一。由于船舶续航力等原因的限制，5 000 米级海试不再安排更多的潜次，因此，究竟哪一个是真正的故障源就没有机会确认了。好在我们对接地故障的排查已经积累了比较丰富的经验，现在开发的故障定位系统已经具有了很强的故障定位能力，因此，这一问题不会成为今后更大深度试验的障碍。

8）充油接线箱补偿膜材料选择不当导致泄漏

“蛟龙”号载人潜水器上有 7 只充油接线箱，其中 5 只是采用补偿膜进行压力补偿，要求补偿膜既要柔软，又有一定的强度，我们当时选择的是普通的有机塑料板，可是并没有意识到这种有机塑料材料是不耐油的。

充油接线箱于2007年4月份完成充油，安装在潜水器上后没有再对补偿膜进行更换，在充油状态下长期放置之后，接线箱的补偿膜变硬，在低温、高压的环境下就失去了补偿的功能。在3 000米级海试的第34潜次中，发生了声学系统副接线箱泄漏的故障，拆开接线箱时，发现接线箱内已经进水，同时发现接线箱的补偿膜已经发硬，基本没有恢复原形的能力，潜水器在下潜时，接线箱补偿膜在高压下难以变形压缩，无法进行补偿，海水就通过补偿膜的间隙进入接线箱。

在5 000米级海试前，我们选择了耐油性能好、同样柔软坚韧的PU10聚氨酯塑料板作为接线箱的补偿膜，取得了较好的效果。

9）水密电缆短路故障

第27潜次试验潜水器回收到甲板后，发现备用蓄电池箱附近有漏油迹象，检查时，发现备用蓄电池箱侧面水密插座附近发烫，立即将备用蓄电池箱供电电缆插头拔去，将轻外壳拆去进行检查。

在检查从左舷接线箱到载人舱的水密电缆时，发现该电缆表皮有鼓起膨胀的现象，并且拔左舷接线箱端的水密插头时感觉非常费力。

检查电缆，发现该插头端备用24 V正端和负端的芯线有发热熔化的现象，将其表皮割开，里面没有发现有水，但有大量橡胶发热熔化后难闻的气体泄出。

发现左舷接线箱的水密插座的备用24 V正端和负端的芯线同样有发热熔化的现象。

拆开备用蓄电池箱，发现里面的电容器油发黑，备用24 V回路的63 A保险丝已经裂开，里面的石英砂呈黑色，测量保险丝电阻，尚未断开。

测量每节单体电池电压，均为1.62 V左右，电池没有损坏迹象。

左舷接线箱到载人舱的水密电缆的型号为MHDO－38－CCP，内含一对6 mm^2的电源线，6对视频同轴电缆和24根0.5 mm^2的信号线，这么多电线组成的电缆非常粗，尤其是在水密插头端，电缆芯线焊接到水密插座的插针尾部，加工的难度非常高，如果处理不好，就会造成芯线之间短路，或者断路。

潜水器上使用的这根水密电缆就是存在这个缺陷，在常压或低压下，该电缆的所有芯线没有断路或短路的现象，而潜水器下潜到3 000多米后，该电缆的XP22插头尾部受压，橡胶的硫化包挤压，将承载备用24 V的一对电源线短路，备用电池大电流放电，温度迅速上升，将63 A的保险丝熔化，并将水密电缆、左舷接线箱端和备用蓄电池箱端的水密插座的尾线损坏。

至于备用蓄电池箱内的63 A的熔芯，由于内部灌满了石英砂，并且是浸没在电容器油中，当供电回路短路时，熔芯内的保险丝熔断，但高温将附在石英砂上的电容器油氧化，形成导电的通道，将熔芯变成一只电阻器。

将水密电缆和水密插座更换，并对备用蓄电池组进行了一次充放电循环，合计放出电量 172 A·h，充入电量 212 A·h，并且由于时间限制，并未充满，这说明备用蓄电池组的状态良好，没有受到本次故障影响。检修后恢复正常，后面的潜次未再发生类似事故。

3.2.4 设备老化或超期服役引发的故障

潜水器上的所有设备都有其使用寿命，到了寿命期时需要进行更换，否则会为潜水器带来各种故障隐患。比如锌银蓄电池组需要每年更换一次，O 形圈一般两年更换一次，接线箱补偿膜也是两年更换一次，等等。

1）锌银主蓄电池超期服役引发的电池组爆裂

“蛟龙”号载人潜水器上使用的蓄电池组由若干节锌银蓄电池组成，这种二次电池具有能量密度高、可充油承压、析出物少和安全性能良好等多个优点，但其缺点也是突出的，就是价格高、使用寿命短，湿寿命仅为一年。

按照原计划，潜水器应该在 2008 年 3 月底起航进行 1 000 米级海试，因此我们在 2008 年 3 月中就完成了三组锌银蓄电池组的化成、激活，并在水池试验中进行了使用，可后来由于种种原因海试延后了一年，到 2009 年 7 月份，这三组蓄电池组已经超过了其寿命期，但由于经费原因，海试前并没有订购并激活新的蓄电池组。

在 1 000 米级海试期间，锌银蓄电池组都处于超寿命使用状态。为了确保电池组的安全，我们也采用了浅充浅放、勤维护、勤观察、勤记录的方式，多次对蓄电池箱进行换油、清洗，甚至更换单体电池。

在进行第 16 潜次时，主蓄电池组已经超期服役约 6 个月，终于有一节单体电池内部发生短路，短路产生的高温把自身的以及临近的一节电池外壳熔化，产生的大量气体使主蓄电池箱的皮囊严重鼓起，把顶端的护罩顶破，如图 3.27 和图 3.28 所示，幸运的是皮囊经受住了考验，没有破裂，海水没有进入蓄电池箱内，没有造成蓄电池组短路这更为严重的后果。

图 3.27 主蓄电池箱皮囊鼓起的情形

图 3.28 因失效短路而爆裂的单体电池

海试后期，紧急订购的一组锌银蓄电池组到货，我们在短时间内将新的锌银蓄电池组激活，将原有的电池组替换，1 000 米级海试得以继续进行。

在随后的三年海试中，我们始终确保蓄电池组在其寿命期内工作，没有再出现新的蓄电池组失效故障。

2）电磁铁老化导致 24 V 接地故障

“蛟龙”号载人潜水器上有 4 只抛载用的电磁铁，在下潜前，这 4 只电磁铁必须处于上电吸合的状态，在终止下潜和上浮时，潜水器分别给这 4 只电磁铁断电，以实现抛载的动作，如果电磁铁出现故障而失效，压载铁就会提前抛载，潜水器就无法到达指定的深度。

这 4 只电磁铁是在 2003 年订购的，采用充油补偿结构，由于是采用断电抛载控制方式，电磁铁通常需要长时间处于通电状态，线圈温度通常较高，线圈上的烤漆容易脱落，导致电磁铁的绝缘性能下降。

2011 年 5 月 28 日，潜水器正进行 5 000 m 海试前的水池调试，接地系统检测到 24 V 有源接地达到 8 级的故障。经过逐个关断设备进行故障定位，当关闭上浮抛载电磁铁时，24 V 接地恢复到 0 级，对左、右舷上浮抛载电磁铁进行检查，发现右舷的上浮抛载电磁铁电源正、负极对其外壳的电阻均只有 5 kΩ。

使用备用的电磁铁对其进行更换，24 V 有源接地值恢复正常，故障排除。

3）水密电缆在高压下短路造成备用蓄电池组短路

3 000 米级海试中，第 27 潜次结束，潜水器回收到母船上时，我们发现备用蓄电池箱外壳发烫，有漏油迹象。紧急拔去了备用蓄电池组的供电电缆插头，仔细检查，发现备用蓄电池组的供电线路电源正、负极发生短路，打开电池箱，电池箱内补偿油发黑，箱内一只 63 A 熔芯已经熔断，但短路的大电流将附着在石英砂上的油氧化，和熔断的熔芯金属粉末一起继续形成通路，将熔芯变成一只电阻器，使得备用蓄电池组一直处于放电状态，备用蓄电池组的电压从 29.5 V 下降到 26 V，但幸好对电池组没有造成较大伤害（见图 3.29）。

图 3.29　备用蓄电池组短路后检修

我们继续寻找备用蓄电池组发生短路的原因，如图 3.29 所示，发现备用 24 V 电源供电线路上的一根 38 芯水密电缆损伤比较严重，靠近左舷接线箱端的插头尾部已经鼓起一个包，而且有难闻的橡胶气味。

这根 38 芯水密电缆中，不仅包括两根很粗的电源芯线，还有 6 对视频同轴电缆和其他芯线，电缆很粗，在水密电缆加工时，同轴电缆需要在较小的空间内转接后再焊接到水密插头的插针上，加工难度很大。我们认为，很有可能是工人在加工时存在失误，两根很粗的电源线焊接点有毛刺，在外压较低时没有问题，但当外压升高后，电缆受外压收紧，两根芯线短路，导致备用蓄电池组电源正、负极短路。

这次故障造成了两只水密插座和一根水密电缆的严重损坏，对备用蓄电池组和电池箱箱体也有一些损伤。

3 000 米级海试前的改造工作中，并没有单独为备用 24 V 电源设置电压表，也没有单独设置备用 24 V 电压的接地检测通道，因此在本次故障中潜航员未能在第一时间内发现故障。另外，由于蓄电池箱内的熔芯都是浸在油里的，在电池组发生短路后并没有起到熔断断路保护的功能，因此我们将主、副和备用蓄电池箱内的三只熔芯内的石英砂取出，这样一旦发生短路，熔芯熔断后不会再继续形成通路，而是直接断开。

4）一根备用水密电缆造成液压系统 ECU 板损坏

水密接插件和水密电缆到货后，我们首先进行严格的检验，包括外观检查，短路、断路检查，每根芯线是否连接可靠，是否有断路危险，以及每根芯线与外壳、芯线之间是否存在短路的缺陷等，对承载大电流的电源信号的芯线还将进行绝缘电阻的测量。此外，还抽样对水密接插件和水密电缆进行 71.5 MPa 耐压测试，以上检验合格后才能将水密接插件和水密电缆在潜水器上安装使用，或作为备品备件存入仓库待用。但是，当时间比较紧迫时，有些水密接插件和电缆的验收工作就比较仓促，埋下了事故隐患。

在 3 000 米级海试中，在排查液压源故障时，我们将一根备用的一分三水密电缆更换到潜水器上，在通电后，发现液压源电机无法启动，检查后发现电磁阀箱的通信已经无法建立，打开电磁阀箱，发现 ECU 板已经损坏。经过仔细检查，发现我们刚刚更换上去的这根水密电缆备件中的两根芯线短路，不巧的是这两根芯线一根是＋24 V，一根是＋5 V，这样通电后就将＋24 V 电源和＋5 V 电源短路，导致 ECU 板上的许多 5 V 电源供电的芯片都烧坏，经过技术人员两天艰苦的努力后成功修复了 ECU 板。

从这个故障可以看出，一根不合格的水密电缆备件没有及时发现，直接用到潜水器上，将给我们的试验和未来使用都会带来很大的威胁。此后，我们在对新到货的水密接插件和水密电缆进行验收时，严格执行每根芯线都要测量是否断路，是否和其他芯线或外壳短路的原则，合格后才能入库，并且以后每次需要使用备品备件时，首先要重新测量和检查这个备件是否合格，杜绝类似的故障再次发生。

3.2.5 缺乏操作经验引发的故障

“蛟龙”号载人潜水器上的电气设备、水密接插件和水密电缆极多，如果有某些螺栓没有拧紧，某只密封圈出现破损，或者某对水密接插件没有拧到位或密封面有杂质，都会导致泄漏进水，甚至短路的故障。

这些故障都是操作人员操作不到位，检查人员没有及时发现故障隐患造成的，当然设备多，操作维护不便，人员疲劳等也是造成这些故障的重要因素。

1）尼龙扎带扎破水密电缆导致漏水

“蛟龙”号载人潜水器上有一百多根水密电缆，水密电缆在框架上布线时，是用尼龙扎带将水密电缆固定在马脚或框架上的。

在 1 000 米海试的第 13 潜次中，系统检测到配电罐和作业系统接线箱同时发生泄漏故障。由于这两个设备一个为耐压罐，一个为充油压力补偿设备，同时发生泄漏故障的可能性非常小，因此我们首先怀疑这是一次误报警。

果然，我们首先检查了插在配电罐上的水密插头，发现 XP125 插头端面有漏水痕迹，再检查该电缆另一端，插在计算机罐端的 XP126 插头，发现接插件连接处有更多海水和铜锈的痕迹，因此确认水密电缆漏水。这根水密电缆同时承载了配电罐泄漏报警和作业系统接线箱泄漏报警检测信号，由于漏水，这两路检测信号的阻抗降低，系统同时检测到这两个误报警信号。

我们仔细检查这根水密电缆，发现这根水密电缆插在计算机罐端的插头的尾部弯曲处用尼龙扎带绑扎了一只电缆标识框，扎带尾部剪断后，形成一个刀口，将弯曲处的水密电缆表皮刺破一个非常小的洞，在 300 多米海水的压力下，海水进入水密电缆内部，造成水密电缆的泄漏故障。如图 3.30 所示。

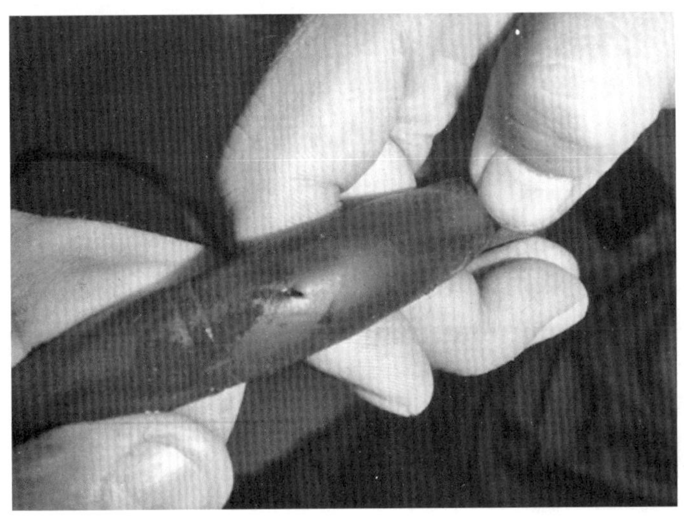

图 3.30 尼龙扎带造成的水密电缆泄漏

在海试和日常维护中，尼龙扎带作为水密电缆、油管系固的一般手段，普遍用于潜水器的各个角落，自从发生这个故障后，我们一方面对潜水器上所有水密电缆进行了仔细检查，对有划痕的水密电缆进行更换或补救；一方面改进了所有水密电缆的系固方法，在绑扎尼龙扎带前，先在水密电缆上绑上黄蜡套管或橡皮垫进行保护，而且尽量不剪断扎带的尾巴，避免造成新的“刀口”。

2）接线箱内残留空气过多导致补偿误报警和泄漏误报警

“蛟龙”号载人潜水器上有两只平躺安装的充油接线箱是共用一只皮囊式补偿器来进行压力补偿的，这三位一体的设备无法同时安装到潜水器上，安装时，只能先将安装在顶部的观通系统接线箱的补偿油管先脱开，安装到潜水器上之后再将油管接上，然后再进行补油操作。这样一来，接线箱和补偿油路中的空气无法排除得非常干净，空气占用了补偿油的空间，有时就会造成补偿油量不够的故障。

在进行 5 000 米级海试的第 40 潜次中，潜水器下潜到 2 840 m 时，系统发出补偿器式充油接线箱补偿报警，随即在 3 300 m 附近抛弃终止下潜压载，达到均衡后抛弃上浮压载，潜水器最深下潜到 4 047 m 深度，然后当上浮到 3 500 多米时，补偿报警消失。

在进行故障排查时，我们发现由于排气困难，由观察系统接线箱、作业系统接线箱和外接补偿器组成的充油组件内有较多的空气，在海水高压下空气的压缩率很大，补偿器内的油不足以补偿外界的压力，补偿皮囊收缩到一定位置，触发了补偿报警。在对这组接线箱补充了约 1 升的油后，故障排除。

可是在第 41 潜次中，潜水器下潜到 5 100 多米时，系统检测到作业系统接线箱泄漏报警，同时 24 V 有源接地上升到十级（六级以上为故障），在潜水器上浮途中，有源接地和泄漏报警信号同时消失。

潜水器返回水面后，经过数据分析和检查，我们确认作业系统接线箱内进水。将接线箱打开，在箱底我们发现了两大滴海水，如图 3.31 所示。这两滴海水是从何而来的？经过分析，认为在第 40 潜次后对作业系统接线箱进行补油时，没有先打开充油阀放出少量油，而充油阀的开关阀至充油口之间有一段空腔，在潜水器下潜之后充满了海水，接上油管进行充油之后，这部分海水就由充油阀进入了接线箱内部，导致接线箱泄漏报警和接地故障。

第 40 潜次的外接补偿器式充油接线箱补偿报警和第 41 潜次的作业系统接线箱泄漏报警故障都是由于操作人员操作不当造成的，首先是在充油时未能将接线箱内的空气排除干净，然后在补油时未按充油程序先放油再充油。

针对共用外接补偿器的两只接线箱充油排气困难和安装不便的问题，我们在 5 000 m 海试结束后进行了整改工作，将这两只充油接线箱分别外接一只补偿皮囊，这样一方面将接线箱的补偿量增加一倍，另一方面可以直接在甲板上完成放气、充油密封工作，然后可以很方便地将接线箱和补偿皮囊安装到潜水器上。

3）水密插头未接插到位导致副蓄电池箱泄漏误报警

副蓄电池箱通过 4 对水密接插件和其他设备连接，其中 1 对是单体电池电压监控接

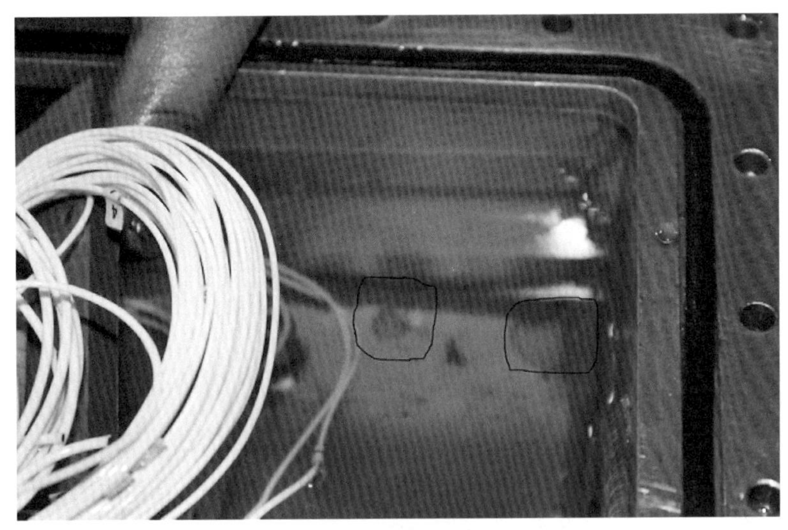

图 3.31 作业系统接线箱内发现海水

口,平时是用闷头闷住,其余 3 对分别为载人舱内、计算机罐和应急液压源供给 24 V 电源,其中连接到计算机罐的水密接插件和电缆中还承载有副蓄电池箱的泄漏报警和补偿报警检测信号,该水密接插件是橡胶密封型,通过一个金属螺套将水密插头的橡胶层压紧在水密插座的橡胶层上,外压越大,橡胶之间压得越紧,从而起到密封作用。

在 3 000 m 海试阶段,第 35 潜次中,潜水器在下潜到 500 多米时,24 V 有源接地由 4 级上升到 9 级,同时偶尔出现了副蓄电池箱泄漏报警信号,当下潜到 1 000 m 时,副蓄电池箱泄漏报警一直存在,潜水器只能提前抛载上浮。

回到甲板后,我们首先检查副蓄电池箱的接插件是否泄漏,果然发现连接副蓄电池箱和计算机罐的 XP11 插头有漏水痕迹,检查水密电缆本身并未发生漏水,这说明是 XP11 插头在接插时未插到位,海水从插头和插座之间渗透进去,承载副蓄电池箱泄漏报警信号的两根芯线之间阻抗降低,导致副蓄电池箱泄漏误报警。同时水密插头的漏水还导致 24 V 地和金属外壳之间通过海水导通,导致 24 V 有源接地达到 9 级的故障。

这对橡胶密封的水密接插件有 24 芯,在接插时如果用力稍微不均匀,容易导致接插件橡胶密封面的一侧没有非常紧密地贴紧,海水就容易进入接插件之间,造成误报警和接地故障。

对于这类螺套拧紧固定,由橡胶面或 O 形圈密封的水密接插件,在接插前必须先要检查 O 形圈是否完好,密封面是否有杂质,在接插时必须均匀用力,并且必须拧紧,确保到位。我们在这类水密插头和水密插座的外壳上均划好记号,拧紧时必须插头和插座的标记对准时才能说明水密插头已经拧到位。

4) 蓄电池维护工作不到位引发的故障

"蛟龙"号载人潜水器上有 3 组锌银蓄电池组,"蛟龙"上所有设备的供电必须依靠这 3 组蓄电池组的正常工作,对于"蛟龙"而言,这 3 组蓄电池组就是心脏,就是动力,确保这

3 组蓄电池组始终以最佳状态为潜水器提供动力，是“蛟龙”圆满完成下潜任务的关键因素之一。

这 3 组蓄电池组是安装在充油耐压补偿的蓄电池箱内的，电池箱的顶部覆以一块耐油橡胶制成的补偿皮囊。在对蓄电池箱进行充油时，需要充入足够的补偿油，否则在大深度的水压下会造成不耐压的蓄电池箱直接承压而压破补偿皮囊的故障；但是充入的油量也不能太多，因为在充、放电时，锌银蓄电池组会陆续地释放出气体，如果充入过多的补偿油，气体累积而又未能及时排出时，就会将补偿皮囊鼓破。此外，由于锌银蓄电池组析出气体时，会带出一些导电的电解液和锌粉，如果量过多的话会影响蓄电池组的绝缘性能，导致蓄电池箱外壳带电和泄漏报警或误报警的故障。

在 4 年的水池试验和海试中，由于有几次对蓄电池组的维护不到位，出现了一些蓄电池组的故障，我们也在维护和故障排除的工作中不断积累经验，逐步形成一套完整周到的维护保养措施，尽量减少蓄电池组故障的发生。

5 000 米级海试中，“向阳红 9”号船载着“蛟龙”行驶了 14 个昼夜，到达海试区域，途中由于海况较差，颠簸得非常厉害。

在第 40 潜次下潜的前一天，我们进行了例行的通电检测，发现 110 V 有源接地由平时的 0.04 mA 突然上升到 0.4 mA，虽然没有达到 5 级的故障，但这是不正常的，是严重的事故隐患。

我们对主蓄电池箱进行检查时，发现电池箱外壳分别和 110 V 电源正负极之间的电压之和正好等于 110 V 电源的电压值，这说明主蓄电池箱的外壳有漏电现象。打开主蓄电池箱，发现电池箱内有较多黑色的锌粉洒落在电池的表面和水密插座导线的表面。通过这些导电的锌粉，主蓄电池组的正、负极和蓄电池箱的外壳连接成为一个通路，从而使蓄电池箱的外壳带电。

主蓄电池组在 5 000 米级海试起航前，刚刚完成了充电，电量充得很足，因此一直有较多的气体持续析出，不断带出些锌粉，在 14 天的颠簸摇晃后，这些锌粉均匀地分布在电池顶部和导线表面。我们重新清洗了电池和电池箱，更换了新的补偿油，110 V 的有源接地恢复到 0.04 mA。

通过这个故障，我们总结出一条经验，在海试过程中，在满足下潜用电需要的前提下，我们对蓄电池组进行充电时不能完全充满，充到总容量的 80%～90%就足够了。

7 000 m 海试前，水池试验的初期，3 组锌银蓄电池组刚刚激活并充满电，“蛟龙”运到 702 所的 06 水池，清明假期的第二天，我们发现主蓄电池箱正在漏油，检查后发现是补偿皮囊破了个口子。

由于是在假期前刚刚对主蓄电池组充满电，电池组析气量较多，而由于即将要进行 7 000 米级海试，为确保有足够的补偿油补偿压力，蓄电池箱内充入较多的补偿油，主蓄电池箱的油位高达 4.0 cm，也就是说，留给蓄电池组析出的气体的空间只有不到 4 cm，由于补偿皮囊的顶部呈圆锥形，4 cm 所占的空间就不多了，经过两天持续的析气，析气量远超

4 cm 空间，导致拉伸到极致的补偿皮囊破裂，漏油。

为了确保 7 000 m 压力下的油补偿量，我们并没有减少蓄电池箱内的补偿油，而是采取了勤放气的方法，或者平时将补偿皮囊顶部的放气口打开，然后用一根油管的一端接在放气口上，将另一端吊高，防止油从油管流出，同时又保证蓄电池箱内的气体能够及时排出。

在整个 7 000 米级海试航行期间和海试期间，我们都采用了这个方法，每次下潜当天的凌晨再将 3 只蓄电池箱的放气口闷住，虽然很辛苦，但确保了整个海试期间没有再出现蓄电池箱补偿皮囊破裂的故障。

3.2.6 电力与配电故障小结

经过 1 000 米级、3 000 米级、5 000 米级和 7 000 米级海试的考验和改进，“蛟龙”号载人潜水器的电力与配电分系统已经越来越可靠。但是俗话说，“前事不忘，后事之师。”随着“蛟龙”号载人潜水器投入科考应用，电气系统可能会出现新的问题和故障。但通过对“蛟龙”号载人潜水器电气故障的分析和总结，我们可以得到更多的经验和教训，避免同样的故障再次发生，在新故障发生时也可以迅速地定位故障，有效地排除故障。

此外，“蛟龙”号载人潜水器电力与配电分系统发生的故障分析，也给其他潜水器的设计带来一些有用的启示，我们总结了一下，主要有以下几个方面：

(1) 要深入了解每台设备的电气性能和电路要求，在设计电气线路时，必须统筹考虑个体设备和电气线路总布局，电气线路的可靠性、应急安全性和简化设计之间矛盾又统一的关系。

(2) 要重视潜水器上各设备的使用寿命，不仅仅是电池组，密封圈、补偿膜等都需要定期维护和更换。

(3) 设备在框架上的布置很重要，设备的安装位置必须把可维性放在首位，尤其是水密接插件，必须确保操作人员可以方便地进行检查，方便地进行插拔操作。

(4) 重视备品备件的管理，在设备到货后需要进行严格的检查验收，合格后方可入库。需要使用备件时，应当再次对备件进行检查，合格后才能使用。

(5) 一定要重视电气系统的接地绝缘性能，在设计供电电路和电气线路时要注意以下原则：

a. 载人舱外每台设备的电源正、负端不得直接或间接与其外壳短路；

b. 载人舱外每台设备的电源正、负端与外壳的阻抗不得低于 10 MΩ；

c. 载人舱内设备也应该满足 a 和 b 这两点，如果无法满足，则必须可靠地进行电气隔离或物理隔离；

d. 弱电电源必须先进舱，经双位启/停控制后再出舱；

e. 通过载人舱贯穿件进舱的电气线路必须可以方便地逐个断开和重新连接，尤其是视频信号、RS232 通信信号等。

3.3 液压与作业系统

3.3.1 概述

液压系统是“蛟龙”号载人潜水器上重要的动力源，主要为应急抛弃系统、主压载系统、可调压载系统、纵倾调节系统、作业系统以及导管桨回转机构等提供动力。它通过有效的压力补偿，可以在高压环境下工作，而不需要设计坚实的耐压壳体结构来保护。其安装在潜水器的非耐压结构支架上，从而可为潜水器设计节省更多的耐压空间，降低耐压球壳结构设计的难度，同时提高了整个潜水器的安全性和可靠性。

“蛟龙”号载人潜水器液压系统以液压油为工作介质，把直流电动机的机械能先转化为液压油的压力能，再由传送管道将具有压力能的液压油输送到执行机构(油缸、油马达等)，最后由执行机构推动负载运动，把液压油的压力能再转化为工作机构所需的机械运动和动力。其主要为 17 路执行机构提供动力，分别为：主从式机械手、开关式机械手、主从式机械手抛弃装置、开关式机械手抛弃装置、可调压载系统海水阀(3 路)、主压载系统截止阀(2 路)、纵倾调节系统泵源、导管桨回转机构、停止下潜抛载机构、上浮抛载机构、水银释放阀、主蓄电池电缆切割装置以及预留作业工具接口(2 路)。

液压系统主要技术指标和性能参数如下：

- 工作环境：深海 7 000 m；
- 具备良好的防腐特性；
- 系统最大消耗功率约 10 kW；
- 工作压力为 21 MPa；
- 系统最大输出流量为 25 L/min；
- 电机工作电压为直流＋110VDC，＋24VDC；
- 系统具有输入输出管系自动压力补偿功能；
- 应急泵源：24VDC 工作电压，工作压力 21 MPa，流量 1.2 L/min。

3.3.2 液压系统故障及处理

1) 电磁阀卡死故障

考虑设备体积、重量等因素，液压系统采用的电磁换向阀为目前世界上体积最小、重量最轻的瑞士万福乐公司三通径叠加式换向阀产品，如图 3.32 所示。由于其体积小巧，所以电磁铁部分的驱动力和阀体内复位弹簧的回复力也较小，而且阀芯和阀体之间的间隙也较小，这就对系统的清洁度和油液的黏度提出了较高的要求。由于对该阀的使用缺乏经验，阀箱内补偿油原先采用和系统同牌号的 Shell Tellus 32＃液压油。该油黏度较大，其在润滑换向阀阀芯时的阻力也较大，该力基本达到了换向阀电磁铁的驱动临界力，

图 3.32 瑞士万福乐公司三通径叠加式换向阀

所以在系统液压油清洁度稍有下降时换向阀就容易卡死，导致液压系统无法正确控制执行机构动作，该卡死故障在“蛟龙号”载人潜水器水池试验、1 000 m 海试阶段均有发生。

针对此问题，通过对系统所有元件的全面清洗、换油，并对阀箱内补偿油更换成黏度较低的 Shell Tellus 10＃液压油，以减小换向阀阀芯移动时的阻力。通过此改进和维护，之后的 3 000 m、5 000 m、7 000 m 海试以及各海试中间穿插的水池试验中电磁阀卡死现象再无发生。

2）油管爆裂故障

由于考虑防腐问题，液压系统原先采用钛合金材料扣压和集成的高压软管，由于钛合金本身的材料性能和制造厂家的经验等问题，该批油管虽然经过了出厂打压测试，但可靠性稍显不足。在 1 000 m 海试最后的第 20 潜次下潜试验主机械手作业时发生了供油管爆裂，见图 3.33、主液压源补偿膜破裂、油箱进水的恶性事故，直接导致系统瘫痪，液压系统其余执行机构也无法动作。由于系统当时在控制上没有设置互锁，油箱进水后，主液压源电机仍在运转，所以导致主液压源油泵发生了磨损失效。

针对此问题，在对损坏的主液压源补偿膜、油泵进行更换和对系统进行全面清洗后，将可靠性不足的钛合金集成软管全部更换成市场上较为成熟的 316 L 集成软管产品，并在出厂时进行严格打压测试。同时，对液压系统的控制程序设置了互锁，当系统泄漏到一定油位时自动停机，以免次生恶劣后果的发生。虽然在之后的海试中也发生过一次油管爆裂事故，但这是因为油管的个别质量问题造成的，均利用备件在现场进行了更换后得以解决。而且由于液压系统设置了互锁保护，所以也没有造成进一步恶劣后果的产生。

3）液压油管钢丝锈蚀

“蛟龙”号载人潜水器第 47 潜次试验准备过程中，陆上启动主液压源，驱动导管桨回

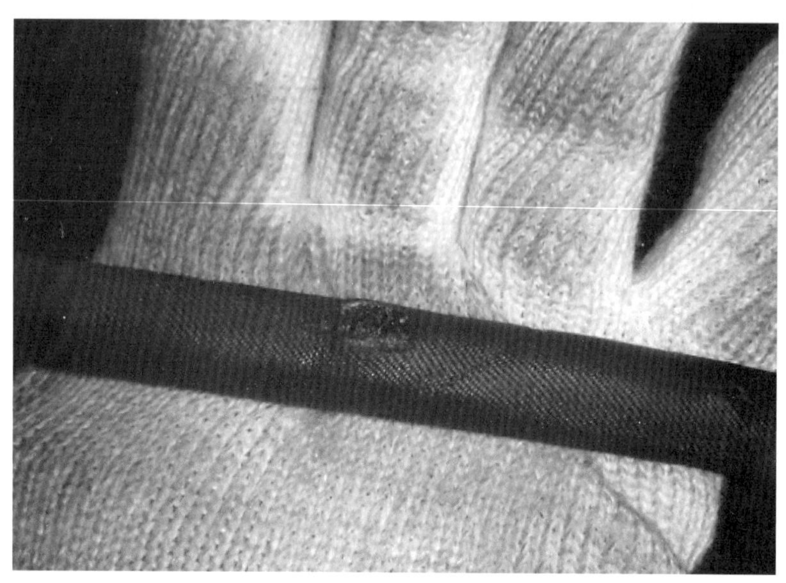

图 3.33 爆裂的液压供油管

转机构转动，此时发生了漏油。

检查导管桨回转机构供油路，发生压力油管上有一处裂口，液压油正从此处泄漏。进一步观察裂口，发现油管内部钢丝已锈蚀，如图 3.34 所示。

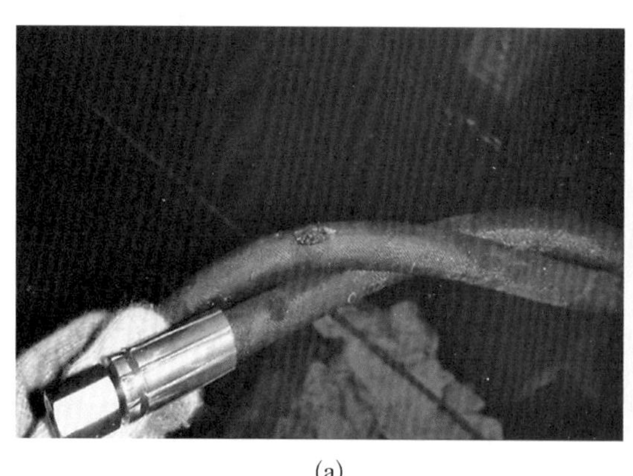

(a)

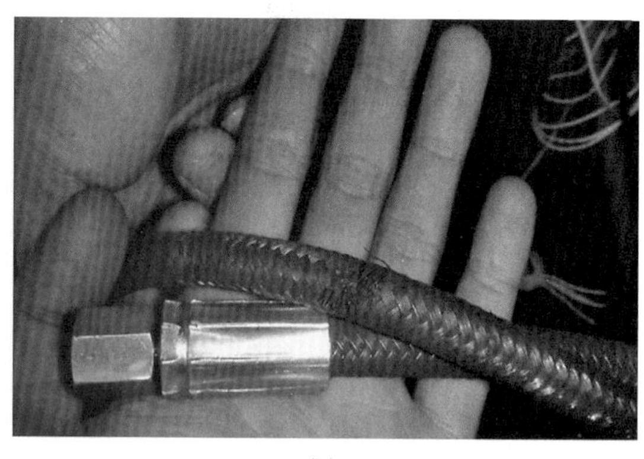

(b)

图 3.34 压力油管裂口(a)及内部钢丝网锈蚀(b)

从油管破裂口的情况看，油管此处外皮有损伤，外界海水进入，导致内部钢丝层锈蚀，从而影响了其强度。当主液压源驱动导管桨回转机构转动时，压力油迫使此处锈蚀钢丝发生了破裂，从而导致系统漏油。

对发生破裂的管子进行分析，举一反三，更换液压系统全部压力油管：包括纵倾调节、主机械手、副机械手、可调压载注排水、上浮抛载、下潜抛载，以及主压载水箱注排水等执行机构管路。并在维护过程中对之前状态不太稳定的主液压源油箱液位传感器进行了更换。

4）主液压源补偿预报警

主液压源油箱液位在第46潜次过程中发生了多次预警，如图3.35所示，读数有多次低于预警门槛值35%。

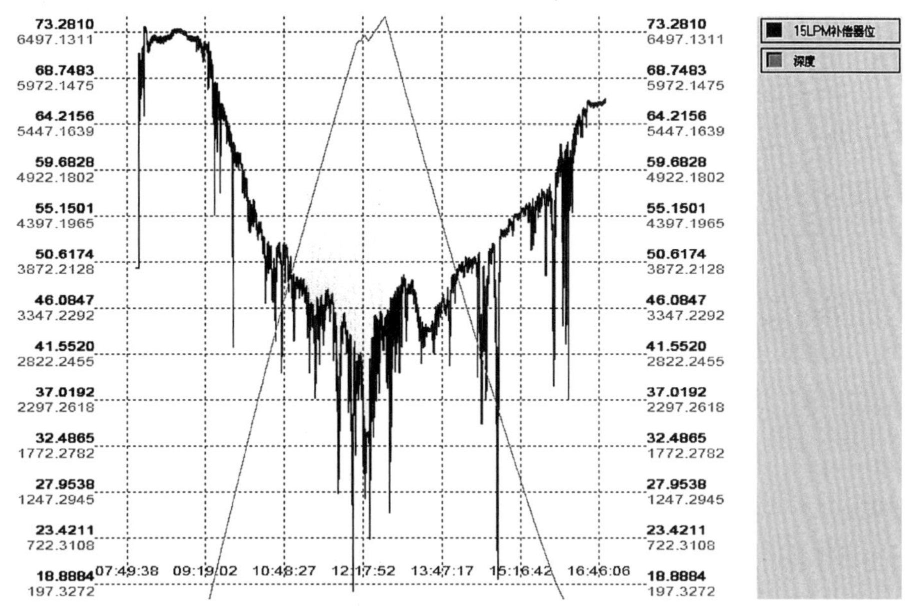

图3.35　主液压源液位变化曲线

受深海低温、超高压影响，液压油体积压缩。主液压源油位从71%压缩至40%左右，再加上主液压源液位传感器在40%不稳定造成读数跳变，在20%～45%变化，当低于30%时即发生油位预警。

对主液压源油箱重新进行排气、注油，至油位85%，保证油位充足，并更换了液位传感器。

5）ECU板故障

由于考虑集中控制的设计思路，液压系统工作由阀箱内的ECU板进行统一的控制。该控制板由美国引进，但此控制板长时间浸没于超高压补偿油内使用，所以其可靠性和寿命有待提高，在水池试验阶段陆续出现过一些芯片的损坏或性能退化现象，导致液压系统和控制系统的通信不畅。3 000 m海试阶段出现过一次由于外部电缆质量问题导致15VDC电源串入ECU板5VDC线路，导致ECU板上芯片大面积烧坏的故障；7 000 m海试阶段还出现了一次ECU板电源输入模块故障，导致控制线路输出失控的故障。

针对此问题，一方面要准备好足够的备品备件芯片能对ECU板进行现场修复，另一方面对此控制板进行深入研究，目前已制作出可替代的整体备件，如图3.36所示。

6）液压系统泄漏故障

无论是陆上还是水下，泄漏是液压系统的常见问题之一，原因很多，比如密封圈的老化、密封面的磨损、接头的松动等。水池试验和3 000 m海试阶段均曾出现过密封圈漏油

图 3.36 ECU 板

的故障，当时现场对密封圈进行了更换。

针对此问题，除了平时加强检查以便能及时发现泄漏点外，还需要对系统进行定期的维护、保养，维护保养过程中检查密封圈并予以必要的更换。

3.3.3 液压系统配置的优化

液压系统原先采用并联使用的方式，即主、副液压源通过并联关系为两只阀箱进行供油，各自都可以驱动潜水器所有执行机构动作，如图 3.37 所示。3 000 m 海试后，由于考虑到机械手作业的任务越来越重，而根据国内外同行的使用经验，机械手作业时发生故障的概率较高，特别是容易发生一些漏油事故。而系统一旦漏油，则两个液压源均无法正常开启，会影响潜水器的正常回收。

针对此问题，对系统配置进行了优化，将主、副液压源独立开来，分别驱动部分执行机构动作：主液压源主要负责作业系统，如机械手、纵倾泵马达等大流量执行机构的工作；副液压源主要负责其他小流量执行机构，如可调压载系统阀门、主压载系统阀门以及可弃压载机构油缸等，如图 3.38 所示。

1）液压系统布置的优化

在液压系统设计阶段，由于受空间布置的限制，整个液压源只能布置在潜水器 5＃～6＃底部有限的空间内，应该说在那么有限的空间范围内，当初的布置方式是唯一能想到的。但这样一来，液压系统的每次拆检都需要先放油、脱开所有执行机构的管路，然后液压源整体放下再进行维护，不仅维护的工作量较大，而且对液压系统的清洁度不利。

1 000 m 海试以后，由于海水密度的影响，总体拆除了 4＃～5＃的浮力块，所以将液压系统两个阀箱布置位置从原来的 5＃～6＃移动到了 4＃～5＃。这样一来，泵源、阀箱拆检均可以直接在框架上进行，大大提高了液压系统的可维性。

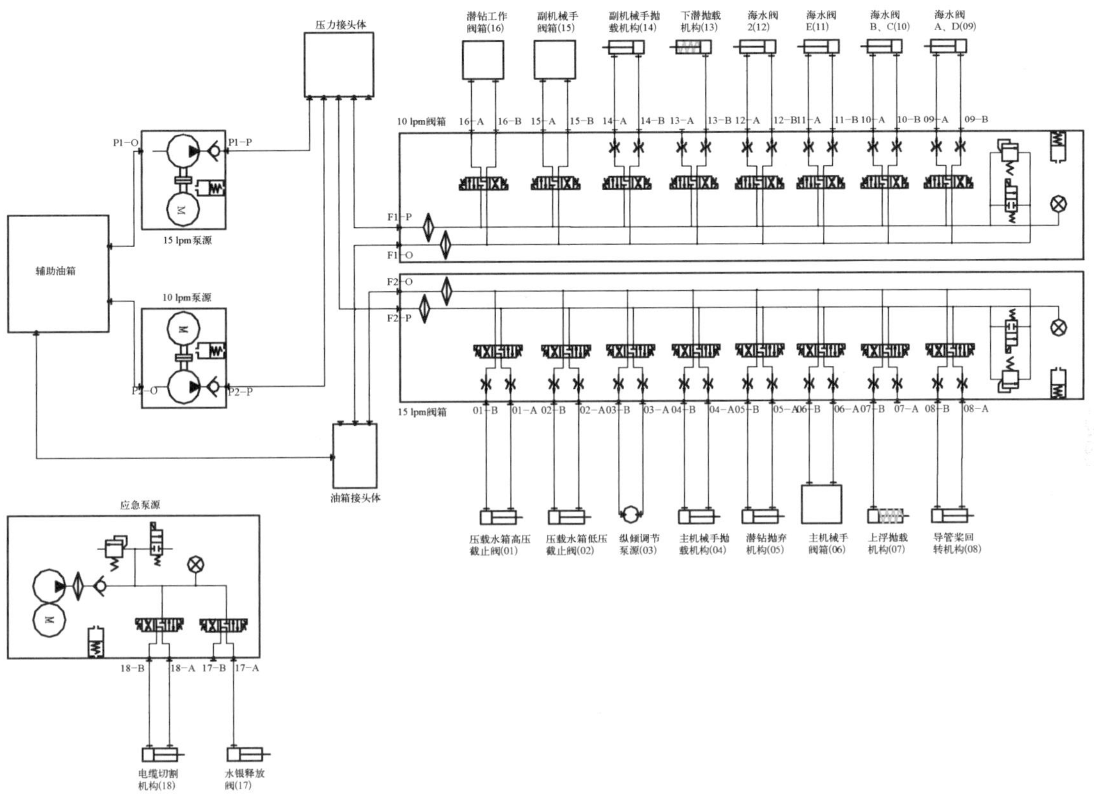

图 3.37　优化前的液压系统

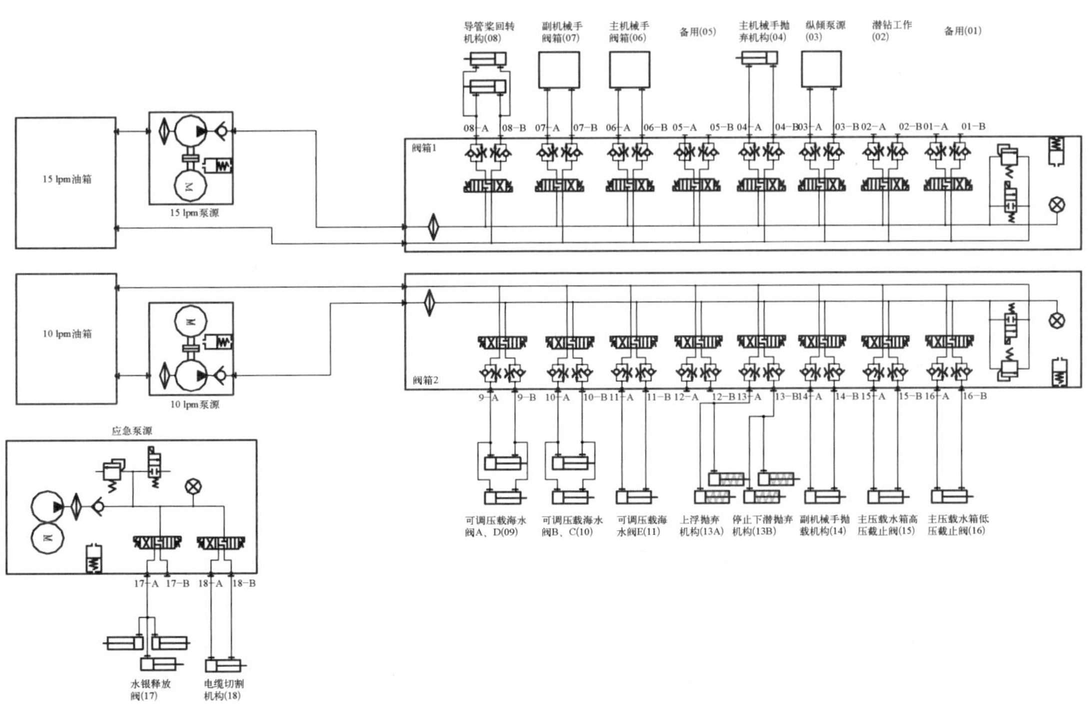

图 3.38　优化后的液压系统

2）液压系统油液的优化

液压系统原先采用机械手供应商美国 Shilling 公司推荐的 Shell Tellus 32＃液压油，但相对而言，该油的黏温特性较差，再加上深海超高压力对液压油黏度的影响，所以导致在深海环境下系统的功耗增大、流量减小，这一点在 5 000 m 海试阶段表现得尤为明显。

针对此问题，先对该问题进行了深入分析并对市场上的液压油重新进行了调研、选型，最终选择了更适合系统的、黏温特性较好的 Shell Tellus 22＃液压油。从 7 000 m 海试的结果来看，更换新的液压油以后，系统的效率、流量均得到了较为明显的改善，满足深海超高压低温环境使用要求。

3）液压系统管路的优化

通过 4 年的海试，还发现系统选用的外部丁腈橡胶加内部碳钢钢丝的高压软管在海水中浸泡较长时间以后，会出现外部海水渗入软管橡胶层锈蚀内部钢丝削弱软管强度的问题。

针对此问题，7 000 m 海试后将重新选取外部聚氨酯加内部尼龙编织层的高压软管产品，接头仍采用 316 L 材料进行扣压，对潜水器上所有软管进行更新。

4）液压系统需要充足的备品备件

液压系统采用的部件大部分来自进口，如电机、油泵、阀件、控制板、传感器、驱动器等，在海上如果这些部件一旦出现问题，自身是很难修复的。所以准备充足的备品备件显得尤为重要，而且这些进口部件都是市场上常规可以采购到的成熟产品，价格不是很高，因此，准备充足的备品备件也不是非常昂贵。

3.3.4 压载水箱注排水系统故障及处理

1）系统原理

压载水箱注排水系统主要由远处控制阀组（包含手动截止阀、单向阀、液控高压截止阀、减压阀和过滤器）、手动控制阀组（包含手动截止阀和单向阀）、液控低压截止阀、高压气罐、压载水箱和管路系统等组成，高压气罐内充有一定量的高压空气。注水时，通过远程控制打开液控低压截止阀，压载水箱内的空气从顶端的液控低压截止阀排出，海水经过通海口进入压载水箱；排水时，通过远程控制打开液控高压截止阀，高压空气便经过手动控制阀组和远处控制阀组，经减压阀减压后吹除压载水箱内的海水，海水便从通海口处排出。

2）排水故障

在第 50 潜次中，当潜器返航水面完成压载水箱排水程序后，没有获得足够的干舷高度。我们采取了如下的处理程序排除了故障：

（1）潜器返回甲板后，经检测排水阀共开启 129 s，气源耗气量不到正常值的一半。排水功能不正常，气流量明显降低至少 40％。

（2）对低压管路和压载水箱进行密封性检测，密封性良好。

(3) 重点检测减压阀：拆下减压阀，进行清洗处理。更换新减压阀到阀组后进行整体检测，最大调节量为 0.02 MPa/s，达不到 0.05 MPa/s 的要求。

(4) 检查远程控制阀组中的止回阀和管路，判断是否有堵塞现象。经过拆解检查，未堵塞，止回阀状态良好。

(5) 对液控高压截止阀进行短路处理，进行排水程序操作，气源流量未改变，初步判断故障与液控高压截止阀无关。

(6) 检查手动控制阀组：首先把高压气罐内的高压空气排空，然后拆除手动控制阀组中的止回阀。止回阀经拆解，发现内部有大量的活性炭小颗粒堵塞在内部。清洗止回阀各零部件，更换密封件，然后重新组装到位。处理完手动控制阀组中的止回阀后，进行排水程序，系统工作正常，最后经过对减压阀的调节，把系统的输出气流量控制在 0.05 MPa/s 左右。

(7) 更换高压空气压缩机的过滤器，定期检查过滤器状态，发现隐患及时更换。

3.3.5 纵倾调节系统

1) 概述

纵倾调节系统是一套保障“蛟龙”号载人潜水器在一定范围内主动调控其纵倾角的重要机械设备。由于水银比重大，流动性好，所需容器容积小，因此本系统采用水银作为调节介质。通过在潜水器艏、艉端间移动水银的办法来达到调节纵倾的目的。

纵倾调节系统主要由艏艉水银罐、纵倾泵源、压力补偿器、水银释放阀以及管路系统组成，其原理如图 3.39 所示。

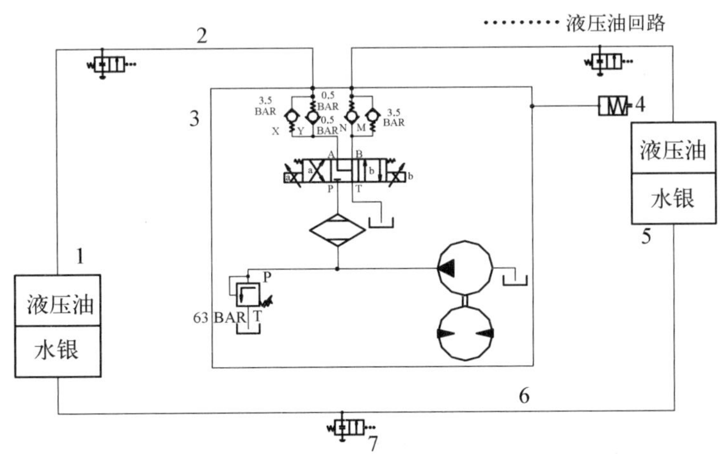

图 3.39 纵倾调节系统

1—艉水银罐；2—液压油管；3—纵倾泵源；4—压力补偿器；5—艏水银罐；6—水银管路；7—水银释放阀

在纵倾泵源内集成有油泵、油马达以及相关阀件。由于采用压力补偿器，因此水银罐可以设计成非耐压形式。水银罐上部是比重小的液压油，下部则充满比重大的水银。

纵倾调节系统利用液压油推动水银在艏、艉两个水银罐间来回运动，调节潜水器艏、艉的重量分配，达到调节纵倾角度的目的。在艏、艉两个水银罐上部的液压油都是通过液压软管连接在液压油泵两端，而分布在水银罐下端的水银彼此也是连通的。油泵由油马达驱动，而油马达的动力直接来源于潜水器艇载液压系统。泵的出、入口通过一个三位四通比例阀与艏、艉两个水银罐上部的液压油相连。比例阀不但能切换液压油的流向，而且可以在一定范围内调节其流速。根据实际需要，油泵在艏、艉两个水银罐间泵送液压油，推动罐内的水银以相同流速向前或向后移动。这样就能调节潜水器艏、艉的重量分配，形成附加纵倾力矩，改变潜水器纵倾角度。

2）故障及改进情况

纵倾调节系统在水池试验、1 000 m、3 000 m 海试阶段均工作正常，只进行了常规的保养工作。在 5 000 m 海试阶段，由于系统采用的 Shell Tellus 32＃液压油在低温、超高压环境下的黏度、阻力发生了较大的变化，导致系统在 5 000 m 以深驱动力达不到水银调动所要克服的阻力，纵倾调节功能无法正常实现。

针对此问题，一方面，通过系统换油，将 Shell Tellus 32＃换成 Shell Tellus 22＃液压油，使得系统在大深度、低温环境下调动水银所需的驱动力下降。另一方面，在不改变系统安装尺寸、重量的前提下，将油马达的排量提高一档，以增加其主动驱动力。从 7 000 m 海试的结果来看，更换新的液压油、液压马达以后，系统在 7 000 m 深度下，纵倾调节功能可以正常实现。

3.3.6 可调压载系统(VB)

1）概述

当“蛟龙”号载人潜水器在水下遇到浮力与重力不平衡的情况时，可调压载系统是对其重力进行有效调节的一套系统。当浮力小于重力时，该系统可以利用高压海水泵将可调压载舱内的海水泵出，从而减少海水压载，使潜水器获得正浮力；当潜水器需要坐底作业时，该系统可以将海水注入可调压载舱内，增大海水压载，使潜水器获得负浮力。

系统工作原理如图 3.40 所示，由一个可调压载水舱（压力容器）、一台超高压海水泵、一台直流电机以及一些海水切换阀组成。通过海水泵和海水切换阀组的控制对可调压载水舱注入或排出海水来调节潜水器的重量。

截止阀 A、D，截止阀 B、C，以及截止阀 E 分别由液压系统阀箱内三个电磁阀进行单独控制。

2）系统漏水

此故障发生在水池试验阶段，在可调压载系统没有任何操作的情况下，可调压载水舱自动注水约 50 kg。潜水器回收后，通过排查发现：截止阀 A、B、C、D 内复位弹簧（钛合金材料制作）均发生了蠕变，如图 3.41 所示，有一根已发生了断裂，导致截止阀内阀芯和阀体无法实现初始密封，外界有一定压力的水自动注入可调压载水舱。

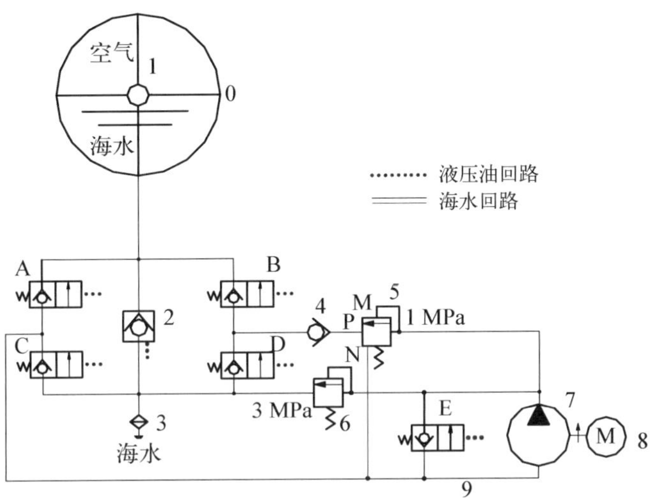

图 3.40　可调压载系统图

0—可调压载水舱；1—液位计 A、B、C、D、E；2—液控截止阀；3—过滤器；4—单向阀；5—压力平衡阀；6—安全阀；7—海水泵；8—直流电机；9—管路

针对此问题，分析是由于钛合金材料制作弹簧本身的材料特性决定的可靠性问题。后通过进一步的市场调研，更换了同样耐海水腐蚀的不锈钢 Inconel 弹簧。之后，截止阀内弹簧工作状态一直良好。

图 3.41　钛合金复位弹簧

3）“排水”操作时反而注水

此故障发生在 3 000 m 海试阶段，当潜水器下潜至水下 290 m 深度时，潜航员开启可调压载系统排水功能，发现可调压载水舱内水位没有减少反而增加。潜水器回收后，通过拆解可调压载系统阀组中的 C 阀，发现其阀芯和驱动油缸活塞处的螺纹连接已经损坏，导致阀芯和活塞脱离，使该阀始终处于常开状态。当潜水器在水下 290 m 处时，潜航员操作液压源控制“可调压载排水”使得可调压载阀组中的 A、D 阀开启，因为此时 C 阀处于常开状态，所以外界高压水就通过 A、C 阀直接注入可调压载水舱内。

分析该螺纹损坏的原因是制造厂家的失误，因为除了 C 阀外其余截止阀内连接螺纹都是 M8 的，而 C 阀内螺纹是 M6。通过计算，该螺纹强度基本处于液压驱动力 20 MPa 下破坏的临界值。后利用 M8 螺纹阀芯备件对 C 阀进行了修复，再无发生截止阀阀芯螺纹断裂故障。

4）注水失控

第 46 潜次在 6 500 m 深度处，可调压载系统先进行“排水”，2 min 排水 2.5 L，排水速度 1.25 L/min，功能正常。随即切换至“注水”，海水泵声音异常，切换至停，海水泵电机自动停机。返航过程中，潜航员分别在 5 000 m、3 000 m、1 000 m 尝试开启海水泵，均无法启动。

第 47 潜次试验 6 500 m 深度处，先进行可调压载“排水”，海水泵启动正常，但水舱内液位无变化，2 min 后出现了电机停机现象。随即切换至“注水”，可调压载水舱发生了自动注水 15 kg。第 47 潜次 6 500 m 深度处可调压载系统运行曲线如图 3.42 所示。返航过程中，潜航员分别在 5 000 m、3 000 m、1 000 m 尝试开启海水泵，均无法启动。

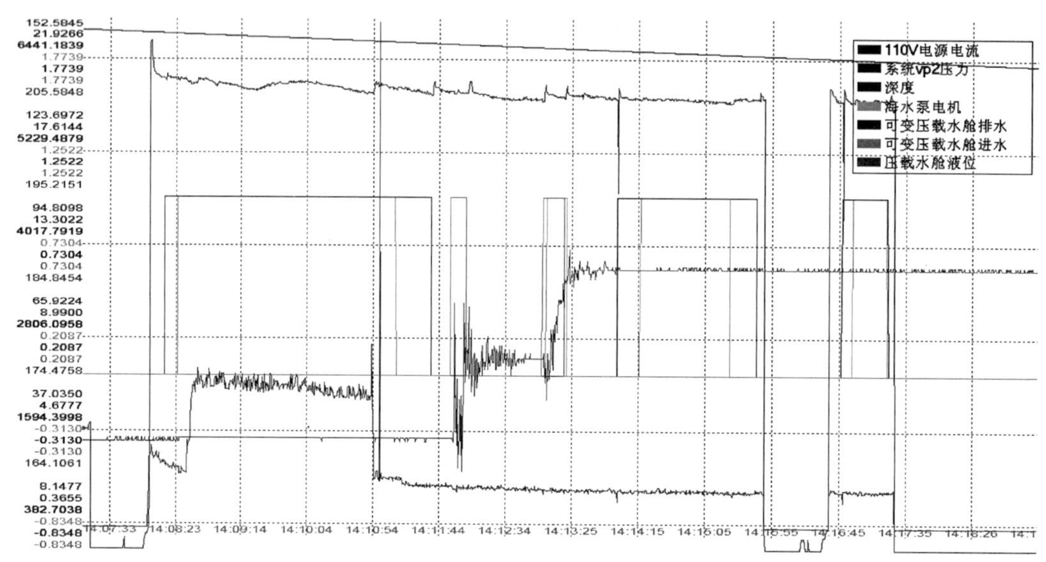

图 3.42　第 47 潜次 6 500 m 深度处可调压载系统运行曲线

第 48 潜次试验中先在 3 500 m 深度处进行可调压载注排水试验，功能正常；5 300 m 处排水，液位无变化。注水，海水泵电机停。再注水突停，自动注水；之后海水泵再无法启动。第 48 潜次可调压载系统运行曲线如图 3.43 所示。

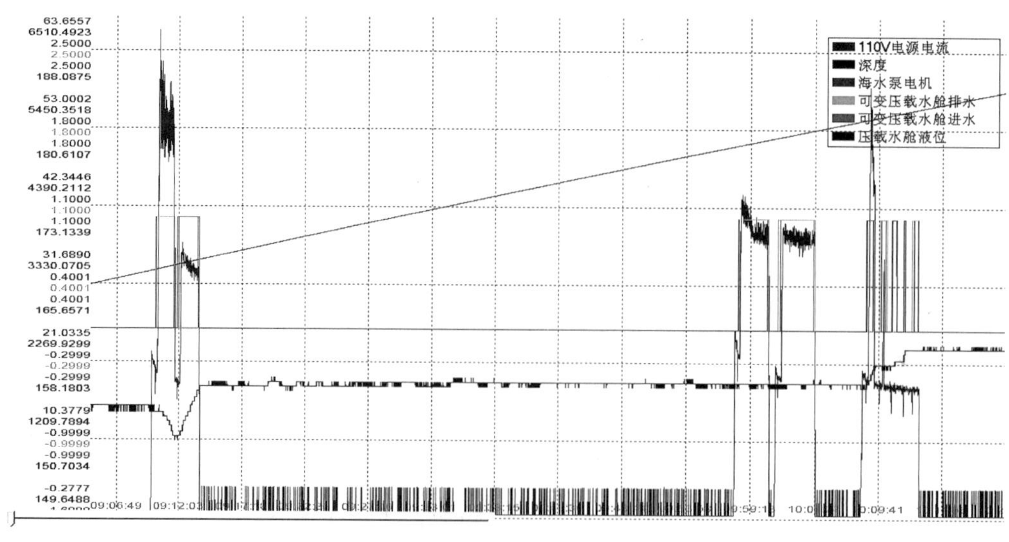

图 3.43　第 48 潜次可调压载系统运行曲线

第 50 潜次试验中上浮过程中 6 900 m 深度处，进行可调压载排水操作，电流超过驱动器电路设定门槛值，海水泵电机保护停机。上浮至 6 000 m 处再进行调试，注排水功能正常。第 50 潜次 6 900 m 处可调压载系统运行曲线如图 3.44 所示。

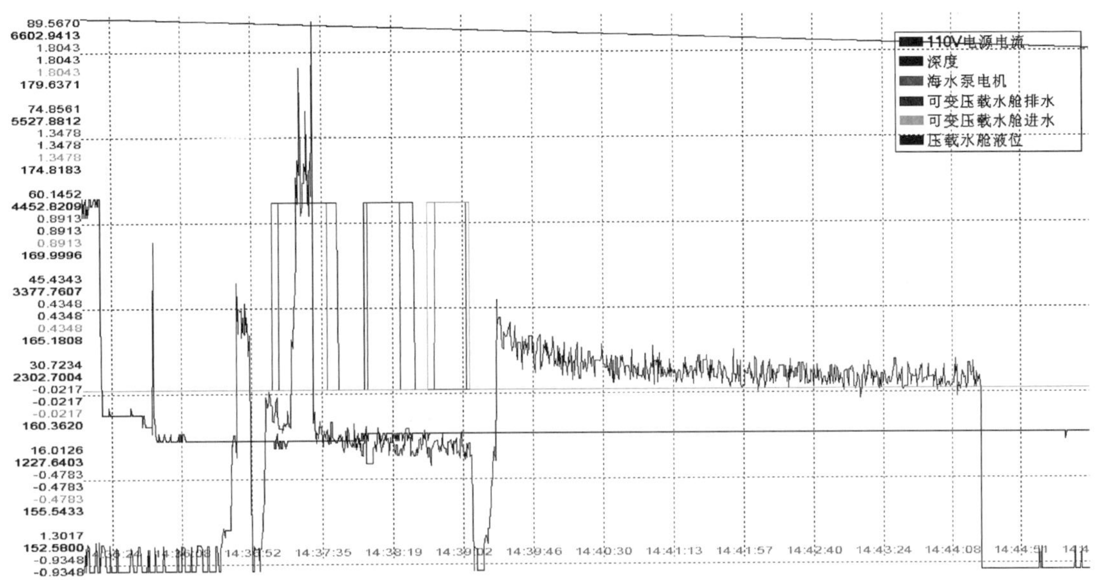

图 3.44　第 50 潜次 6 900 m 处可调压载系统运行曲线

针对第 46 潜次故障，对可调压载系统进行了检查，未发现明显异常。在甲板对可调压载系统进行启动，其排水和注水功能均正常，故认为此次故障是由于在海水泵运行过程中进行排水与注水的切换，导致海水泵电机负载突变造成电机控制系统保护所致。

针对第 47 潜次注水失控的故障现象，对可调压载阀组进行了拆检，发现 D 阀阀芯和活塞脱离，D 阀处于常开状态。

针对第 47 潜次海水泵电机再无法启动故障，对其驱动器进行了拆检，发现驱动器上电容、控制板均已烧毁。

针对第 48 潜次海水泵电机在 5 300 m 处突停故障，对海水泵阀配流部分进行了拆检，发现两个入水口单向阀弹簧首节断裂，(见图 3.45)三个入水口单向阀性能差异较大。

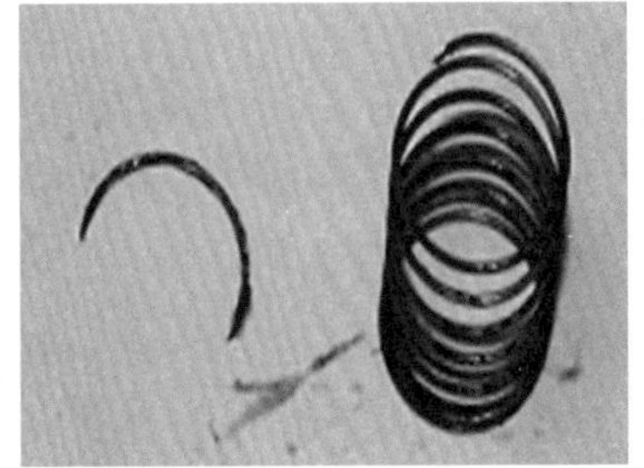

图 3.45　VB 系统的故障部件

第 47 潜次后，对可调压载阀组进行拆检，发现 D 阀阀芯和活塞杆脱离，D 阀处于常开状态。当进行注水操作时（海水泵未开启，B、C 开启），外界高压海水无须经过海水泵，只经 B 阀、D 阀直接注入可调压载水舱，故发生了注水失控故障。而导致 D 阀阀芯和活塞脱离的原因是两者之间的固定螺母发生了松动，从而导致螺母从活塞杆上脱落，D 阀处于常开状态。

第 47 潜次后，因为海水泵电机无法再启动，故对其驱动器进行了拆检，发现电容、控制板均已烧毁。分析海水泵运行曲线，发现其运行瞬间最大电流高达 150 A，导致驱动器电路烧毁。

第 48 潜次后，对海水泵阀配流部分进行了拆检，发现两个入水口单向阀弹簧首节断裂，如图 3.45 所示。当海水泵在 5 300 m 深度处运行时，其三个入水口单向阀吸水能力产生了差异，导致海水泵运行时负载不稳定，电流产生突变，到达了驱动器电流保护门槛值，所以海水泵电机发生了停机。

针对第 46 潜次故障，总师组对下潜人员就 VB 系统操作进行一次培训，明确了操作程序，特别是不能在海水泵启动时进行注水和排水的切换，应防止类似情况的发生。

第 47 潜次后对 D 阀内阀芯和活塞固定的螺母重新拧紧，并用全新 65Mn 材料弹簧垫圈进行紧固。

第 47 潜次后对海水泵电机驱动器进行了修理，更换了电容、修复了控制板。

第 48 潜次后对海水泵阀配流部分两个入水口单向阀弹簧进行了更换，重新安装至阀配流部分。

第 50 潜次后对海水泵电机转速控制量进行了调整，从 190 调整至 180①，适当降低系统流量，减小其运行瞬间最大电流。

5）系统过流保护、停机故障

此故障主要发生在 7 000 m 海试阶段，由于 7 000 m 深海环境下进行可调压载排水操作，系统已处于其极限工作状态，负载、功耗均达到极限值。且由于系统本身的功率储备略显不足，所以在满负荷情况下工作易产生电流尖峰值达到海水泵电机驱动器设定的保护门槛值，导致海水泵电机过流、停机。

针对此问题，采用降低海水泵运转速度、减小排水流量，以降低系统功耗的措施来减小系统工作电流尖峰值，将海水泵电机控制量设置在 180，可保证在 7 000 m 深海环境下可调压载排水的正常工作。

3.3.7 机械手故障

1）主从式机械手故障

“蛟龙”号载人潜水器第 40 潜次、41 潜次下潜试验过程中，潜水器入水后潜航员舱内

① 自定义控制量，无单位，变化范围为 0～255。

启动主机械手主控制器，系统显示“Telem[A]”错误，在水中该错误一直存在。潜水器回收至甲板后，该错误消失，主机械手控制恢复正常。

查阅主机械手使用说明书，该错误说明主机械手从手基座摆动关节位置传感器出错、主控制器和从手之间接线断开，或者从控制器故障。打开从控制器（见图 3.46），测量主机械手从手基座摆动关节位置传感器绝缘情况，情况良好。测量主机械手从手基座摆动关节位置传感器检测芯片，发现其抗干扰性能变差。

图 3.46　机械手从控制器

潜水器入水后开启了很多电器设备，对主机械手从手基座摆动关节位置传感器检测芯片产生了干扰，影响其和主机械手主控制器之间的通信，造成了通信错误。

利用备件对问题芯片进行了更换，经陆上调试合格后，再经第 42 潜次水下考核，主机械手通信、控制恢复正常。

2）机械手和纵倾调节响应缓慢

“蛟龙”号载人潜水器第 42、43 潜次试验过程中，潜航员在深度 5 100 m 处舱内启动主液压源，遥控操作机械手动作，发现其动作缓慢并有滞后现象发生。

“蛟龙”号回收后，开启主液压源，操作机械手，对其进行陆上动作检查。发现其动作正常，无滞后和缓慢现象。检查其供、回油路，发现回油路节流阀开口偏小。

5 000 m 深海的超高压环境使得液压油的黏度急剧变化，据估算可达液压油陆上黏度的 3 倍左右。所以液压系统的管路阻力、液压油的流动性大大恶化，造成机械手供油路供油不畅。另外，节流阀的特性在超高压环境下也发生了变化，使得回油不畅。

重新调节机械手油路节流阀，陆上调试机械手，使其处于“较快档”模式。同时，在深海环境下将主液压源电机转速提高两档使用，以增加系统供油速度。

“蛟龙”号载人潜水器第 41、42 潜次试验过程中，潜航员在深度 5 100 m 处舱内启动主液压源，遥控操作纵倾调节，发现潜水器纵倾角无明显变化。

“蛟龙”号上浮过程中，分别在 4 000 m、3 000 m、2 000 m、1 000 m 以及水面开启主液压源，遥控操作纵倾调节，对其进行功能检查。发现其动作正常，潜水器倾角发生明显变化，但调节速度随深度减小逐步“回升”。陆上检查其供、回油路，发现回油路节流阀开口偏小，其原因与机械手动作缓慢相同。另外，纵倾调节系统自身采用的液压油也发生上述同样的特性变化，使得其管路阻力、流动性变差。

重新调节纵倾马达油路节流阀，在深海环境下将主液压源电机转速提高两档使用，以增加系统供油速度。

在第 43 和第 44 潜次，机械手工作正常，纵倾调节功能正常。

下一步在 7 000 米级海试准备时计划将对液压系统、纵倾调节系统更换低黏度的液压油，以减小超高压环境对液压油黏度的影响。

3.4 观察系统

3.4.1 简述

“蛟龙”号载人潜水器观通子系统的主要任务是为潜水器内的操纵观察人员提供航行、作业、观察用的水下光源，摄取并存储水下观察目标的图像，为潜水器提供水下备用水声语音通信和水面无线电语音通信。观通子系统是一套专供载人潜水器驾驶员和乘员使用的舱内设备，它将实现水下摄像机的视频显示切换、摄像机光圈和焦距的调节、云台姿态的控制、视频图像的数字化、为水声通信系统提供传输图像等功能，它的使用就像一台电视机一样方便，只要对几个按钮或旋钮进行操作即可以实现相应的功能。

本子系统的主要功能有：潜水器水下照明、水下摄像和照相、视频显示和切换、摄像机调节、云台及转动控制、图像记录和传输、水面无线电通信等。

1）水下照明

在水下，舱内人员观察舱外情况和摄像机摄像都需要光源。与在空气中传播相比，在水中传播的光线，其衰减速度更快。这是由于水本身、溶解在水中的物质，以及在水中的浮游生物和悬浮岩屑对光都有吸收作用。光吸收的强弱随波长而变化。而散射作用实际上与波长无关，因为颗粒尺寸通常要比可见光谱的波长大得多。根据潜水器乘员观察和摄像机的需要，在“蛟龙”号载人潜水器上配备了三种共 17 盏水下灯：石英卤素灯、弧光灯和 LED 水下灯。

2）水下摄像和照相

虽然载人舱有三个观察窗，但是由于观察窗的大小和方向限制的原因，每个观察窗的视野是有限的，透过其中一个只能看到其前面的一部分外界环境，单单依赖观察窗的视景，要完成航行和作业是比较困难的。观通系统能够很好地扩展舱内人员的观察范围，根据摄像机的布置位置和布置方向，舱内人员能够观察到舱外各个方向的外界环境和观察目标。

为了较大范围地观察潜水器前方的外界环境和目标，同时考虑到潜水器艏部的设备安装空间有限以及艏部设备较多的因素，本系统在潜水器艏部配备 5 台摄像机，布置位置分布在艏部上方的左右舷，两只云台上和作业机械手上。这几台摄像机同时担负着舱内科学家观察研究对象的任务，因此，必须选用彩色高分辨率的产品。高清摄像机，它是最主要的，也是性能最优的观察设备，它安装在一个云台上和可活动的机械手上，随着云台和机械手转动可以大范围、多角度进行摄像、观察。潜水器在海底作业时，有时候需要坐底，坐底前舱内驾驶员需要观察潜水器下方的海底情况以判断潜水器能否坐底。为了配合这一动作，需要在潜水器底部配备一台摄像机，由于需要较大范围地观察潜水器下方的海底情况，所以该摄像机需要具有较大的观察视角，同时由于下方的光线较弱，该摄像机应该是低照度的微光产品，但是它不需要具有彩色摄像能力。

3）视频显示和切换

由于载人舱球壳空间有限而且每位乘员的位置相对固定，在该空间内为每台摄像机和照相机各配备一台显示器，要让每位乘员可以很方便地观察是不可能的。鉴于这种情况，在每位乘员方便观察的位置均配备一台监视器，通过按钮切换，每个监视器可以显示任何一个摄像机或成像声呐的图像，方便每位乘员对潜水器外海洋环境的观察，并有利于在巡航和作业过程中选择合适的对象进行观察。

4）摄像机调节

在“蛟龙”号载人潜水器上配备的高清摄像机具有可调焦距和光圈的功能，另外水下照相机的快门需要控制，通过高清摄像机调节功能可实现对摄像机调焦和调距功能，实现对照相机快门进行控制。

“蛟龙”号载人潜水器安装有两台二自由度的云台，在该云台上安装高清摄像机、照相机和两盏水下灯，云台是由直流电机驱动的，云台的控制按钮安装在载人舱内的两个控制手柄上，可以对云台左右转动和上下摆动进行控制。

5）图像记录和传输

其功能是记录摄像机摄取的图像，高清摄像机记录数据量较大而且采用了 SDI 信道，所以记录设备安装在舱外高清记录罐，其余摄像机的信号直接进舱采用硬盘录像机进行记录。同时将有价值的图像进行数字化，通过网络传送给水声通信机，通过水声通信机将图像发送到水面。

“蛟龙”号载人潜水器观通子系统的硬件主要包括水下照明灯、水下摄像机、水下照相机、视频控制器、左舷显示器、右舷显示器、中间显示器、图像记录装置、无线电天线、无线电通讯机等组成，系统结构框图如图 3.47 所示。

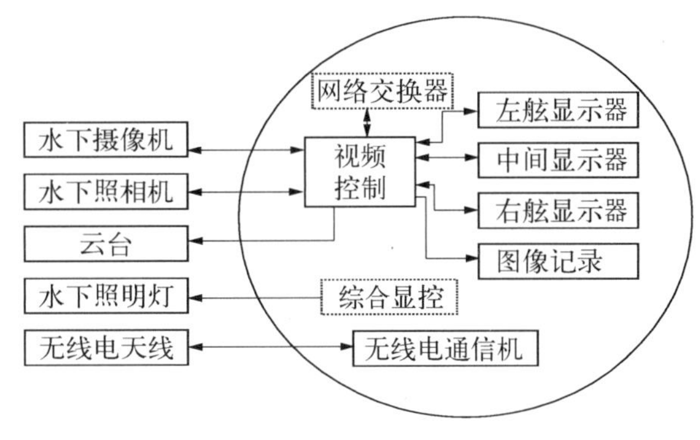

图 3.47　观通子系统结构框图

3.4.2　设备故障

1）视频图像闪烁故障

“蛟龙”号载人潜水器在 2009 年的 50 米级和 300 米级海试时记录的视频图像，经过大屏幕播放效果不理想，存在视频图像不清晰、图像闪烁等现象。而且在水下的图像闪烁尤其严重，海水中比淡水中严重，淡水中比水面严重。

将实验室记录的图像数据和潜水器录像进行对比，查看故障发生的环节。邀请了上海视频领域的专家，将潜水器视频路径逐个研究，帮助分析故障原因和解决办法。

通过和专家的沟通和讨论，专家们认为摄像机视频信号经过了如下的路径，如表 3.3 所示。

表 3.3 摄像机视频信号经过路径

设　备	电　缆	接　头	备　注
3CCD	3 根带同轴的水面电缆+1 根普通导线	7 个接头和尾线	
左舷 1CCD	2 根带同轴的水面电缆+2 根普通导线	7 个接头和尾线	
右舷 1CCD	2 根带同轴的水面电缆+2 根普通导线	7 个接头和尾线	
照相机视频	3 根带同轴的水面电缆+1 根普通导线	7 个接头和尾线	
尾部摄像机	1 根带同轴的水面电缆+2 根普通导线	5 个接头和尾线	
微光摄像机	1 根带同轴的水面电缆+2 根普通导线	5 个接头和尾线	

专家们通过观看视频录像，就图像的质量给出了分析，认为这个图像跳动是由于线路衰减造成的。视频信号在传输的过程中一般不允许转接和中断，但我们在水下使用，由于要经过水密接插件必须要转接，这也就不得不影响视频的传输质量。而且这种情况不能在现场和短时间内能够完成线路上的修改。

专家们提出了一个解决方案，就是在摄像机进入的第一个转接箱内加入编码器，舱内显示录像设备前加一个解码器。这一对编码解码将视频的模拟信号转换成数字信号进行传输，利用数字信号抗干扰能力强的特点，将视频图像传输到舱内，具体原理图如图 3.48 所示。编码器要安装到充油接线箱内，所以要耐压。其电路板要经过压力筒考核才可以使用，这个要经过一段时间的设计和准备，争取在 300 m 试验完成后加装到潜水器上。

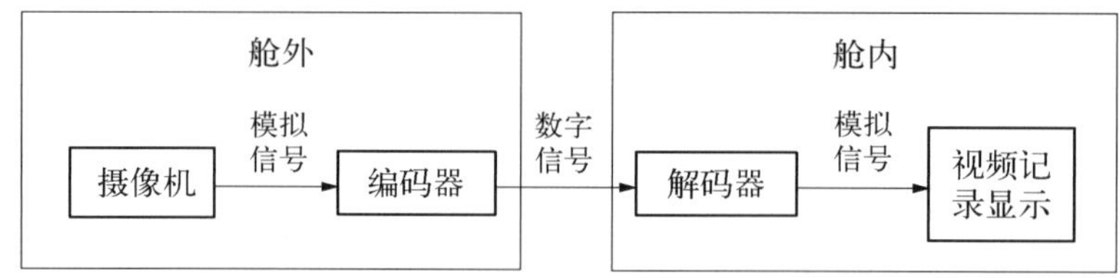

图 3.48 视频信号改造

2）右舷 1CCD 摄像机故障

2010 年 6 月 11 日上午，在 300 m 海区进行第 24 潜次试验。右舷 1CCD 水下摄像机在“蛟龙”号潜水器入水后不久，记录时间是 11 时 31 分，视频图像中断。视频监视器和录像机均反映了无任何图像信号现象，操作员 11 时 41 分关闭该 1CCD 摄像机。这期间 10 分钟均没有图像，在下潜期间 11 时 26 分重新打开盖摄像机，仍然没有信号。待潜水器回收至水面后，进舱打开摄像机，发现图像信号正常，图像清晰。

试验中 1CCD 操作记录图如图 3.49 所示。对当日试验数据和视频录像进行分析，察看工作时间和故障出现的潜水器状态。将右舷 1CCD 摄像机拆下放在办公室进行长时间的考核。

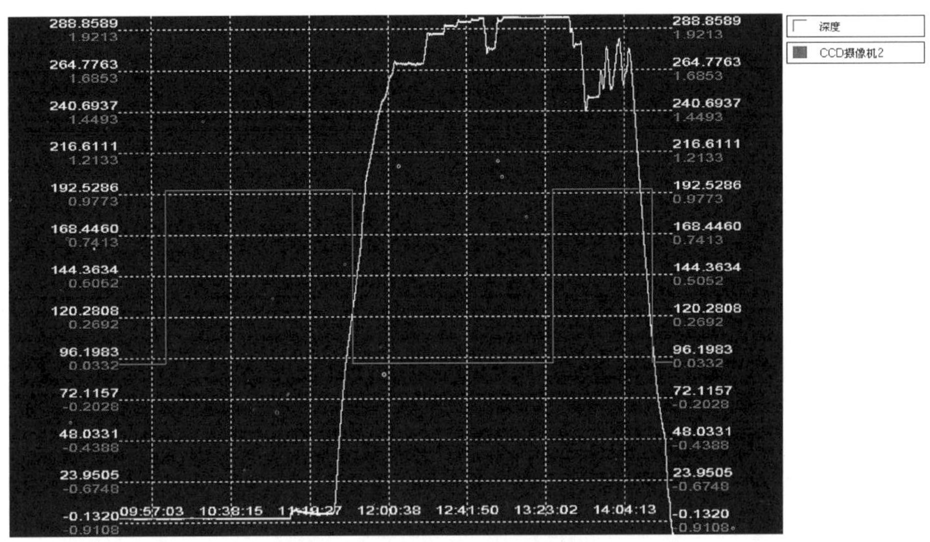

图 3.49　试验中 1CCD 操作记录图

通过试验数据、录像和水面上长时间运行分析，发现该摄像机在水面漂了一段时间，将要下潜时刻视频信号中断，在水面长时间运行中该故障并没有复现，所以主要与深度有关。由于摄像机和舱内的监视器均在耐压罐内，基本上确定是由于水密电缆在深海压力环境下接触不良造成的。重点是在出舱的那根 38 芯电缆。在第 26 次下潜的试验中如图 3.48 所示，38 芯压的内部变形损坏，右舷 1CCD 图像恢复，更证明是由于这根电缆内部接触不良而造成右舷 1CCD 图像中断。

更换这根 38 芯水密电缆，在以后的潜次中没有再出现同样的问题。

3）机械手 1CCD 摄像机故障

为了从最佳角度拍摄水下作业情况，我们将右舷 1CCD 图像通过加长一根水密电缆延长线，将它安装到开关式机械手上。在第 34 潜次的试验中，当潜水器入水后不久，该摄像机图像变得暗下来，视频质量较差，不清晰。

回到水面后，我们将该摄像机录像下载进行查看，发现该摄像机是在入水后不久图像质量下降得很严重，并且在返回至海面时图像也没有恢复。返回甲板后将该摄像机拆下来拿到实验室，测试图像清晰正常，证明该摄像机功能正常。又将舱内这一视频信号的处理模块更换，图像质量没有改善，说明舱内视频转换没有问题，所以我们确认是线路问题导致的这一故障。

水密电缆在海水压力环境下容易造成接触不良，从该摄像机的图像质量及排查的结果来看，确实是由于线路造成的。在水下该摄像机的信号线处于接触不良的状态，信号衰减严重，严重的时候会导致信号中断，显示器没有图像或者视频闪烁。

由于该摄像机图像问题不影响试验的进行，所以后期订购新的电缆进行更换。

4）左舷 1CCD 摄像机故障

2009 年 8 月 20 日下午，在进行第 10 次试验例行检查的时候，发现舱内接地检测异常，关闭所有摄像机后，舱内接地检测恢复正常，通过对每一个摄像机进行通电和关闭检查后，接地异常单元在左舷 1CCD 摄像机，为了不影响试验时间段，在屏蔽该摄像机后继续试验，试验期间接地检测正常。第 10 次试验结束后，我们对左舷 1CCD 摄像机继续了检查，发现问题出在该摄像机尾部的水密接插件上，该水密接插件为一个橡胶密封型，外加铁合金的螺套进行固定，拆下该水密接插件发现，摄像机上水密插座的针已经变形，水密电缆上橡胶孔变大，导致有海水进入，使接插件产生腐蚀，从而引起故障。

我们更换了水密电缆，更换了 1CCD 摄像机，解决了这个故障。并以此为鉴，对类似的其他水密接插件进行了检查，无一发现异常，在第 11 次试验期间一切正常。

5）右舷 1CCD 摄像机信号异常

在第 32 潜次试验中发现，右舷 1CCD 摄像机信号异常，返航后打开检修发现，在试验中期进行的摄像机改造中将焦圈磨薄后导致镜头较松。更换备用摄像机，但摄像机信号依旧比较差，后发现是新更换的左舷接线箱到载人舱的电缆导致该现象的发生。

3.4.3 海试期间的技术改造

1）两次海试后存在的问题

通过 2009 年和 2010 年两次海试，全方面地考验了视频系统，也暴露出了不少问题：

（1）摄像机型号陈旧，性能较差。

“蛟龙”号潜水器的摄像机已经购买了 6 年，其型号比较陈旧，多数摄像机已停产。清晰度只能达到 420 线，1CCD 摄像机没有自动或手动变焦功能，在水下进行视频观察时不能够进行焦距的拉伸。观察局部精细操作不够清晰。

尾部摄像机感光器件较小，在水下光线不强的条件下基本上处于单色拍摄状态，图像质量也较差。

（2）摄像机和灯光布置不合理。

在海试中视频观察的需要和操作经验上来看，摄像机的摄像角度经常被被拍目标遮挡。灯光和摄像机的布置多是一种平行光布置，对摄像目标缺乏一种层次感。

（3）摄像机多采用了固定视野范围的安装方式。

整个视频系统上，除了照相机加装了云台。其余 5 个摄像机都是采用了固定安装支架。

（4）灯光色温偏低。

潜水器上的卤素灯色温都在 3 000 K 左右，我们摄影通常使用的标准色温为 5 200～5 500 K。此时的色彩还原最逼真。

（5）灯光亮度较低。

从“蛟龙”号 3 000 米级试验录像的效果来看，明显感觉到光线较弱，由于光在海水中传播衰减比较严重，而且“蛟龙”号布置的水下灯 4×400 W＋3×250 W，与国外的“和平”号潜水器相比，灯光明显弱了很多。

(6) 线路设置使得视频信号干扰和衰减比较严重。

从视频的质量来看，当潜水器入水后，视频的干扰和斜纹非常明显，严重影响了视频的质量。后期我们加装了由上海恒讯公司提供的视频线路匹配模块，对视频质量有很大的改善，但是相比美国“阿尔文”潜水器的录像效果还差很多。经过在海试现场专家的分析，线路衰减和干扰是导致视频质量严重下降的主要原因。

(7) 舱内录像设备压缩率较为严重。

舱内的录像设备选用的是安防级别的录像设备，录像压缩率较高。产生的视频文件较小。所以经过压缩后的视频信号，本身清晰度就下降了很多。而且压缩后的视频进行编辑时也需要进行转换，再加上分配器和视频矩阵等中间环节的影响，视频质量就不太理想。

2) 技术改造

针对“蛟龙”号载人潜水器观察系统存在的这些问题，总师组决定在 5 000 米级海试之前对观察系统进行一次较大规模的升级改造。我们主要做了如下几个方面的技术改造。

(1) 设备更换。

更换高画质的 3CCD 摄像机和高清摄像机。增加了 10 只大功率 LED 水下灯，提高照明的亮度和色温，如图 3.50 所示，具体分为：

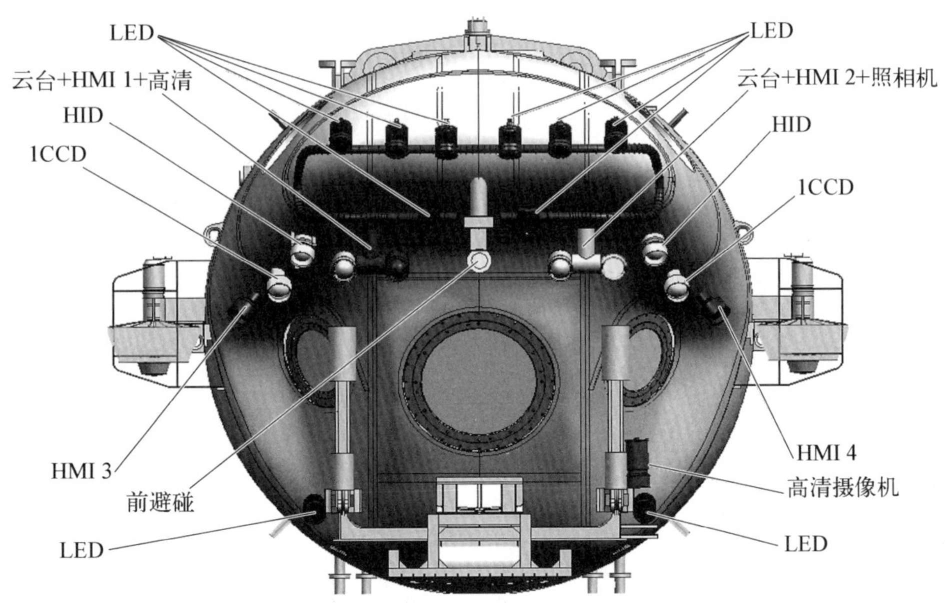

图 3.50　改造后的视频系统舱外布置

a. 将原 3CCD 拆除，在其位置增加一个云台，上面布置一台高清摄像机和原有的一台 HMI 灯；

b. 机械手小臂处增加一台高清摄像机；

c. 将原来的云台移至左舷一侧，将照相机升级为 500 万像素的照相机；

d. 升级 2 个 1CCD 摄像机，1CCD 型号较老，且 CCD 上出现多个坏点，且无法修复；

e. 艉部摄像机，尾部灯保留不变；

f. 艏部顶部布置 8 只 LED 水下灯，色温达到 5 500 K，提高水下照明亮度和色温，这样色彩还原度就比较真实；

g. 两只机械手的根部，布置两只 LED 灯，用于近地航行时照明；

h. 调整原来的 HID、HMI 的照射方向。

(2) 灯光的调整。

针对原有灯光光线较暗、光线色温较低的问题，我们采取如下措施：

灯光的照射角度沿着摄像机方向成一定的顺角，如图 3.51 所示。这样光照能够产生比较明显的层次感，拍出的图像逼真，立体感较强。

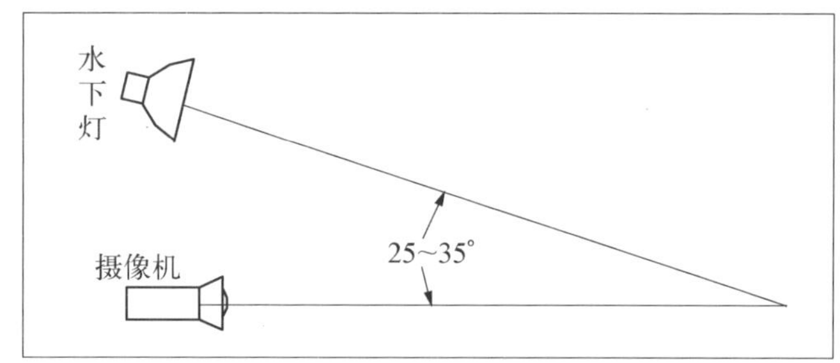

图 3.51　灯光和摄像机的照射角度

增加了 10 只色温达到 5 500 K 的 LED 水下灯，集中在潜水器前 3～8 m 处进行灯光的加强。在机械手根部两侧增加了 2 只灯，是用来进行近地航行时，照亮海底和前方。

原有的灯光照射范围因为照射角度的限制，照射范围比较广，但是亮度不是很强，尤其中间是重点摄像和观察的区域。从以前的录像资料和舱内手工拍摄的图片来看，图片和录像画面较暗，色彩不够逼真。改进后的灯光照射区域如图 3.52 所示。

图 3.52　改造后的灯光照射情况

(3) 线路减少中间环节,改用视频专用线路。

将尾部摄像机的传输线,更换为视频专用线路,如图 3.53 所示。

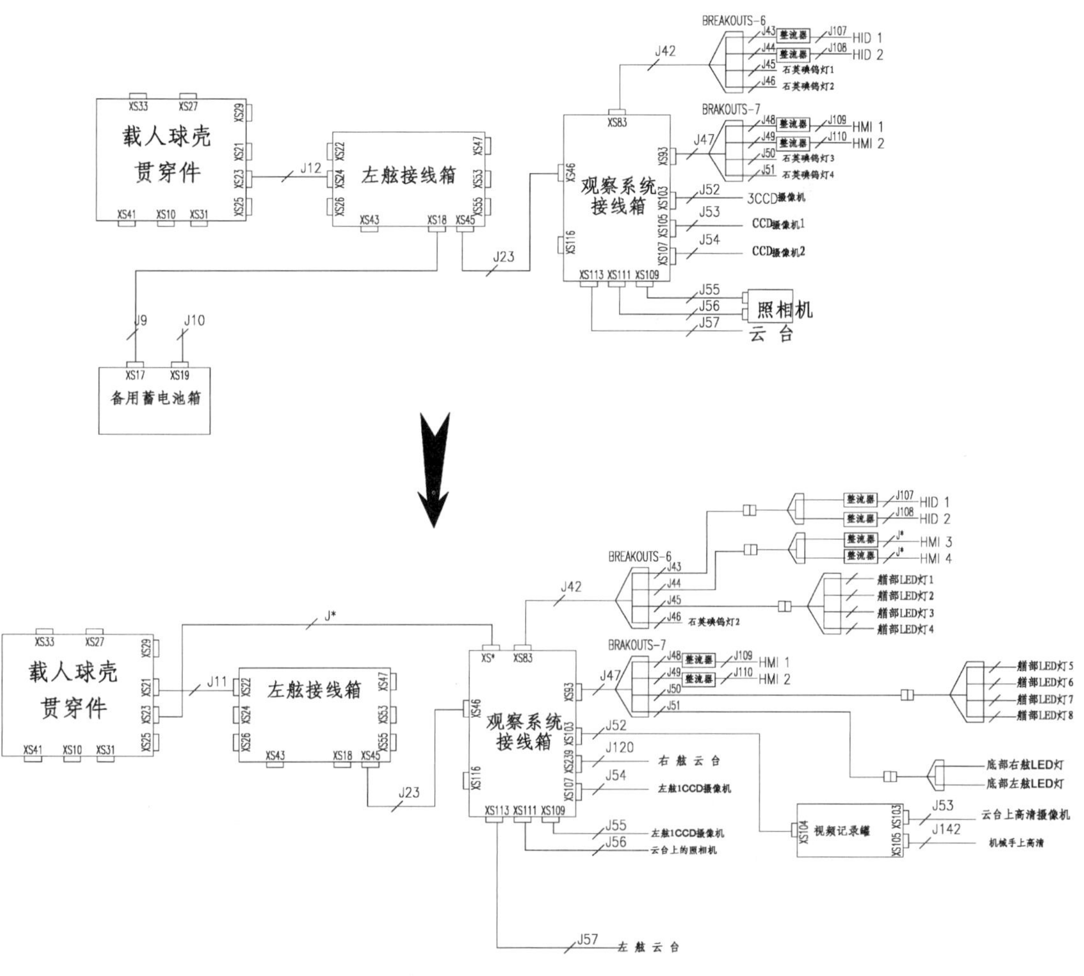

图 3.53　舱外水密电缆更改

(4) 舱内视频记录和切换设备进行升级。

将高清信号和标清信号采用新的格式进行存储,两路高清信号直接在载人舱外进行存储,其他信号进舱存储。这样将最清晰的图像保存下来,然后经过切换器和分配器到视频监视器。最大限度地保证视频质量的良好。具体如下:

a. 两路高清信号直接存储在舱外,并且预览信号进舱用于显示;

b. 舱内录像设备具有同时录像 6 路 D1,一路备用 D1,共 7 路视频信号的功能;

c. 具有 9 路视频信号(包括了模拟和数字视频信号)任意切换的至 3 台监视器的能力;

d. 9 路信号全部进行录像,录像时间: ≥12 h;

e. 视频存储采用标准的 H. 264 格式;

f. 存储介质要方便取出、更换,视频文件直接通过移动存储介质的办法进行转移;

g. 外壳与电源、信号的绝缘等级达到 100 MΩ；

h. 录像具有启动、停止功能按钮。

通过技术改造后的观察系统，在 5 000 米级海试和 7 000 米级海试时证明，完全能够满足今后科学调查作业的需求，顺利通过现场专家组的验收。

3.5 推进系统

3.5.1 推进系统简介

蛟龙号载人潜水器的推进系统包括三大部分：① 4 个成“十”字形布置的艉推进器；② 两个垂向可回转推进器；③ 一个横向艏推进器。考虑到 7 000 m 大深度工作设备的可靠性难度以及合同要求完成时间的紧迫，为此首选由国外引进整套推进系统，包括螺旋桨、水下电机、减速装置、压力补偿装置及其控制器等。通过对国外推进器产品性能的综合调研分析以及商业谈判，最终选择了美国 Tecnadyne 公司的一体化推进器。进口推进器装配如图 3.54 所示。

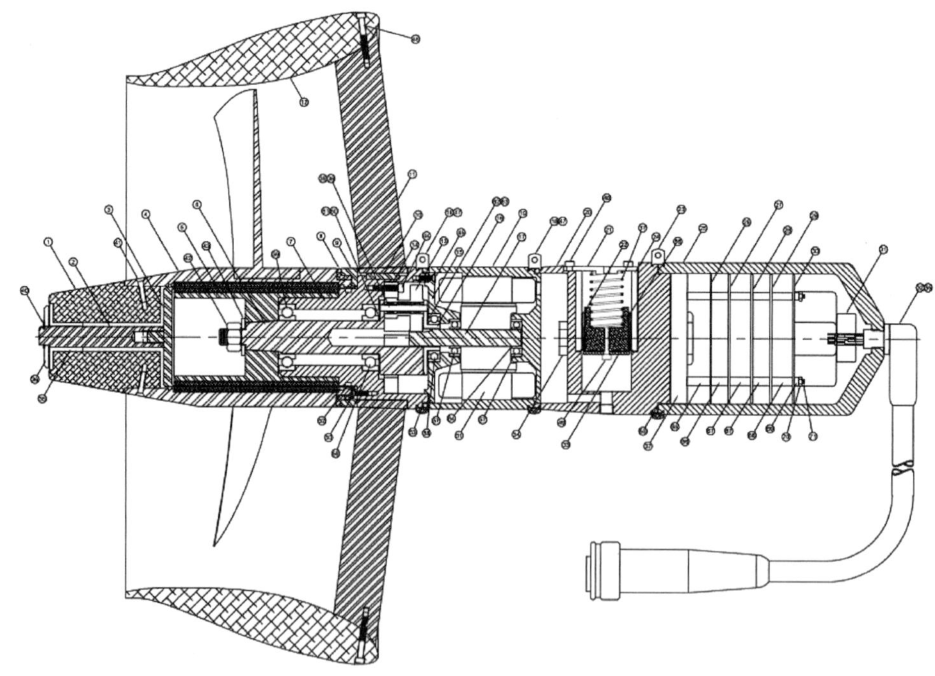

图 3.54　进口推进器装配图

3.5.2 国外进口推进器故障

1）故障现象总体描述

在“蛟龙”号载人潜水器 1 000 米级、3 000 米级和 5 000 米级海试中，推进器状态良好，无任何故障。而在 7 000 米级海试中，推进器故障集中出现，7 台中共有 4 台出现故障，故障类型多样化。推进器出现过的故障可归纳为 3 类：抱箍断裂、补偿器损坏和磁钢套筒磨损，以下重点分析在 7 000 米级海试中出现过的故障现象。

在 7 000 米级海试中，故障归类如下：

(1) 第 46 潜次：艉下、舯左可回转推进器故障表现为抱箍断裂，液压油泄漏，内腔进水。

(2) 第 47 潜次：艉左推进器故障表现为磁钢套筒磨损，桨端出现泄漏。

(3) 第 48 潜次：艉上推进器，正常维护时补偿膜破损。左可回转推进器出现故障同第 47 潜次的艉左推进器相同。

(4) 第 49 潜次：7 个推进器状态良好，无故障。

(5) 第 50 潜次：7 个推进器状态良好，无故障。

(6) 第 51 潜次：下潜前，舯左可回转推进器桨端发现泄漏，故障与第 47 潜次的艉左推进器相同。

(7) 备用推进器的补偿器泄漏。

2) 故障处理总体介绍

2012 年 6 月 15 日，7 000 米级海试的第 1 个潜次、潜水器的第 46 潜次。当潜器返航到水面时，发现舯左推进器驱动罐与主体脱开，并悬挂在一侧。艉下推进器 1 号抱箍断裂，推进器桨端从 1 号抱箍脱开，保持非同心状态。对舯左和艉下推进器进行了彻底清洗，用不锈钢抱箍替换原塑料抱箍，装配到位后重新充油到位，然后通电检查。舯左推进器工作正常，艉下推进器正转不正常、反转正常。拆开艉下推进器驱动罐，发现驱动罐内控制推进器正转芯片已经烧坏，然后对其进行维修，维修好后再次测试，推进器功能恢复，运行正常。

2012 年 6 月 19 日，第 47 潜次。潜器返航后甲板检查，发现艉左推进器补偿油已经全部泄漏。根据故障现象，判断泄漏点应该在桨端部分，因此更换备用桨端，然后重新补油到位，经过一天的监测发现推进器内补偿油不再泄漏。

2012 年 6 月 22 日，第 48 潜次。潜器返航后甲板检查，7 个推进器补偿器液位都在正常范围。但在第二天中午，发现舯左推进器补偿油泄漏光。检测发现舯左推进器磁钢套筒跟转，拆开处理后，重新补油状态正常。另外，在对艉上推进器进行正常维护时，补偿器中的补偿膜出现破损。由于艉补偿器维修需要至少 2 天时间，鉴于 24 日的下潜任务，安装了外置补偿器代替原补偿器。

2012 年 6 月 29 日，第 51 潜次前。在下潜前的常规检查时，发现舯左推进器补偿油泄漏光，泄漏点在桨端。由于前一天在艉左和艉右安装上了两个国产推进器，因此，我们拥有的两个国外进口的推进器可以作为备件，当 29 日傍晚出现这一问题时，我们就更换了整套备用推进器。

3) 推力器抱箍松脱故障

在进行第 46 潜次(下潜最大深度 6 671 m)中，当潜器返航上浮到 6 600 多米时主驾驶员发现尾部疑似油雾。另外，当潜器返航到水面时，发现左侧推力器驱动罐与主体脱开，并悬挂在一侧。

潜器回收到位后，首先对左侧可回转推力器进行检查，发现 2 号抱箍（从前往后排，分别为 1 号、2 号和 3 号抱箍）断裂，推力器驱动罐从 2 号抱箍处脱开，由于艉部有水密电缆，推力器驱动罐悬挂在一侧，其内腔的电缆没有断裂。

艉部下侧推力器 1 号抱箍断裂，推力器桨端从 1 号抱箍脱开，保持非同心状态，补偿油泄漏，内腔进水。由于此推力器有一个 22.5°的安装角度，所以推力器尾部没有脱离。

艉部左侧推力器 1 号抱箍有裂纹，但是没有脱开，补偿器液位正常。

其余推力器补偿器液位正常，抱箍无裂纹，外观完好，运行正常。

维修左侧可回转推力器：推力器拆下，搬至后甲板舱。首先测量电缆接头上的芯线，测量结果正常。打开 1 号抱箍，对补偿器端（1 号和 2 号抱箍之间）、电机部分和推进桨端（1 号抱箍前端部分，含减速齿轮）进行了彻底的清洗。检查所有密封件，密封件完好。最后，安装到位后进行通电检测。推力器正反转正常，运行良好。

维修艉部下侧推力器：按上述操作程序对液压油腔进行了清洗，安装到位后，进行通电检测。启动前进按钮（推力器正转）时，推力器不动；倒车（推力器反转）时，推力器运行正常。最后拆开推力器尾部耐压舱，发现内部控制推力器正转的芯片已经烧坏。上述提到推力器前部处于偏心位置，其内部的传动轴处于非同心状态。当推力器运行时，转动轴被卡住，最后会造成控制芯片的损坏。

根据检测的情况和维修结果进行分析，故障的原因是非金属材料的抱箍老化，材料变脆。抱箍的断裂点和裂纹点都在同一个位置，在紧固螺钉的头部，其位置处有一沉孔，用于安置紧固螺钉，沉孔处最薄的地方只有 2 mm 左右。而推力器三个部分的连接固定全部由 3 个抱箍实现，为了能把推力器连接到位，抱箍必须要有一定的预紧力。当抱箍出现脆化现象时，会在最薄弱的部位出现裂纹，直至断裂。

最直接的解决方法：更换推力器上的非金属抱箍，但是备件数量有限，无法做到全部更换。推力器在以往的维护过程中，出现过抱箍上螺纹孔滑牙和撞损的情况，从这个角度考虑加工了 9 个金属材料的小抱箍和 5 个金属材料的大抱箍（1 号和 2 号抱箍相同，为小抱箍；3 号为大抱箍）；另外，还有一个整个的推力器备件。根据 7 个推力器的功能和备件情况，对推力器上的抱箍进行了如下更换：

左、右侧可回转推力器是最重要的，潜器坐底的时候必须要使用这两个推力器，因此左、右侧可回转推力器上的 3 个抱箍全部更换。

艉部下侧推力器整套更换，更换后的推力器上的 3 个抱箍全部更换。更换下来的推力器已经维修完成，经测试性能良好，可以继续作为备件使用。6 月 17 日上午，潜水器进行了整体检查，发现艉下推力器运动特性与其他 3 个不一致，鉴于原推力器已经维修完毕，最后又换回原推力器。

艉部上侧、左侧和右侧推力器 1 号抱箍全部更换，因为如果 1 号抱箍断裂，其推力器的前端可能会在水下丢失；另外，也会很容易造成控制芯片烧坏。

槽道桨推力器上的抱箍暂不考虑更换。

共更换 9 处小抱箍，5 处未更换，其中，槽道桨推力器上的 2 个小抱箍未更换。

未更换的推力器抱箍都进行了仔细的检测，确保潜器下潜前状态良好。另外，在未更换的抱箍上再加一个通用的不锈钢抱箍。当抱箍在水下出现裂开现象时，可以大大降低推力器各部分从抱箍处脱开的可能性。

4）推力器漏油故障

在第 48 潜次试验前的准备工作中，发现了艉左和左回转推力器出现了螺旋桨端补偿油泄漏现象，左回转推力器的磁钢套筒还出现了跟转现象，对该两个螺旋桨拆开后发现磁钢套筒磨损严重，一个有小裂缝存在，另外一个密封端已经无法压紧。另外，推进器的保护罩出现较深的刮痕，刮痕是由螺旋桨叶造成。由于在 7 000 m 环境下，当推进器运行时，螺旋桨出现了严重的偏心，不仅磨损磁钢套筒，还刮伤推进器的保护罩。当磁钢套筒磨损得越来越厉害时，其偏心也会越来越严重。

对艉左推力器更换了备件，对左回转推力器的磁钢套筒进行了处理以确保密封，再次充油后正常。

在第 51 潜次试验准备工作中，左回转推力器又出现了螺旋桨端补偿油泄漏现象，估计是临时处理的措施已经失效，更换备用推力器后正常。

3.5.3 推力器的国产化

1）概述

“蛟龙”号载人潜水器在研制任务书中有明确要求，必须具备 5 个重大关键性能：① 潜深 7 000 m 的能力；② 良好的机动能力；③ 实时通信与微地貌探测能力；④ 保真取样能力；⑤ 安全可靠性能。其中良好的机动能力主要是通过对潜水器水动力外形的优化、推进系统的设计、对多个推力器的操纵控制来实现的。通过对国际上同类型载人潜水器推进系统的分析以及我国搞两台 6 000 m 无人自治水下机器人的经验，“蛟龙”号载人潜水器的推进系统包括三大部分：① 4 个成“十”字形布置的艉推进器；② 两个垂向可回转推力器；③ 一个横向艏推力器。考虑到 7 000 m 大深度工作设备的可靠性难度以及合同要求完成时间的紧迫，为此首选由国外引进整套推进系统，包括螺旋桨、水下电机、减速装置、压力补偿装置及其控制器等。通过对国外推力器产品性能的综合调研分析以及商业谈判，最终选择了美国 Tecnadyne 公司的一体化推力器。

在 Tecnadyne 公司引进的推力器到货之后，对推力器的一般技术数据进行了检测，完成了在载体上的预安装，对电机进行了充油，然后对引进推力器进行了耐压性能和系泊推力验收试验。首先在压力筒内进行了加压到 71.5 MPa 的耐压试验，结果是所有推力器都通过了该项试验，表明其具有在 7 000 m 深度海洋环境中工作的能力。然后在水池中对推力器的系泊推力进行了试验检测，结果也达到了技术规格书的要求。但在对推力器进行充油时，有 2 台推力器无法正常充油，经检查为补偿膜损坏。在 Tecnadyne 公司技术人员来华工作时，对损坏补偿膜进行了更换，恢复了正常充油功能。但 Tecnadyne 公司技术人员在现场安装槽道螺旋桨过程中，由于操作不当，加热温度过高，导致桨毂内磁钢因高温而退磁，而使推力器无法工作。经该公司技术人员带回美国，重新加工后，于第二次来华工作时重新安装，才使槽道推力器正常运转。但当 2.2 kW 推力器启动到低于 100 r/min 范围运转时，发现存在较大的噪声。Tecnadyne 公司技术人员认为是减速齿轮转动时发出的噪声，他们只有把推力器带回美国才能解决。在当时刚发生了大深度水声通信机换能器回美国返修时被美国政府没收的事情，因此，我方不同意再把推力器运回美国，通过扣押合同尾款的方式要求公司只能派人来现场修理。由此导致商业合作关系破裂，他们不再卖给我们推力器，我们也只能凑合使用他们提供的高噪声的推力器。

推进器噪声是深海载人潜水器在大洋深处航行时的主要噪声源，是影响艇载声呐工作的不利因素。电动推进器的噪声主要分为电磁噪声、机械噪声和螺旋桨噪声。当电机转子高速旋转时，作用在定子、转子间的电磁力将产生旋转力或脉动力，使定子振动而辐射噪声，这类噪声称为电磁噪声。机械噪声主要是推进器内部的轴、轴承等部件高速旋转时，因机械不平衡，碰撞和摩擦等原因产生的噪声。因工作深度大，且深海载人潜水器航速要求不高，因此螺旋桨不易产生空泡，螺旋桨噪声主要是旋转噪声。研究表明，这些噪声的能量主要在几十赫兹至几千赫兹之间，对低频长距离水声通信机有一定影响，对高频段的声呐影响不大。虽然人们早已认识到推进器噪声干扰存在的事实，但是由于种种原因还没有对深海载人潜水器噪声问题作过详细的研究。

我国深海载人潜水器在进行水池试验期间，曾发现美国 Tecnadyne 公司生产的推进器噪声对水声通信机存在较大的干扰。于是，中船重工第 702 研究所首次进行了深海载人潜水器推进器水下辐射噪声和振动的测试工作，获得了大量宝贵的试验资料。

与此同时，为解决深海载人潜水器推进器海试备品不足的问题并降低声学干扰，702 所提出了自主研制深海磁耦合电动推进器的计划，并于 2009 年 8 月 5 日在江阴举行了推进器实施方案咨询讨论会。但当 1 000 米级海试成功后，3 000 米级海试的时间大大提前，这就导致原定的推进器研制计划因时间太短而难以实现。为确保 3 000 米级海试准备工作的需要，702 所不得不重新调整了深海磁耦合电动推进器研制计划，降低了对噪声指标的要求，把强制性指标修改为探索性技术指标，组织国内有关单位共同研制国产化的推力器。由中船重工第 712 研究所的海西电机公司负责水下电机的设计，中船重工所属的汾西重工负责水下电机的制造，中船重工第 702 研究所负责螺旋桨设计、驱动器设计与加工、推进器整体集成与试验，碳纤维螺旋桨的制造由上海交通大学承担。

为了弥补这一缺憾，同时也为了进一步提高我国国产深海推进器的技术水平，在国产化的 4 500 m 载人潜水器研制项目中安排了在现有的深海磁耦合电动推进器样机的基础上，继续开展低噪声推进器的研制工作。

本节将简要总结第一代的国产化推力器的研制过程以及在 7 000 m 海区的试验情

况，为今后的进一步改进和优化奠定基础。

2）第一代深海国产推进器的技术指标

(1) 最大工作深度：7 000 m 海深。

(2) 在电动机额定转速 1 000 r/min、额定输出功率 2.8 kW、敞水情况下：进速 2.5 kn 时导管桨正车旋转发出的推力不小于 780 N；系泊状态时导管桨正车旋转发出的推力不小于 850 N。

(3) 尺度：总长度≤700 mm，螺旋桨直径≤350 mm。

(4) 重量(空气中)：≤45 kg。

(5) 电机额定功率：2.8 kW。

(6) 磁力联轴器最大传递扭矩：≥30 N·m。

(7) 噪声控制水平：在 5～15 kHz 频段范围内，航速 0.5 kn 时，推进器水下辐射噪声总声级≤119 dB(注：引进桨在 0.5 kn 航速以上推进器在通信声呐工作频段(6.3～12.5 kHz)的噪声总声级在 133.9 dB 以上)。

3）研制进程

(1) 2010 年 5 月，三台电机组装完成，并在汾西重工完成电机性能试验。

(2) 2010 年 6 月 4 日，在 702 所 616 压力筒完成一套推进器(电机、桨叶，驱动罐和水密电缆)最高 40 MPa 的静水外压试验。

(3) 2011 年 1 月，在 702 所循环水槽完成了推进器噪声性能测试试验。

(4) 2011 年 5 月，在 702 所减压水池完成两台导管推进器系泊、敞水和控制特性试验。

(5) 2011 年 6 月，在 702 所 915 压力筒进行 3 台推进器最高 71.5 MPa 的耐压与功能检测试验，结果推进器补偿膜破裂，电机内部进水。

(6) 2012 年 3 月，取消推进器的原补偿器，改为充油电缆。

(7) 2012 年 5 月，完成压力筒试验(71.5 MPa 时，两台导管推进器水下运转试验；3 台推进器都经历过最大 78 MPa 的静水压力试验)和水池试验。

(8) 2012 年 5 月，在 702 所 06 水池，将蛟龙号载人潜水器两台可回转推进器更换为国产推进器，然后下水分别进行手操机动和定高、定位等航行控制试验。

(9) 2012 年 6 月 30 日，在 7 000 米级海试中，将蛟龙号载人潜水器两台艉部左右两侧推进器更换为国产推进器，然后下水在 7 000 多米深度下进行手操机动和定向等航行控制试验，取得了国产化推力器 7 000 m 海试的成功，潜水器最大下潜深度为 7 035 m。

4）主要的测试试验

电机出厂性能试验

(1) 时间：2010 年 5 月 26 日。

(2) 地点：太原汾西重工。

(3) 环境：水槽。

(4) 电机效率测试方法：对拖试验。测试前，两台电机均充油。测试电动机与另一台同型号的电动机(作为发电机)采用磁耦合联轴器连接，然后整体安装在水槽中。利用一台滑动电阻器作为发电机负载，由它的电流与电压可算出系统输出功率。系统输入功率可通过为电动机供电的直流电源的输出电压和电流获得。然后可以得到整个系统的总功率，并估算出单台磁耦合电机的效率。

(5) 试验结果：

a. 空载情况下，电机最大转速为 1 400 r/min。

b. 在试验过程中，利用控制器调节电机转速，并利用示波器分别测量霍耳反馈信号与反电动势。通过这两种不同办法分别计算出了电机转速值，经过比较，证实两组数值是吻合的。

c. 当输入功率达到 2.8 kW，电机转速保持在 1 000 r/min 时，测量了滑动电阻器的电流和电压。通过比较输出功率与输入功率，算得整个系统的总功率为 60%，则单台磁耦合电动机的功率为$(60\%)^{1/2}=77\%>74\%$(合同规定值)。

d. 在满载运行二十分钟后，伸手入水触摸电机外壳及控制器外表面，没有感觉到明显的温升。

水下噪声测量试验

(1) 时间：2011 年 1 月。

(2) 地点：702 所循环水槽。

(3) 试验步骤：推进器整机噪声试验；电机噪声试验；螺旋桨噪声试验。

(4) 试验结果

在模拟“前进”运行时，国产推进器与进口推进器噪声总声级的比较如表 3.4 所示。

表 3.4 模拟“前进”运行，国产推进器与进口推进器噪声总声级比较

航速/kn	测试频段 0.5～80 kHz(dB)			通讯声呐频段 5～16 kHz(dB)		
	国产推进器	进口推进器	差 值	国产推进器	进口推进器	差 值
0.7	130	未测	无	118.7	未测	无
1.0	134.1	142.9	−8.8	121.4	139.7	−18.3
1.5	139.6	154.6	−15	122.1	151.6	−29.5
2.0	145.5	159.1	−13.6	126.1	157	−30.9

(5) 试验主要结论

a. 噪声来源：在整个通信声呐工作频段，主要的噪声来源是电机机械部分振动所引起的噪声，与螺旋桨的辐射噪声无关；在该频段上限附近存在一个集中的以 20 kHz 基频及其倍频的噪声信号，与电机控制器 PWM 有关(与引进推进器的高频噪声源类似)。

b. 减噪声效果明显：在测试频段 0.5～80 kHz 内，国产推进器的总声级比引进推进器降低 10 dB 左右；在通信声呐工作频段 5.0～16 kHz 内，国产推进器降低 20 dB 左右；在 5～15 kHz 频段范围内，前进航速 0.5 kn 时，推进器水下辐射噪声总声级≤119 dB，达到设计要求。

系泊、敞水和控制特性试验

(1) 时间：2011 年 5 月。

(2) 地点：702 所减压水池。

(3) 试验主要结论：

a. 在额定功率下，推进器的正车系泊推力满足研制任务书规定的大于 850 N 的要求。

b. 在相同轴功率情况下，与引进导管推进器相比，国产导管推进器的正车系泊推力下降很小，而倒车系泊推力提高了约 30%。

c. 在相同转速情况下，两台国产导管推进器之间的正、倒车系泊推力差异较小，而引进导管推进器之间的差异较大。

d. 在导管推进器正、倒车系泊状态下，螺旋桨转速随控制电压变化关系存在差别，两者的斜率不同。

压力筒试验

(1) 616 压力筒试验(2010 年 6 月 4 日)。

根据加卸载程序，对深海磁耦合电动推进器(部件包括推进电机 1 台，桨叶 1 个，控制器及水密电缆 1 套)进行了静水外压试验，整个试验过程未见异常。试验结束后该电动推进器各部件外观结构完好，未见渗漏或异常变形、损坏现象。

(2) 第 1 轮 915 压力筒试验(2011 年 6 月 14 日)。

最高压力为 71.5 MPa，保压 2 小时。1 台推进器在 71.5 MPa 压力情况下正常运转，另 2 台推进器受静压。试验结束后，发现 3 台推进器压力补偿薄膜破裂，电机进水。

(3) 第 2 轮压力筒试验(2012 年 5 月)。

a. 槽道推进器电机第 1 次 78 MPa 静水压力试验：充油电缆破裂，推进器进水。

b. 槽道推进器电机第 2 次 78 MPa 静水压力试验：将原充油线管替换成更加柔软和更粗的充油线管，然后再次进行压力筒试验。结果表明，这种线管能起到压力补偿效果，试验合格。

c. 3 台推进器的压力筒试验：71.5 MPa 时，2 台导管推进器水下运转试验；3 台推进器都经历过最大 78 MPa 的静水压力试验考验。

水池试验

(1) 时间：2012 年 4 月。

(2) 地点：702 所 06 水池。

(3) 试验过程：将“蛟龙”号载人潜水器两台可回转推进器更换为国产推进器，然后下水分别进行手操机动和定高、定位等航行控制试验。两个国产可回转推进器的性能曲线分别如图 3.55 和图 3.56 所示。

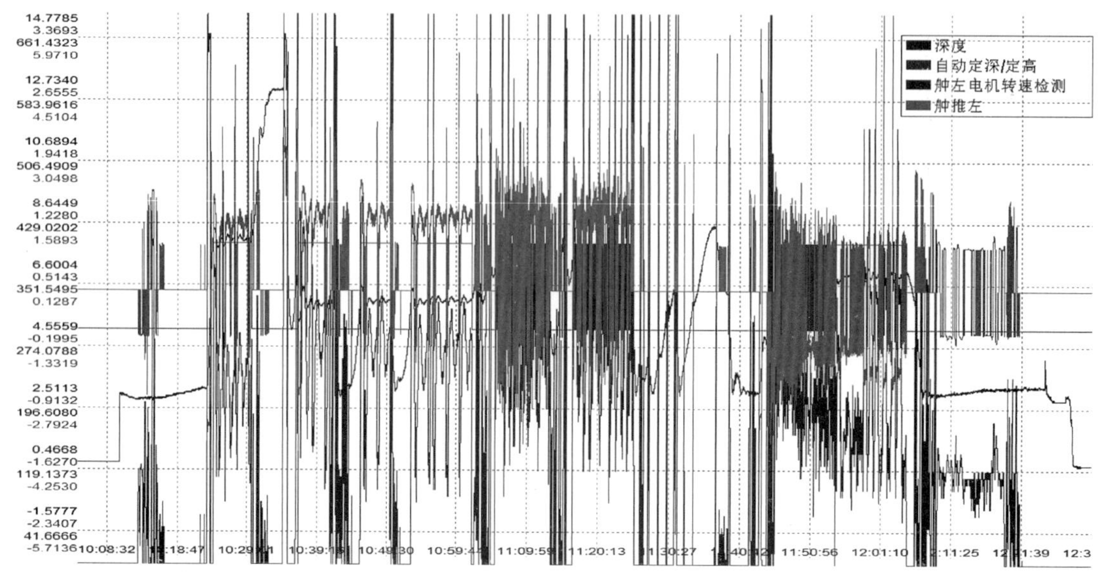

图 3.55　国产左侧可回转推进器性能曲线(2012/4/23)

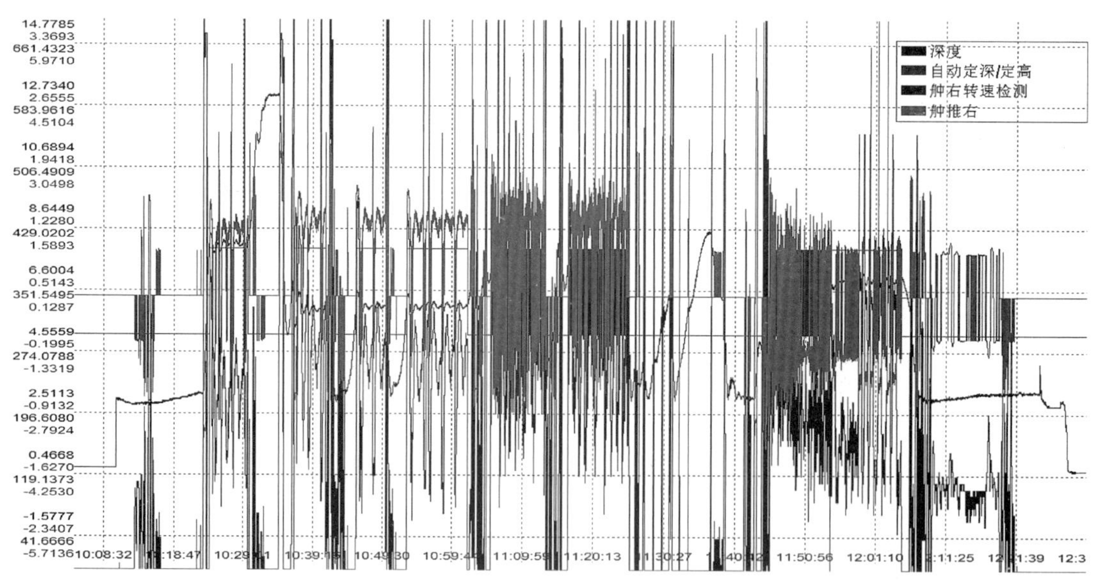

图 3.56　国产右侧可回转推进器性能曲线(2012/4/23)

(4) 结论。

在不改变原控制程序的情况下，依靠国产推进器，能实现潜水器手操情况下的上浮下潜机动，能实现自动定高和自动定位控制。

国产推力器 7 000 米级海试

(1) 时间：2012 年 6 月 30 日。

(2) 地点：马里亚纳海沟。

(3) 深度：最大下潜深度 7 035 m。

(4) 试验情况。

a. 安装情况:

在2012年6月30日(第51潜次),两台国产推进器分别安装在潜器艉部左侧和右侧,安装情况如图3.57所示。

图 3.57　潜水器艉部左右两侧的国产推进器

b. 推进器性能:

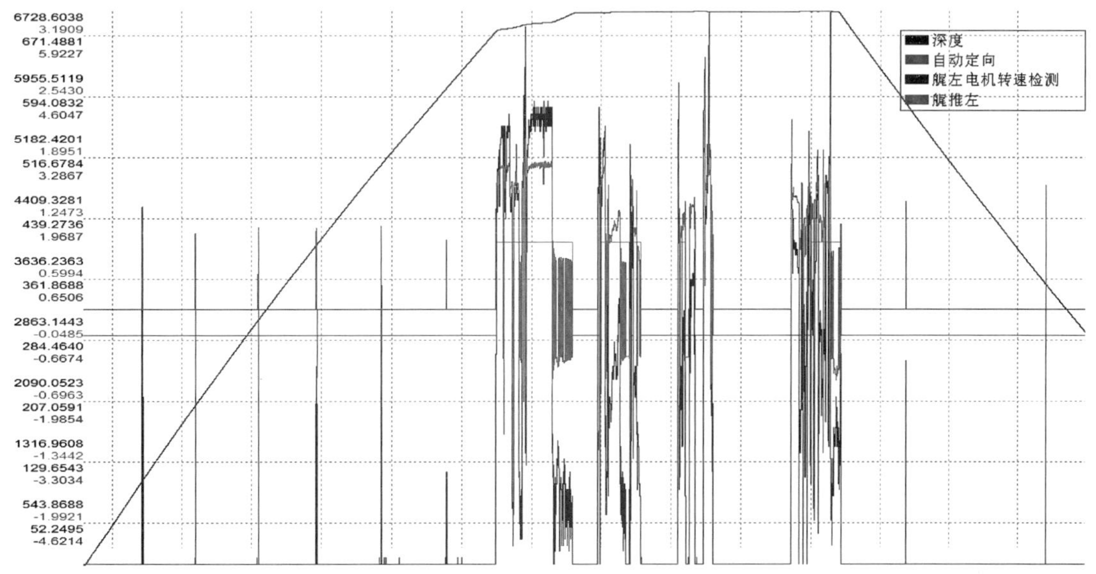

图 3.58　艉部左侧推进器性能曲线(见书末彩图)

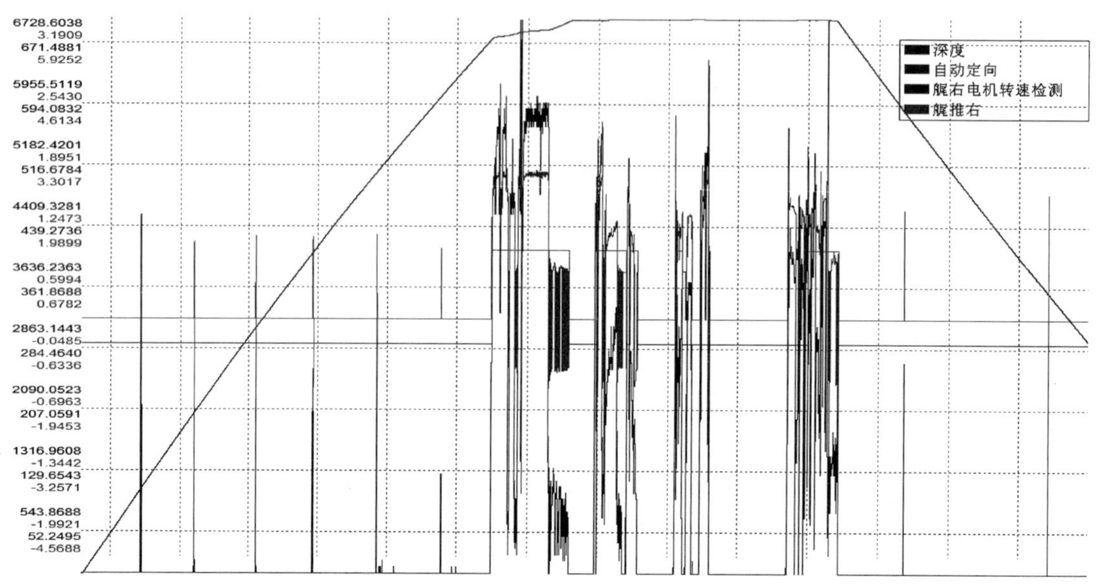

图 3.59　艉部右侧推进器性能曲线(见书末彩图)

在图 3.58 和图 3.59 中,红色曲线为推进器电机的输出电压,蓝色曲线为推进器电机的转速,黑色曲线为潜器下潜深度。通过曲线图可看出,两台国产推进器性能基本一致,下面以艉部左侧推进器为主要分析对象。

艉部左侧推进器在第 51 潜次性能参数如表 3.5 所示。

表 3.5　艉部左侧推进器在第 51 潜次性能参数

序　号	下潜深度/m	启动时间	结束时间	推进器电机		备　注
				电压/V	转速/(r/min)	
第 1 次	0	06:12:10	06:12:14	1.64	211.7	潜器在甲板通电检查
		06:12:17	06:12:21	−2.00	267.3	
		06:13:12	06:12:13	−1.70	54.5	
		06:12:15	06:12:16	1.61	80.0	
第 2 次	1 070	07:48:09	07:48:22	2.23	360.8	
		07:48:25	07:48:31	−2.08	353.6	
		07:48:37	07:48:41	2.23	345.4	
		07:48:43	07:48:46	−2.46	211.7	
第 3 次	2 039	08:12:16	08:12:23	1.65	235.4	
		08:12:26	08:12:31	−1.89	306.3	
第 4 次	3 121	08:40:34	08:40:43	1.77	259.0	
		08:40:46	08:40:52	−1.72	259.0	

（续表）

序　号	下潜深度/m	启动时间	结束时间	推进器电机		备　注
				电压/V	转速/(r/min)	
第 5 次	4 079	09:06:14	09:06:24	1.76	250.8	
		09:06:47	09:06:51	−1.46	203.5	
第 6 次	5 089	09:35:02	09:35:13	1.81	267.3	
		09:35:17	09:35:23	−2.12	353.6	
第 7 次	6 057	10:04:19	10:04:12	1.50	117.2	
第 8 次	6 772～7 006	10:26:29	11:05:51			自动定向
第 9 次	7 016～7 026	11:11:37	11:31:31			部分时段自动定向
第 10 次	7 026	11:47:26	12:03:43			部分时段自动定向
第 11 次	7 026	12:37:43	13:01:01			部分时段自动定向
第 12 次	5 880	13:29:53	13:29:55	2.34	259.0	
第 13 次	3 568	14:34:19	14:34:23	2.70	407.7	

第 1 次推进器启动：进行水面检查，艉部左侧推进器进行了 2 次正反转，推进器电机的输出电压和转速均正常，性能稳定。

第 2～7 次：分别在 1 070 m、2 039 m、3 121 m、4 079 m、5 089 m 和 6 057 m 进行了通电检测，推进器电机的输出电压和转速均正常，推进器运行平稳。

第 8～11 次：如表 3.5 所示，在 7 000 多米深度进行了多次的自动定向控制，推进器运行状态表现良好。

第 11～13 次：在返航途中，分别在 5 880 m 和 3 568 m 进行了通电检测，推进器性能正常。

艉部左侧推进器在第 51 潜次 7 000 m 深度下性能参数如表 3.6 所示。

表 3.6　艉部左侧推进器在第 51 潜次 7 000 m 深度下性能参数表

序　　号	下潜深度/m	时　　刻	推　进　器　电　机	
			电压/V	转速/(r/min)
1	7 026	11:48:15	3.414	612.6
2	7 026	11:53:16	2.43	360.8
3	7 026	11:55:08	1.75	243.6

c. 补偿器性能：

推进器本体为非耐压机构，采用了软管式补偿器。在推进器本体艉部连接有充油线管，即起到连接驱动罐的作用，也起到了液压补偿的作用。

试验前，检测推进器充油线管，排净线管内空气，并注满液压油。试验完成后，充油线管完好，线管内油量正常，无泄漏。

经过此次试验表面，软管式补偿器满足推进器在 7 000 m 环境下的使用要求。

(5) 海试主要结论。

"蛟龙"号成功地实现了 7 035 m 的下潜深度，而且在此深度下潜水器实现了自动定向和近底航行等功能，尽管在下潜的过程中整个推进系统接地值有一定上升，但是并没有影响国产推进器的运行。从控制量、转速等参数上分析，国产推进器在该潜次中运行正常。

5) 国产化推力器研制结论

在 863 计划海洋领域的支持下，702 所充分发挥自己在总体、水动力、控制器和螺旋桨设计方面的优势，通过组织国内三家优势单位(712 所，汾西重工、上海交大)强强联合，对大深度、小体积、低噪声的推进器进行了技术攻关。研制工作历时两年，国产推进器经过了严格的技术测试，包括对拖效率测试、24 小时满负载运行测试、循环水槽的噪声测试、敞水推力测试、78 MPa 耐压测试及 71 MPa 压力环境下通电运行测试等。

2012 年 6 月 30 日，在"蛟龙"号 7 000 米级海试的最后一次潜次(第 51 潜次)中，两台国产推进器被安装在潜水器的艉部两侧。在 7 000 多米深度下多次启动，推进器控制参数均正常，成功实现了自动定向和近底航行等功能，推进器运行平稳。其电气、控制、反馈接口完全满足蛟龙号现有接口要求，可作为进口推进器的备件使用，整体更换方便。国产推进器在蛟龙号 7 000 米级海试的成功应用，表明我国在大深度、小体积、低噪声推进器设计方面迈出了成功的一步。

在研制中，通过吸收和利用已经积累起来的深海电机、磁耦合联轴器等部件的设计、使用和维护的经验，不断改进和提高其技术水平。不但能使国产水下推进器技术更上一层楼，而且还进一步提高它的实用性和可靠性。如果把国产推进器与进口推进器进行比较，则国产推进器具有以下优点：

(1) 噪声低。

为了降低噪声，国产推进器采用了低速电机驱动，而进口推进器采用的是高速电机加齿轮减速器，在机械振动方面得到了较大的改善。其中噪声指标在声学工作频段上，低速时低于进口推进器 10 dB 以上，高速时国产推进器噪声优势更为明显。

(2) 耐腐蚀。

在螺旋桨方面，进口推进器螺旋桨选用的是不锈钢材质，经过 4 次海试，其表面已经出现了局部锈蚀现象，必然会影响推进器效率。国产推进器的螺旋桨选用了碳纤维的材质，在保证性能的前提下，具有更好的耐腐蚀性能。

(3) 可维性高。

进口推进器采用的是一体化设计概念，推进器本体集成了螺旋桨、传动机构、补偿器和驱动罐等，其重量轻体积小，在 ROV 领域的应用具有较大优势。但是其一体化的设计给维护带来了很大的不便，只要一个部件有损坏，推进器本体可能就需要整体拆下进行维修。另外，进口推进器的液压补偿器采用的是滚动膜形式，如果补偿膜破损需要更换的话，维修时间至少需要 2 天。因为安装补偿膜需要用到调制的胶水，待胶水干至少需要 2 天时间。

国产推进器把驱动罐与本体分开，用一根液压补偿线管连接，当驱动罐需要维护时，可把驱动罐单独拆下，维护方便。另外，用于连接的液压补偿线管兼顾有液压补偿的功能，其充油方便，易于维护，而且维修好后可马上投入使用。

6）后续的技术改进和性能优化工作

历时两年多的努力，虽然取得了不少的技术进展，但是目前的国产化推进器还毕竟只是科研样机，还有很多需要改进和优化的地方。下一步，还需要开展以下一些工作。

（1）进口推进器是美国 Tecnadyne 公司的成熟产品，性能稳定，而国产推进器的应用只经过了一个潜次的考核，其可靠性方面的完善工作还需要深入进行。

（2）进一步优化螺旋桨的设计，提高推进器的效率。

（3）优化推进器的外形和液压补偿器形式，降低设备重量和体积，提高水动力性能。

（4）深入研究推进器的各项特性，进一步降低噪声，为 4 500 m 载人潜水器先进推进系统设计打下坚实的技术基础。

（5）开展由小功率到大功率的系列化水下推进器产品的研制，实现水下推进器产业化。

3.6 控制系统

3.6.1 概述

载人潜水器控制系统是载人潜水器的大脑和神经，它采集载人潜水器上操作面板的操作指令及各种传感器的信息，通过大脑的分析和判断，输出指令控制各种执行机构，使潜水器完成各种动作，同时又将采集到的信息进行存储以及在人机界面上进行显示，给潜航员和指挥员提供有用的参考，方便他们进行驾驶潜水器和指挥潜水器的作业。

载人潜水器控制系统主要包括航行控制子系统、导航定位子系统及综合信息显控子系统 3 个部分。航行控制子系统主要完成潜水器的底层操作指令及传感器信息的采集及各种执行机构的控制，实现潜水器 6 个自由度的运动控制，以及潜水器的自动定向、定深、定高等自动驾驶功能，同时又将所采集到的信息通过网络传给综合显控子系统进行保存、处理和显示；导航定位子系统主要依据潜水器和支持母船上的各种导航定位传感器获得载人潜水器的较高精度的位置和姿态信息。综合信息显控子系统对航行控制子系统所采集到的信息和指令进一步加工和处理最终以人机界面的形式显示出来，并将所采集到的各种信息保存起来通过数据分析平台进行事后的分析。

3.6.2 控制系统故障情况统计

"蛟龙"号载人潜水器完成系统总装、陆上联调和水池试验后，在2009—2012年四年间，分别进行了1 000米级、3 000米级、5 000米级和7 000米级的海上试验，对潜水器的总体性能和各项指标进行了验证和考核，控制系统在这4年的海试过程中总体上表现稳定可靠，没有出现影响下潜和作业的故障，但也出现过几次小的故障，这几次主要有两种类型：一是设计存在缺陷造成的故障，二是设备老化或设备自身缺陷造成的故障。

3.6.3 设计缺陷造成的故障

第15次下潜过程中，综合显控软件出现了软件overflow报错的现象。

经试航员回航后口述现象及数据分析查找原因，并进行了故障再现处理，得出软件报错原因是数据溢出故障。在第15次下潜过程中进行了高速水声通信调试，调试过程中由声学水面监控计算机通过高速水声通信向水下潜水器传输了相关的水声数据，在这些水声通信数据中有母船的经度与纬度信息，在调试过程中这两个信息产生了误码，使得传输到潜水器的数据是一个不在预见范围内的非常大的数，综合显控软件没有预见到会接收到这种状态情况下数据，致使综合显控软件产生数据溢出错误，使得综合显控软件出现自动退出或假死现象。

针对以上情况及分析结果，综合显控软件做了相应的调整，对相应的外来数据做了溢出保护处理，并且做了水面的程序联调，在联调后对潜水器内综合显控软件做了软件更新。该故障彻底得到解决，在以后的下潜过程中，再也没有发生过类似故障。

3.6.4 设备老化或自身故障

1）罗盘故障

潜水器第41潜次，在潜水器布放之前的入舱检查时，罗盘工作正常，在潜水器下潜过程中和潜水器返回水面发现罗盘不工作。第42潜次又发生与41潜次相同的现象。

对罗盘发生的上述现象进行了如下排查：

(1) 在载人舱内对罗盘的电源和通信线进行了测量，连接可靠，未发现有松动和接触不良的现象。

(2) 在航行控制计算机开机的情况下，切断罗盘电源，然后再重新上电，罗盘也不能工作。

(3) 在航行控制计算机开机的情况下，断开罗盘通信线，然后再重新接通，罗盘也不能工作。

(4) 在航行控制计算机关机又重新上电后，罗盘能恢复工作。

(5) 分析41潜次和42潜次的数据，发现罗盘是在第41潜次潜水器与底部台架发生碰撞后不工作的，第42潜次是在潜水器入水后，潜水器在水面摇晃比较剧烈的情况下不工作的。

从上述的各种现象进行判断，可能是由于在第 41 潜次，潜水器发生与底部台架碰撞产生的冲击，导致罗盘内部有故障。在航控计算机开机重新触发又可工作，但在潜水器摇晃比较剧烈的情况下，又不工作，可以判断罗盘已经部分损坏。

所采取的措施如下：

(1) 临时的办法是采用航行控制计算机软件重新编写针对罗盘的程序，定时去触发，唤醒罗盘重新工作。

(2) 返航后，应重新更换新的罗盘。

2) 高度计故障

潜水器第 30 潜次，在高度计有效测量范围内，高度计的读数不变化。潜水器返回后，通过测量与高度计相连的水密电缆中的各芯线对外壳的阻抗，发现各芯线对壳的电阻不高，大约都在 4～30 kΩ，而且电阻值不固定，潜水器刚出水后电阻值比较低，经过一段时间后，电阻值升高。

对高度计的故障进行了如下的排查：

(1) 经过打开高度计的电子舱检查，发现高度计密封舱的螺纹处有几滴非常小的水珠，从此现象可判断高度计密封不好。

(2) 高度计电子舱内的印刷电路板有干的水渍现象。

对于高度计发生的故障进行分析，造成上述故障的原因主要是电子舱的螺纹连接处或声呐头与高度计电子舱内的连接处密封不好而造成电子舱微渗水导致。

针对可能导致微渗水的密封处进行了重新密封，在下一潜次对高度计进行了重新测试，又发生相同的故障，由此判断是高度计结构原因所导致，只能将高度计返厂进行维修。

在载人潜水器进行的第 47 次下潜时，出现了高度计测量值不稳定的现象，综合信息显控计算机显示的潜水器离底高度出现了跳变。

潜水器返回到水面后，控制系统保障组马上对高度计的数据进行了分析，发现数据记录的结果是高度计在测量范围内，要么显示真值，要么为零，在真值与零值之间跳变。针对这种情况进行了分析和判断，造成这种现象的原因主要有：① 其他声学设备的干扰影响；② 串口服务器中高度计端口设置的时间太短；③ 高度计自身参数的设置不理想。

针对上述现象及可能原因的分析，进行了针对性的解决：① 将串口服务器高度计端口的时间延迟，由原来的 1 ms 延长到 3 ms；② 对高度计反馈的数据进行了滤波处理，也就是将在测量范围内的零值剔除，将滤波后的数据进行显示和进行定高控制；③ 条件允许，关闭声学设备进行干扰源的排查；④ 尝试对高度计自身参数的配置进行修改，但无法验证，最终选择了放弃。

上述措施在第 48 和第 49 潜次进行了实施，由于受条件限制，没有进行声学设备的排查，采用对串口服务器时间延长和滤波算法后，高度计在第 48 和第 49 潜次显示的结果正常。对高度计采样的数据源与第 47 潜次的数据进行对比，原始数据尽管有跳变，但是跳变的次数大大减少，进行滤波后既可以用于显示，又可以用于控制。对于仍存在的跳变现象，若条件允许，再实施排查。

对于高度计目前的采集结果，经过滤波后，可以正常使用。

3) CTD 故障

潜水器第 41 潜次，发生 CTD 传感器测量的海水的电导率值不变、海水密度值不正确。

故障排查的措施如下：

(1) 在载人舱内对 CTD 的电源和通信线进行了测量，连接可靠，未发现有松动和接触不良的现象。

(2) CTD 在电源上电后，计算机能够读取数据。

(3) 分析第 41 潜次的数据，只有电导率的值无变化，对于海水温度和深度的测量值均正常。

(4) 在第 42 潜次和第 43 潜次，CTD 工作正常，能够测量温度、电导率、深度和海水密度数据。

从上述的现象进行判断和从 CTD 的原理进行分析，以及参考以往的经验，可能是由于 CTD 内的海水泵没有工作，原因可能是管路内存有气泡，导致水泵没有运转，因此测量不到海水的电导率。

于是加强 CTD 的维护和保养；给 CTD 准备备件，一旦发生故障及时更换。

3.6.5 配合其他系统解决故障所做的工作

潜水器上发生的故障，有些不需要控制系统配合来解决，有些需要控制系统进行配合来解决，以使故障得到处理或避免发生更大的故障。需要控制系统配合解决的故障有两个。

1) 液压系统的逻辑互锁功能

为了保护液压设备、管路等出现故障时有效保护相应的主液压源、副液压源，根据液压系统检测到的油位补偿器位移信息，当该位移量介于 15%～35%时进行预警，当该位移量小于 15%时进行互锁保护。图 3.60 和图 3.61 为主液压源补偿器位移互锁功能在仿真平台上的试验结果；图 3.62 和图 3.63 为副液压源补偿器位移互锁功能在仿真平台上的试验结果。

2) 接地问题的处理

潜水器的接地故障检测为潜水器及时发现电源的接地问题提供检测手段，但是如何定位接地故障就需要控制系统提供相应的电路来保障，通过控制系统增加设备的电源双路切换电路，对接地检测进行定位和排查，使得接地故障在较短的时间内找到，为维修人员排除故障提供帮助，同时也为潜水器在作业时，通过断电来继续完成相应的下潜任务提供帮助。

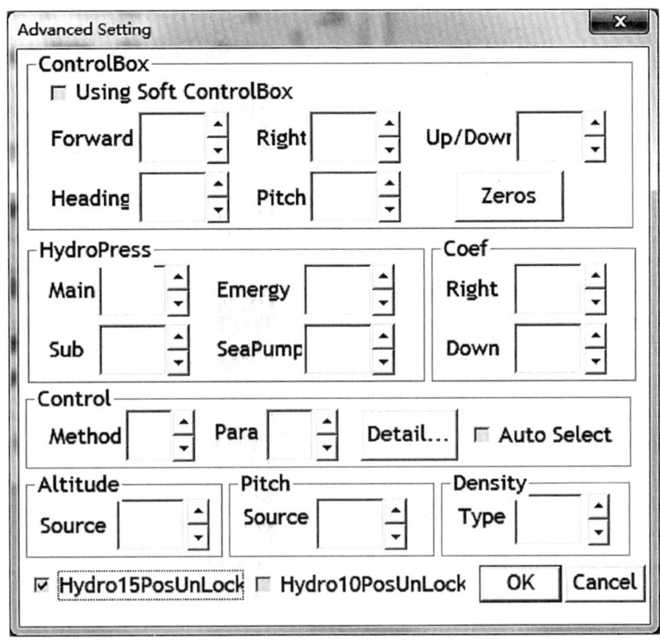

图 3.60 主液压源补偿器位移互锁操作界面

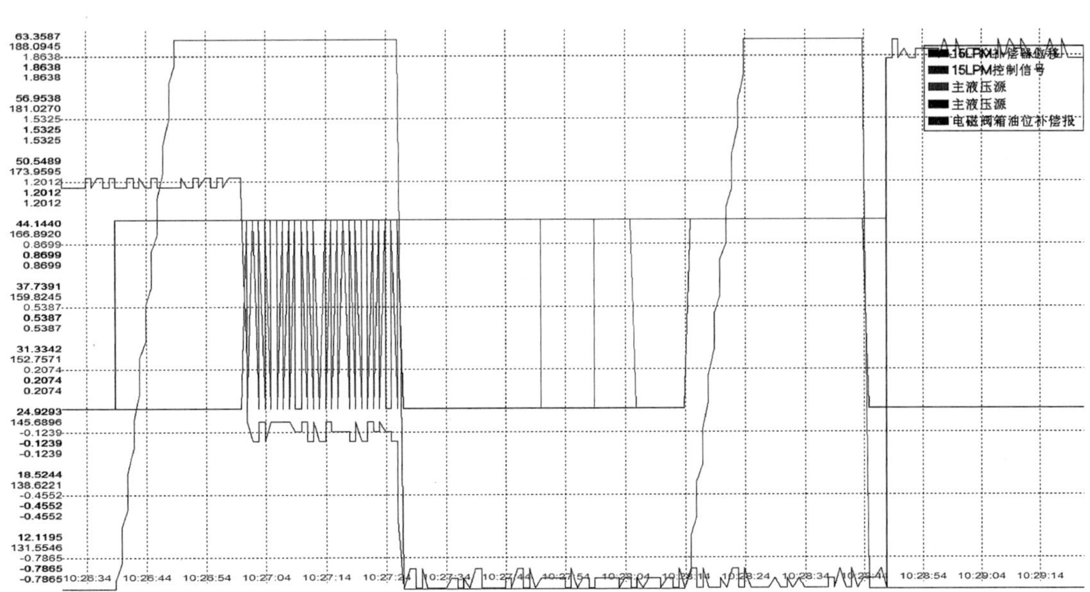

图 3.61 主液压源补偿器位移互锁保护曲线(见书末彩图)

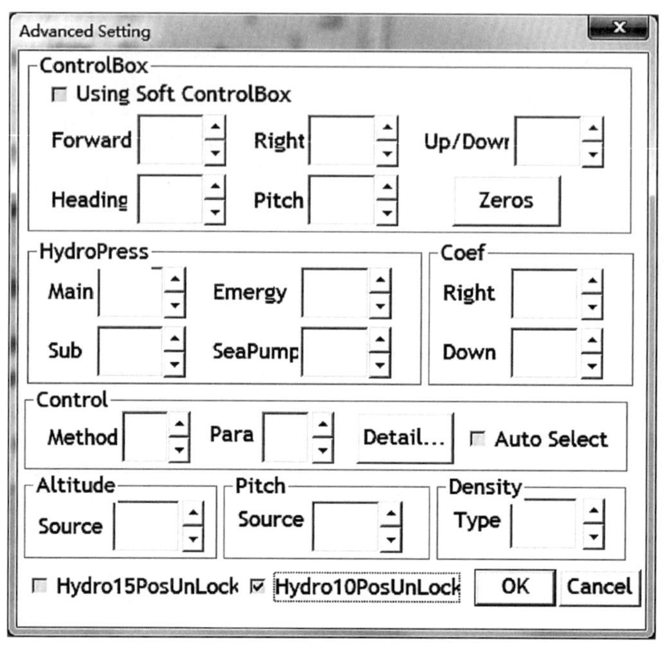

图 3.62　副液压源补偿器位移互锁操作界面

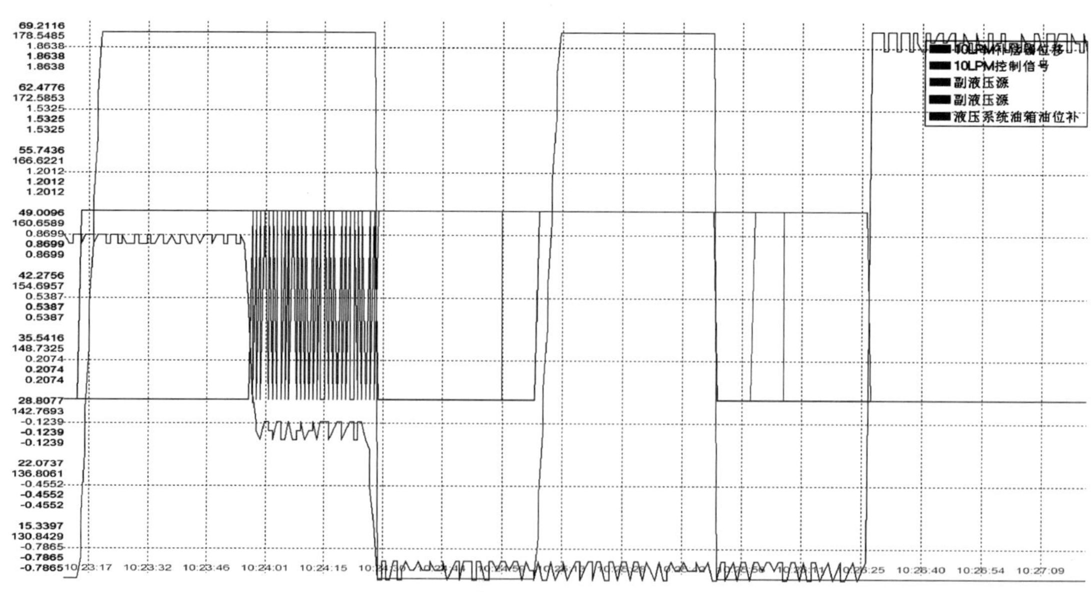

图 3.63　副液压源补偿器位移互锁保护曲线(见书末彩图)

3.6.6 控制系统小结

经过 1 000 米级、3 000 米级、5 000 米级和 7 000 米级海试的考验和改进，尽管“蛟龙”号载人潜水器控制系统总体上比较稳定和可靠，对于设备自身的故障没有好的办法，只能进行更换处理，但是对于设计缺陷所造成的故障要谨慎对待，要在今后的设计过程中考虑周到，并进行异常情况的测试，使所设计硬件或软件完善和可靠，避免故障发生。

3.7 声学系统

3.7.1 声学系统设备简介

声学系统的组成如图 3.63 所示，包括水声通信机、高分辨率测深侧扫声呐、机械扫描成像声呐、避碰声呐、远程超短基线定位声呐、声学多普勒测速仪和运动传感器。在本书中我们把 VHF 水面通信系统也归入这一章。

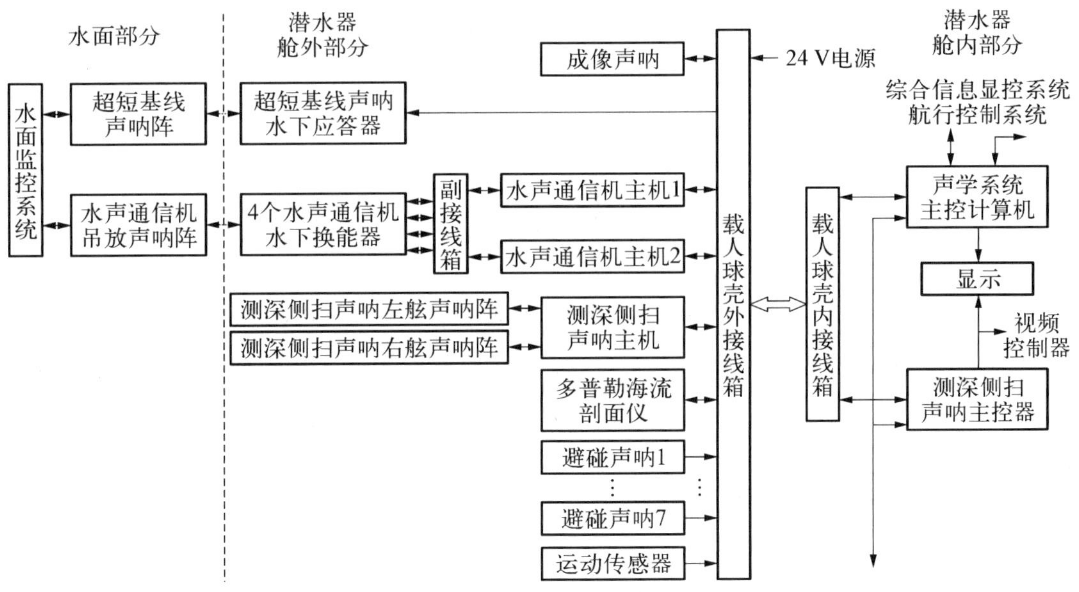

图 3.64 7 000 m 载人潜水器声学系统组成

其中水声通信机的水面部分构成声学系统的水面部分(见图 3.64 的左侧)，包括水面机柜和吊放声呐阵，它需要与远程超短基线定位声呐和母船导航定位系统协同工作。安装在潜器上的水声通信机换能器(4 只)、水声通信机主机(2 套)、测深侧扫换能器阵(2 只)、测深侧扫声呐主机、避碰声呐(7 套)、前视成像声呐头、声学多普勒测速仪、远程超短基线定位声呐应答器和运动传感器以及安装在载人球壳内部的声呐主控器构成声学系统的潜器部分。

1）水声通信机

水声通信机用于在载人潜水器与水面支持母船之间建立实时通信联系。通过它母船向载人潜水器发出指令，载人潜水器向母船传输各种数据、语音和图像，包括彩色电视图像和声学图像。

“蛟龙”号载人潜水器水声通信机分为水面部分和潜器部分两大部分。图 3.65 所示是水声通信机的系统组成。

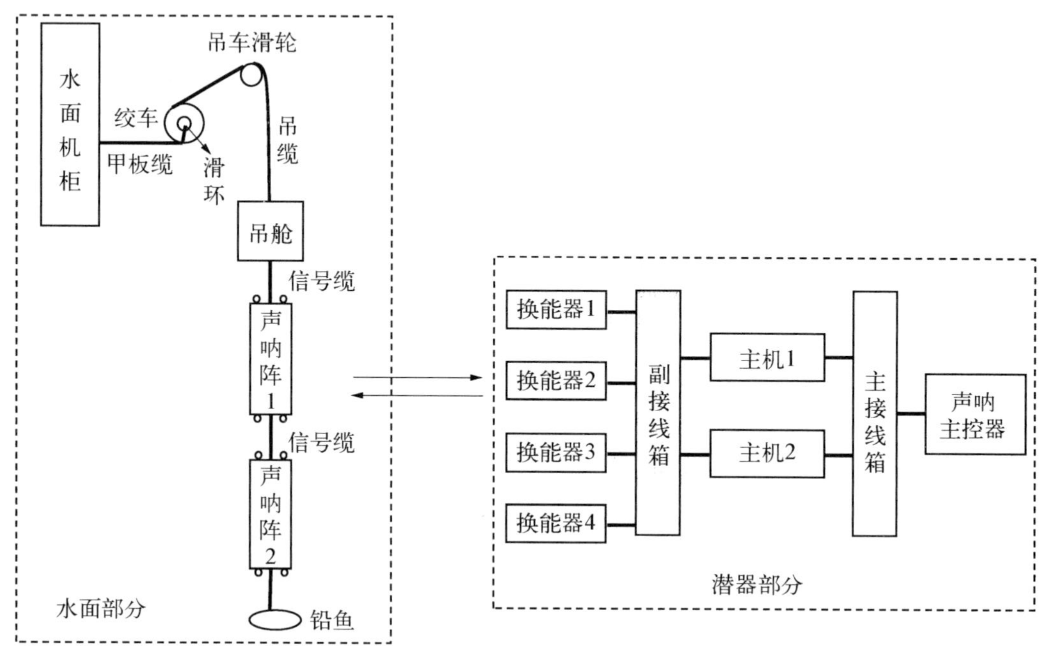

图 3.65　水声通信机系统组成

其中水面部分包括母船上的水面机柜、甲板电缆、滑环、绞车、吊放机构、凯芙拉电缆、吊舱和吊放声呐阵。潜器部分包括两套通信机主机和 4 个换能器以及声呐主控器的一部分。

在潜水器上的 4 个水声通信机换能器分别布置在潜水器背部和腹部的前后位置，主机舱布置在尾部，如图 3.66 所示。当潜水器在海底作业时，吊放声呐阵位于上方，腹部的两个换能器被潜水器遮挡，接收效果比较差，此时使用背部的两个换能器进行通信。当潜水器在下潜和上浮过程中位于吊放声呐阵上方时，背部的两个换能器被潜水器遮挡，此时使用腹部的两个换能器进行通信。这样在潜水器的整个工作周期内都能够进行通信。

2）高分辨率测深侧扫声呐

高分辨率测深侧扫声呐安装在载人潜水器的两侧，用于测量海底的微地形地貌和海底、水中的目标，实时绘制出现场的三维地图。它能在复杂的海底上工作，给出目标的高度，因此十分适合在钴结壳区域勘察工作和在大洋热液场测量热液喷口“烟囱”的几何尺寸。

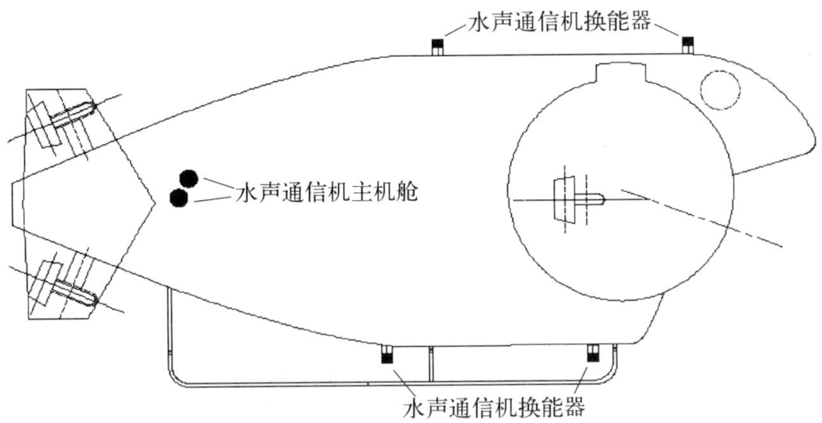

图 3.66 水声通信机主机舱与换能器布置

高分辨率测深侧扫主机声呐换能器如图 3.67 所示。

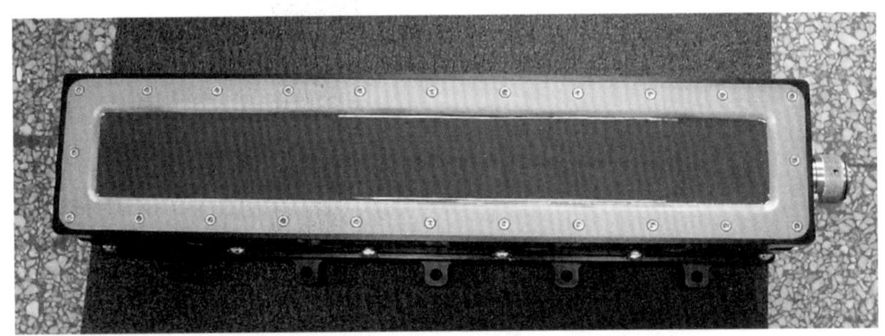

图 3.67 高分辨率测深侧扫声呐换能器阵

高分辨率测深侧扫声呐换能器和主机舱安装位置图如图 3.68 所示。两条换能器阵分别安装在载人潜水器的两侧，阵面法向与水平面成 30°。

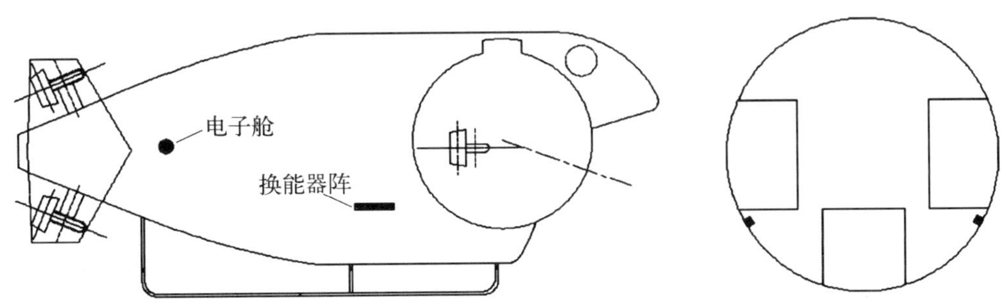

图 3.68 测深侧扫声呐布置示意

3）避碰声呐

避碰声呐共 7 只，安装在载人潜水器的前部和侧面，能够测量潜水器上、下、左、右、前、后各方障碍物的距离，帮助潜航员规避障碍物，保证潜器安全，并为航行控制提供距底高度数据。

图 3.69 是一只避碰声呐，图 3.70 是 7 只避碰声呐的安装示意。

图 3.69 避碰声呐

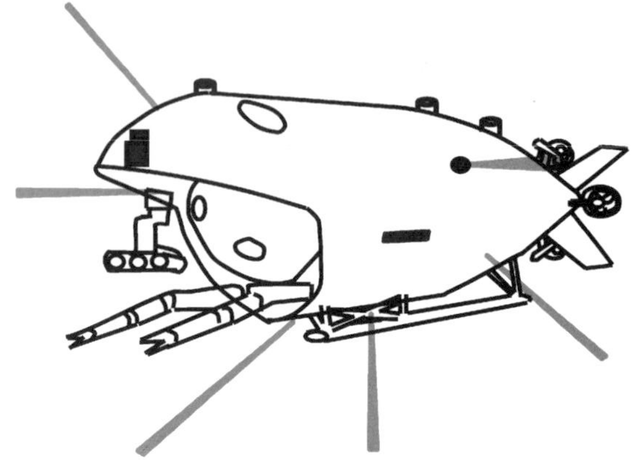

图 3.70 各避碰声呐在潜水器上的安装位置和指向性

4）成像声呐

机械扫描成像声呐安装在载人潜水器的前部，用于探测前方水中目标及海底地貌，供潜航员对周围地形环境进行超视距观察，一方面搜索目标，另一方面规避障碍物，保证潜器安全。

成像声呐（见图 3.71）安装在潜水器的头部，换能器阵在下方，换能器阵面朝向潜水器的前方。

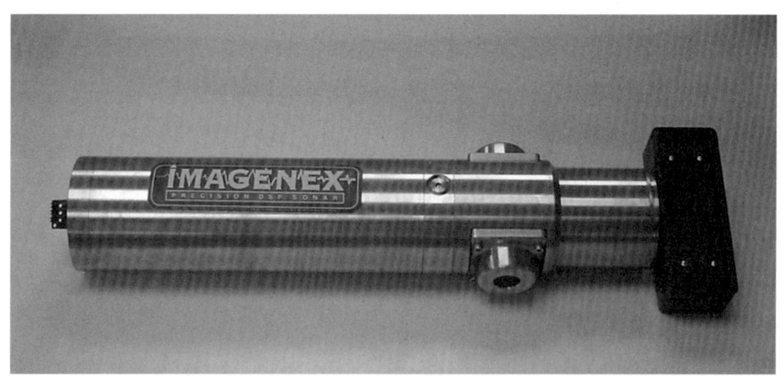

图 3.71 成像声呐

5）远程超短基线定位声呐

在“蛟龙”号载人潜水器中使用远程超短基线定位声呐（USBL）来进行水下的定位，其工作示意如图 3.72 所示。

在母船上安装了远程超短基线定位声呐系统，其换能器阵安装在母船的底部，如图 3.73 所示。换能器阵由中心的发射换能器和四周的 4 个接收水听器组成。在需要被定位的载人潜水器上安装应答器（见图 3.74），远程超短基线定位声呐系统可以同时定位多个应答器的位置。

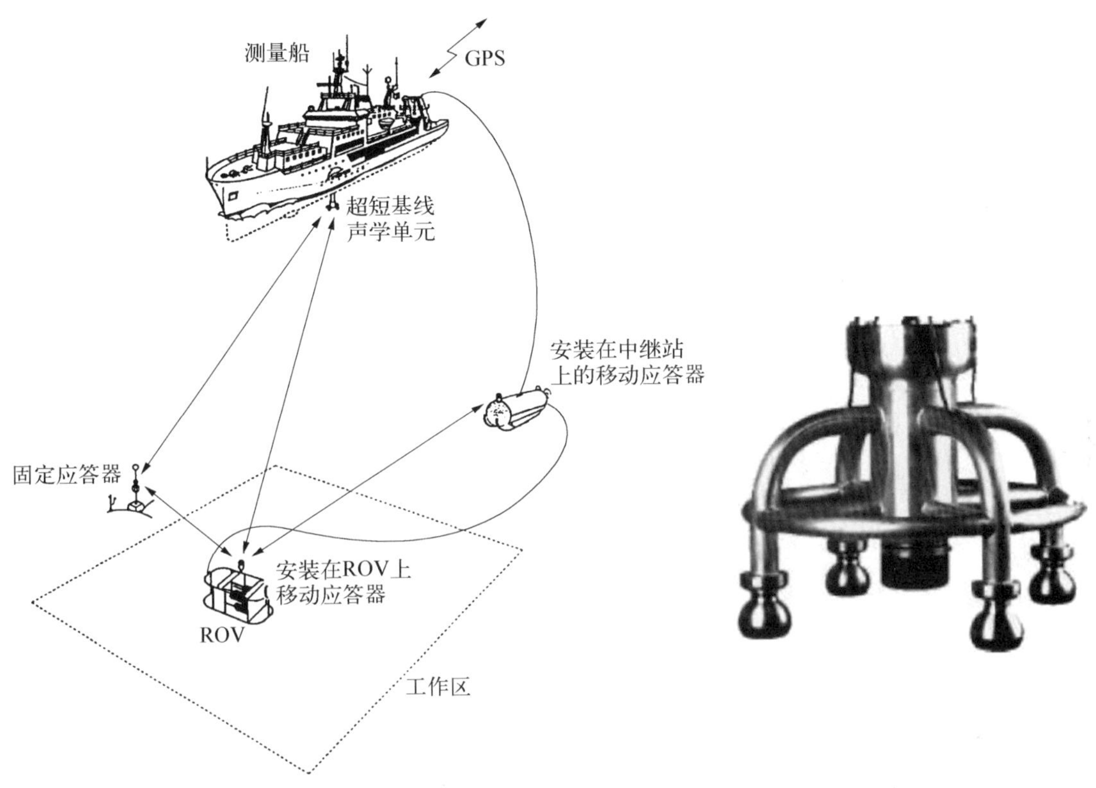

图 3.72　远程超短基线定位声呐工作示意

图 3.73　USBL 换能器阵

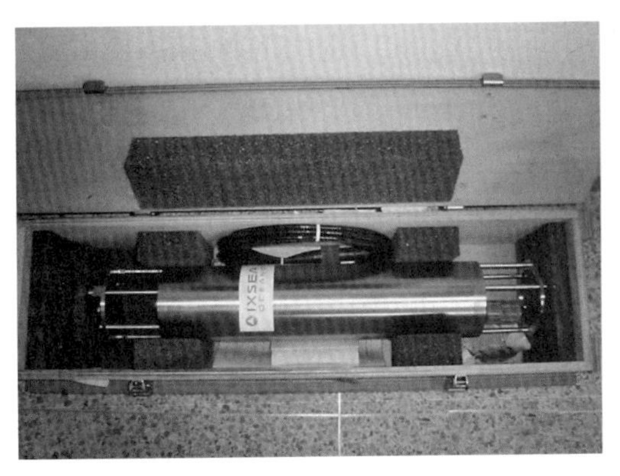

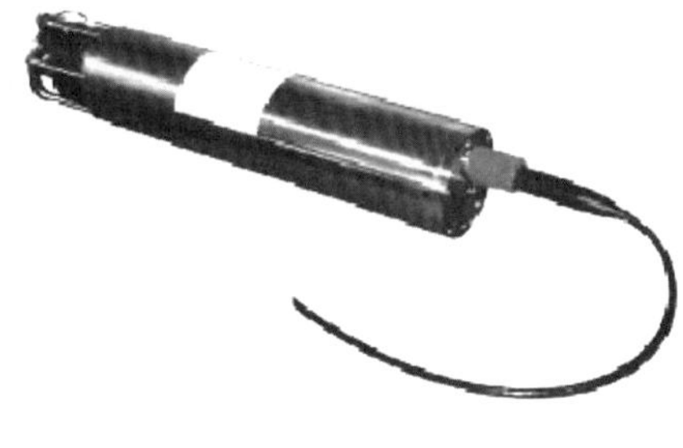

图 3.74　应　答　器

潜水器工作时位于母船的下方，所以应答器(见图 3.74)必须安装在潜水器的背部，换能器朝水面方向。为了减少潜水器艇体的影响，应答器的换能器应适当高出艇体表面。应答器的安装示意如图 3.75 所示。

载人潜水器上的应答器和母船上的远程超短基线定位声呐之间通过高精度同步时钟来确定时间关系。一对同步时钟(见图 3.76)分别安装在水面机柜中和载人潜水器载人舱内。

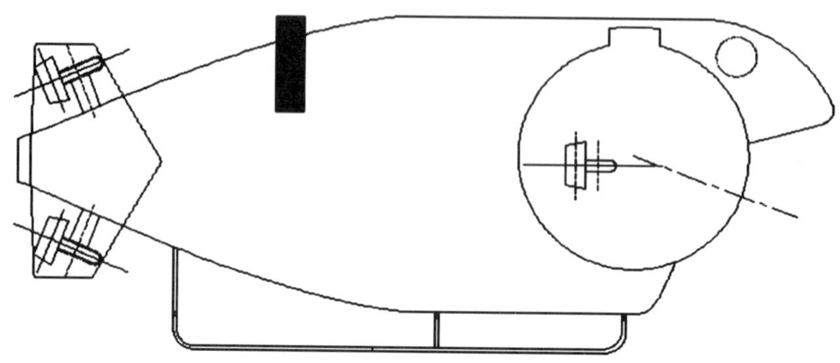

图 3.75　定位声呐应答器安装示意

图 3.76　一对高精度同步时钟

6）长基线定位系统

为了提高“蛟龙”号载人潜水器的定位精度，3 000 m 海试结束之后确定了以 IXSEA - OCEANO 公司方案为基础的导航定位系统升级技术方案：① 升级“向阳红 09”船的 POSIDONIA 超短基线(USBL)定位系统；② 加装 IXSEA - OCEANO 的长基线(LBL)定位系统；③ 利用现有的高精度运动传感器、高精度压力传感器和声学多普勒测速仪等传感器，结合 USBL/LBL 定位系统，开发组合导航算法(见图 3.77)。

升级后的定位系统的组成如图 3.76 所示。在母船上保留现有 POSIDONIA 系统的换能器阵、升降机构和 OCTANS 运动传感器，原有电子机箱更换为新的 USBL BOX，新的 USBL BOX 采用了新的宽带调制技术，在抗多途、抗噪声方面比现有的系统有所提高。新旧电子机箱与 DGPS、OCTANS、水声通信系统水面机柜等设备的连接关系不变。潜器上保留 OCTANS，把现有应答器更换为 RAMSES6000 用于 USBL 定位，增加一个

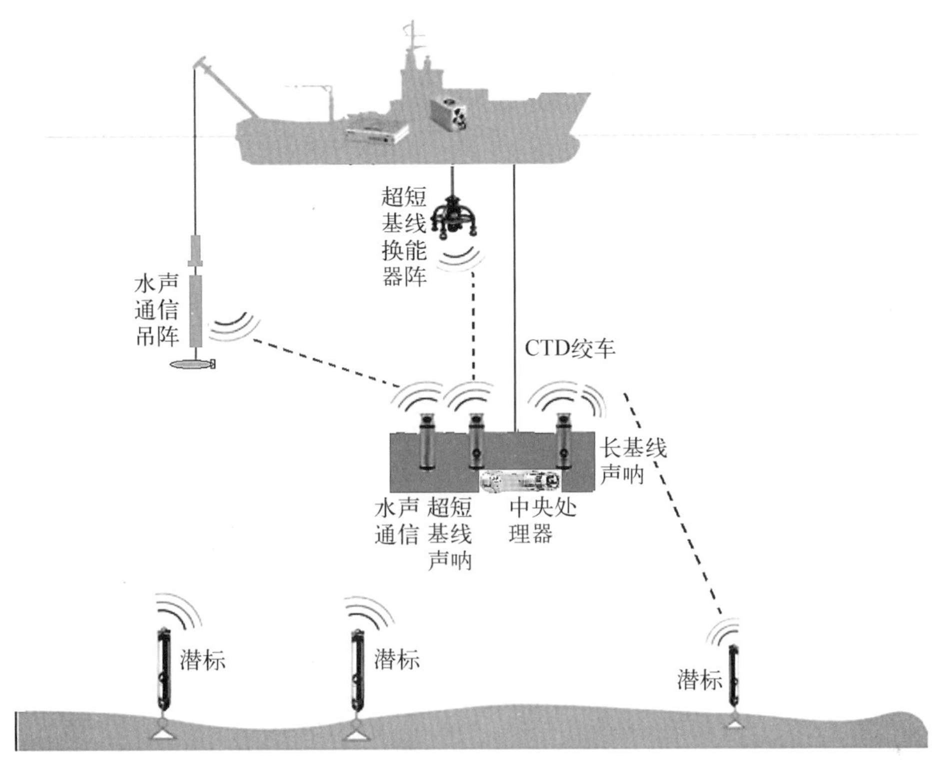

图 3.77　升级后的“蛟龙”号载人潜水器的通信系统和定位系统结构

RAMSES6000 用于 LBL 定位，载人舱内增加一台定位解算和显控计算机，相应地需要对电缆、接线箱、声学系统和控制系统软硬件进行升级改进。在使用 LBL 定位功能时还需要在海底布放一个由 3～4 个定位潜标组成的信标阵列。

在定位系统升级的基础上，开展导航算法研究，基于定位系统、潜器上现有的运动传感器、声学多普勒测速仪、高精度压力传感器等实现组合导航功能，把定位数据误差不累积、自主导航短期精度高的优点结合到一起，提高导航定位精度。升级后的导航定位系统具有 LBL＋USBL＋自主导航的组合导航定位功能。LBL 定位潜标投放后用母船的 USBL 系统标定其水下坐标，输入到潜器舱内的定位显控计算机中。在潜器从水面下潜直至上浮到水面的全过程中用 USBL 跟踪潜器的位置，通过水声通信机把 USBL 定位数据发送到潜器。潜器在进入 LBL 潜标阵列作用范围后，LBL 定位系统开始发挥作用，潜器上的收发器和定位潜标之间通过询问-应答过程，确定潜器与各潜标的距离，定位显控计算机解算出潜器在潜标阵列中的相对位置和大地坐标，然后由航行控制系统把潜器自身解算的 LBL 数据、水声通信机传送下来的 USBL 数据、潜器传感器测量的深度、姿态、航向、潜器相对大地的航速等数据进行综合，计算出潜器的坐标。水声通信机把组合导航算法给出的潜器坐标发送到水面母船，使母船获得比 USBL 定位更精确的定位结果。

7）声学多普勒测速仪

声学多普勒测速仪用于测量潜水器的运动速度以及下方不同深度上若干层的流速和

流向。测量深海流场具有重要的科学研究价值,同时现场的流场数据和潜水器相对海底的运动速度也是载人潜水器实现动力悬停所必需的。

多普勒测速仪(见图 3.78)安装在潜水器的腹部,换能器头朝下,其 4 个波束与垂线成 30°角,在水平面上按 90°等间隔分布,波束的这种配置称为 JANUS 配置,安装示意如图 3.79 所示。

图 3.78　多普勒测速仪

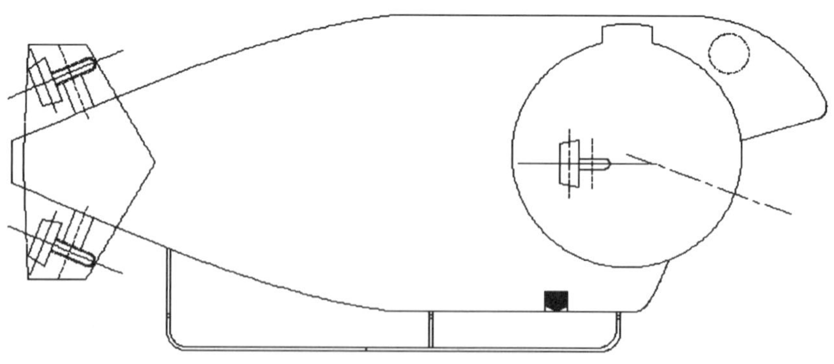

图 3.79　多普勒测速仪安装

8) 运动传感器

运动传感器用于测量载人潜水器的姿态、速度等运动参数,为高分辨率测深侧扫声呐、多普勒测速仪等声学设备的数据校正以及载人潜水器的控制提供运动数据。

运动传感器(见图 3.80)安装在载人潜水器内部。

图 3.80 运动传感器

3.7.2 声学系统设计缺陷

1) VHF 通信故障

VHF 通信是潜水器在水面漂浮时和母船进行远距离通信的重要手段，有效距离可达 5 km。2009 年 8—10 月，在进行 50 米级、300 米级和 1 000 米级海试期间，我们发现 VHF 甚高频无线电通信距离短、效果差，在采取了改进母船 VHF 天线架设方法、提高 VHF 天线信号对外壳的绝缘性能、暂时调整 VHF 天线全金属密封结构形式等措施之后，VHF 通信效果有所改善，但仍然无法满足长距离通信和语音清晰的要求。经过向专家请教，我们找到了故障的原因，主要有：

(1) VHF 天线线路阻抗不匹配，应该全程采用 50 Ω 高频阻抗的同轴电缆，而潜水器上较长一段是普通的并行导线。

(2) VHF 天线线路转接环节太多，如图 3.81 所示，VHF 天线线路经过了 2 组端子排，4 只水密插座以及 2 根水密电缆，线路中信号衰减严重。

(3) VHF 天线线路太长，总长超过了 15 m。

(4) VHF 天线采用了全铝合金密封外壳和充油补偿的结构形式，无线电信号被天线外壳和补偿油吸收。

综上所述，由于在设计时没有考虑到 VHF 通信对电气线路的特殊要求，导致通信信号基本被天线信号的传输线路吸收，从天线上发射出的信号功率就相当小了。

1 000 m 海试结束后，我们采取了多种措施对 VHF 天线线路进行了改造，主要措施有：

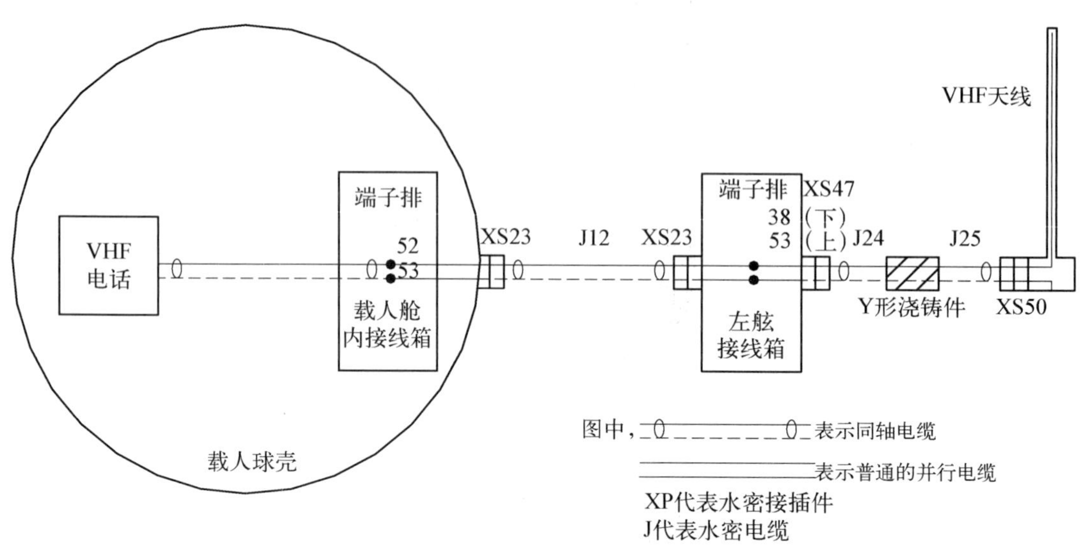

图 3.81　原 VHF 天线电气线路路径

(1) 用含高频阻抗为 50 Ω 的通信专用同轴电缆的水密电缆对现有的水密电缆进行替换。

(2) 重新设计 VHF 天线通信线路，VHF 天线信号直接通过一根一分二的水密电缆进入载人球壳，将线路转接造成的损耗减少到最低。

(3) 通过向专业厂家咨询，研制出既能耐压，又能减少信号衰减，确保 VHF 通信效果的天线。

改进之后的 VHF 甚高频无线电天线电气线路如图 3.82 所示。

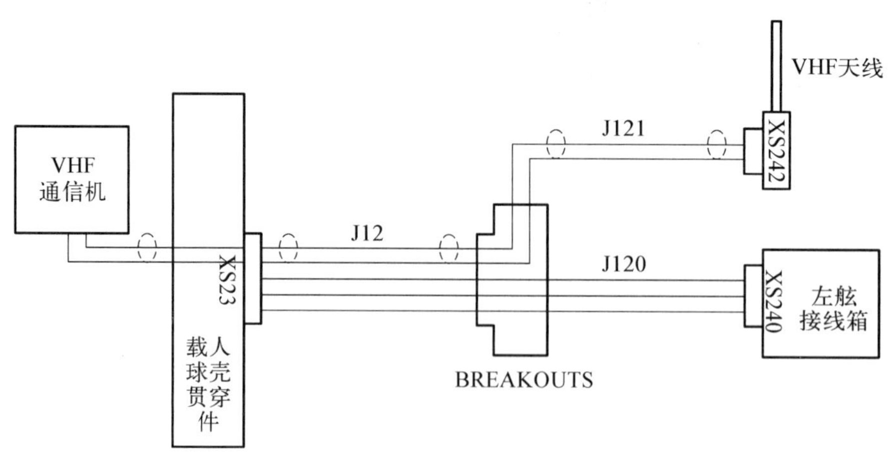

图 3.82　改进后的 VHF 甚高频无线电天线电气线路

由图 3.82 可见，J12 水密电缆内含有一对通信专用同轴电缆，作为 VHF 天线信号，在出载人舱后 J12 电缆一分二，VHF 天线信号直接经 XS242 水密插座进入 VHF 天线，其余芯线仍然经 XS240 水密插座进入左舷接线箱。在水密电缆中的芯线定制为 50 Ω 的铜轴电缆，这样无线电信号在线路上的衰减就非常小。

此外，J12 水密电缆长度为 1.5 m，J121 水密电缆长度为 6.0 m，因此，VHF 天线信号在载人舱外的传输距离不超过 8 m，远少于原来的 12 m，这对于减小 VHF 通信信号在线路上的衰减也有积极的作用。

在“蛟龙”号进行 3 000 米级海试时，经过 17 个潜次的测试，验证了 VHF 通话在海面的有效通信距离超过了 5 km，语音清晰，从而达到了 VHF 通信的技术指标，满足使用要求。

2) 50 m 海区水声通信无法建立

2009 年在 50 m 深度海区试验期间，始终无法建立有效的水声通信，潜器只有在距离母船几十米的距离时才能够实现与母船的通信。

根据 50 m 海区的试验数据对母船的噪声进行分析，如图 3.83 所示，噪声谱级在 90～100 dB 以上，完全淹没了水声通信信号，距离越远噪声越低。原设计中通过吊放电缆来避开母船噪声，但在 50 m 深度海区无法实施。指挥部专门安排了一次试验，到 300 m 和 1 000 m 深度海区进行了试验，把吊放电缆放到不同的长度，测量噪声的变化，结果见图 3.84 和图 3.85 所示。测试结果表明：

(1) 母船噪声是噪声的主导成分，开双主机低速航行时，噪声比主机关闭辅机工作时高约 40 dB。关闭右舷主机，则噪声下降 6～7 dB。

(2) 噪声谱密度与电缆布放长度(近似等于吊阵与母船的距离)的关系基本上符合球扩散规律，但也受到了尾流等因素的影响，衰减的速度比球扩散要慢一些。

(3) 在 300 m 水深海域测量得到的噪声比在 1 000 m 水深海域高 4～5 dB。

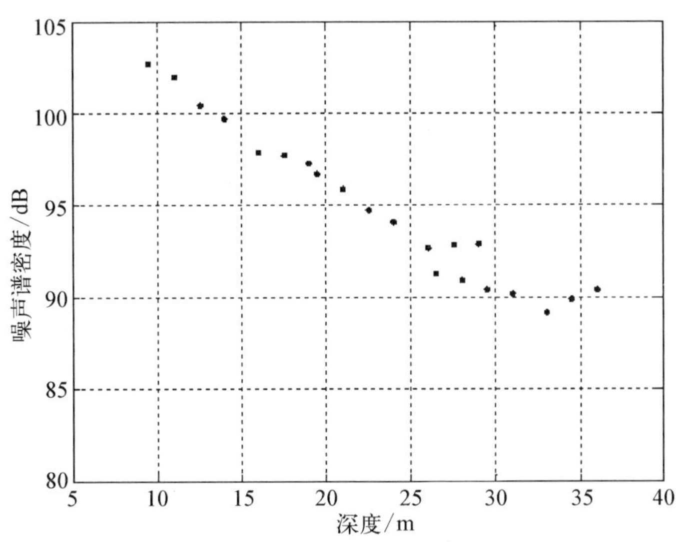

图 3.83　50 m 海区测量的母船噪声

由于母船的噪声过高，使得噪声淹没了信号，信噪比严重不足，导致数字通信无法实现。原设计中通过吊放电缆来避开母船噪声，但在 50 m 深度海区无法实施。

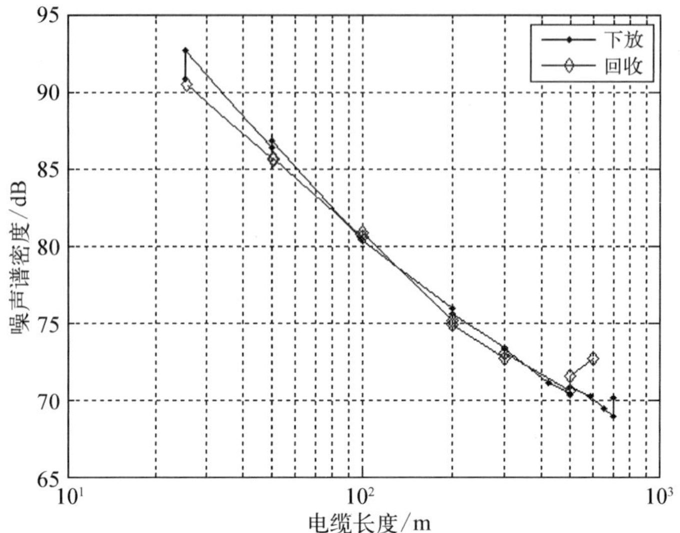

图 3.84　1 000 m 水深海域电缆布放长度和噪声谱密度的关系

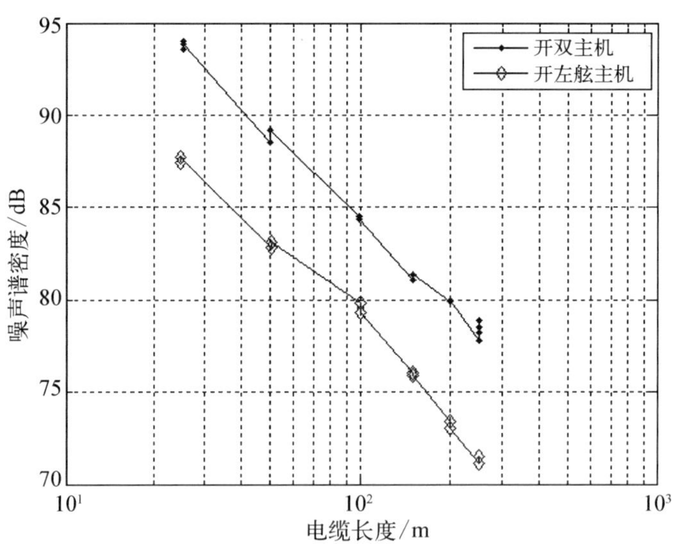

图 3.85　300 m 水深海域电缆长度和噪声谱密度的关系

由于抑制母船噪声需要的技术改进不能够在短时间内完成，所以在水声通信机的基础上临时改造出一套模拟制式的水声电话来满足 300 米级和 1 000 米级海试的需要。

在 1 000 米级海试后进行了比较彻底的技术改进，重点是有针对性地研制了具有低的背向灵敏度的有指向性换能器来抑制母船噪声，在 2010 年 3 000 米级海试中进行了测量，噪声降低了约 20 dB，显著改善了通信质量，提高了通信距离。在 3 000 米级、5 000 米级和 7 000 米级海试中水声通信的质量良好、实际最大通信距离超过 8 000 m。

3）潜器水声通信机 1＃换能器噪声高故障

2012 年 6 月 8 日上午在航渡过程中开舱通电检查，发现水声通信机 1 号换能器的噪声比其他通道高10倍左右，与1#主机和2#主机故障相同。为此，我们采取了如下的检查方法：

(1) 把1#换能器电缆从换能器断开，噪声无改善。

(2) 把1#换能器电缆从声学副接线箱上断开，噪声无改善。

(3) 把到1#主机的电缆从副接线箱上断开，噪声降低到与其他通道相同的程度。

(4) 从副接线箱上用万用表20 MΩ挡测量阻抗，发现1#换能器的阻抗无异常；到2号通信机主机的电缆的1#换能器HNQ+对外壳的电阻偏低。

(5) 断开副接线箱到2#通信机主机的电缆插头，1#通信机主机测量的1#换能器噪声下降到与其他通道相似的水平。2#通信机主机测量的1#换能器噪声仍然偏高。

根据对以上现象的分析，我们判断是2#通信机罐或者其到副接线箱的电缆存在问题。为此，我们又采取了如下的排查方法：

(1) 从2#通信机罐上拔掉换能器电缆，1#和2#通信机主机测量的1#换能器噪声都下降到与其他通道相似的水平。

(2) 用一条新的电缆一端连接到2#通信机罐上，另一端悬空，2#通信机主机测量的1#换能器噪声仍然偏高。

由此我们判断是2#通信机罐存在问题。随后采取了如下的措施：

(1) 把通信机罐外的浮力块拆掉，把2#通信机罐拆开，取出机芯。

(2) 检查机芯，发现收发转换板上固定隔离变压器的一个不锈钢平垫压在HNQ1+信号线与地线上，绝缘层磨破了，导致HNQ1+对地电阻下降。

出现这一故障的原因是收发转换板设计人员考虑不周，过于依赖电路板绝缘层，未预见到电路板绝缘层被破坏的可能性及其后果，布线没有避开螺钉，所用的平垫也没有选用绝缘材料。审核人员也未能发现此设计缺陷。

在水池试验过程中，绝缘层没有破坏，设备工作正常。在运输过程中，由于振动，绝缘层被磨破，导致HNQ1+对地电阻下降，噪声从框架串入接收通路，使得噪声增大。

由于两套主机上的收发转换板是相同的设计，因此1#主机也存在故障隐患，因此把两套主机都拆下来，对收发转换板进行了处理。

处理措施为用绝缘垫片代替不锈钢平垫。处理后收发转换板4路换能器输入对地电阻正常。把机芯装回POD罐，干燥剂全部更换。通电检查，1#和2#通信机主机测量的1#换能器噪声都下降到与其他通道相似的水平。故障排除，两套水声通信机主机的功能恢复正常。

3.7.3 声学系统设备故障

1) 运动传感器故障

2011年7月25日，在“蛟龙”号第41潜次潜水器上浮过程中航行控制系统获取的运动传感器数据出现中断，现场用运动传感器的Repeater监控软件观察发现运动传感器自身工作是正常的，问题应该是出在数据输出方面，用超级终端记录了一段运动传感器的输出数据。

对所记录的数据进行分析，发现大量数据有规律性地缺失 1 到多个字节，并且“校验和”的错误也非常有规律性，这说明不是由于随机性的误码造成的。另外还有一部分数据多字节，多的字节是数据中某个字节被重复多次造成的，这种重复现象只能是运动传感器自身的问题。

对航行控制系统记录的数据进行分析，发现出现问题的时刻是运动传感器记录的旋转次数由 0 变为－1 的时候(见图 3.86)，这也就是为什么每次出现故障都是在过零点出现。在下潜过程中旋转次数是增加的，而上浮过程中旋转方向相反，旋转次数是减少的，上浮旋转快，所以每次都在上浮过程中出现故障。

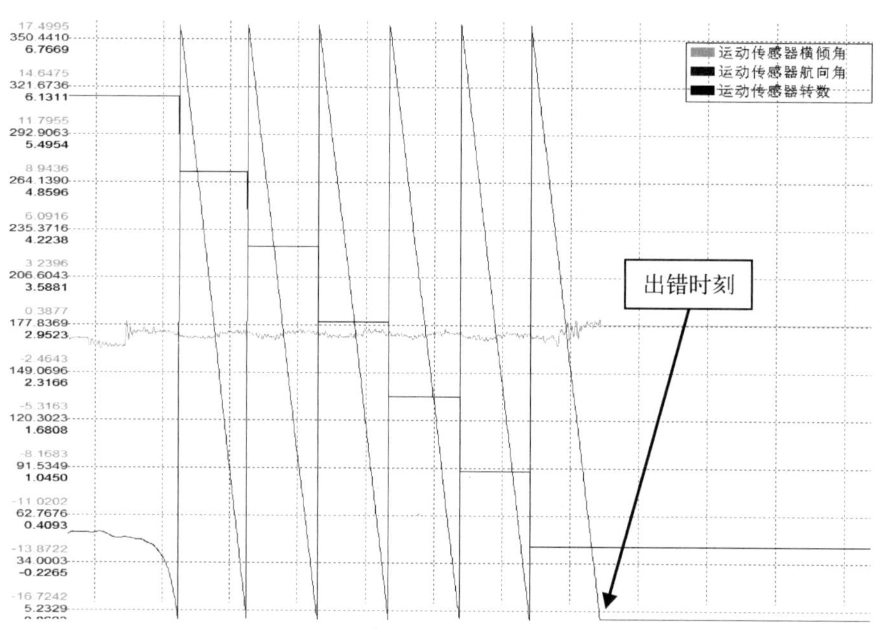

图 3.86　运动传感器转圈曲线(见书末彩图)

根据上述分析，认为该故障是由于运动传感器自身软件的缺陷造成的，由于所用的输出数据格式是为大洋协会定制的 CGS04 格式，厂家测试的充分性不够，没有发现这个比较隐蔽的缺陷。需要与厂家进行沟通，请厂家提出解决方案。由于保修期已过去多年，需付费修理，所需经费需配套安排。

尽管我们不具备对运动传感器自身软件缺陷进行处理的能力，但该故障只出现在上浮阶段，不影响下潜和海底作业，因此，海试过程中可以继续使用。

返回后与厂家进行沟通，由厂家对软件进行改进后由我方下载到运动传感器中，经测试故障排除。

2）水面时钟失效

2010 年 6 月 4 日在早晨系统开机准备时发现同步时钟无法启动，舱内湿度大，机柜显示屏上有明显的结露现象。多次上电均不能正常启动，保持通电30分钟左右能够正常启动。

水面指挥室空调保持除湿状态，第二天检查启动效果，一次启动成功。

环境湿度过大是故障发生的外因，同步时钟自身未做防潮处理是内因。

无法对进口的同步时钟做防潮处理，只能降低水面指挥室的环境湿度，空调保持除湿状态24小时运行，舱门保持关闭状态，并在有试验任务时要提前30分钟启动同步时钟通电热机。

采取上述措施后没有再出现同步时钟无法启动的问题。

2011年7月25日，在“蛟龙”号第41潜次的起吊潜水器阶段，发现水面机柜同步时钟停止工作，多次断电重启也无法恢复工作。

在甲板检查阶段，水面机柜同步时钟开机工作正常，完成了和潜器舱内同步时钟的对钟操作，在起吊潜水器阶段自行停止工作，但过程中没有出现大的外力，因此，可能的原因是该同步时钟设备老化导致失效。该同步时钟采购于2004年，至今已有7年，受震动、湿气、盐分等影响，加速了其老化过程。更换同步时钟备件，系统工作正常。

3）成像声呐计算机故障

2010年6月20日和6月27日潜器由甲板吊放入水前成像声呐显控计算机处于开机正常工作状态，在入水后计算机黑屏。6月20日黑屏后未予以处理，在上浮到1 100 m深度时断开电源重新启动，恢复正常，一直工作到潜器回到水面后关机。6月27日潜器没有下潜，在回收到甲板后通电检查，恢复正常工作。

6月28日第28潜次试验中，断开成像声呐与成像声呐显控计算机的串行口连接，成像声呐显控计算机与外部只保留电源连接。潜器入水后成像声呐显控计算机黑屏，说明故障与串行口无关。

与入水时电源线和地线上的电平变化有关，但具体原因未能够确定。

修改操作规程，在潜器入水前成像声呐显控计算机处于关闭状态，待潜器入水后电源线和地线上的电平稳定后再打开成像声呐显控计算机。在此后的各潜次试验中成像声呐显控计算机均工作正常。

4）避碰声呐故障

在2010年6月29日（第30潜次）、6月30日（第31潜次）和7月6日（第32潜次）的试验中，避碰声呐由于软件更改时出现错误，导致数据无效，在纠正软件错误后在后续试验中工作正常。

5）舱内右舷视频显示器故障

在2009年8月17日第7次下潜试验期间，发现右舷视频监视器不能正常工作，并且发出异味，试航员当时切断了该视频显示器的电源。试验结束后，我们将该显示器拆下检查，打开显示器后发现电源部分有烧焦的痕迹，经过仔细检查后发现另外一股电缆也有烧焦痕迹，仔细观察和分析得出的结论是：烧焦的电缆是由于挤压显示器上的电源输入端，被电源输入端电路板上的焊接针刺穿导致短路，引起部分烧焦，而挤压是由于用力按显示器按钮所致，是显示器自身缺陷导致故障。我们更换了新的显示器，并对舱内每一个显示器的电源和线路进行了处理，确保该种情况不会发生。

6）舱内麦克风故障

潜水器第9次下潜时舱内左舷麦克风录音质量较差，右舷麦克风录音质量正常。检查发现左舷麦克风故障，该麦克风使用已超过2年，故障原因可能与设备老化有关。更换新麦克风后恢复正常。

7）多普勒测速仪故障

在2009年8月31日第13潜次试验过程中，声学多普勒测速仪一直锁定在2～10 m的高度，速度为0，与实际状态不符。

根据声学多普勒测速仪的现象分析，不属于设备故障，可能是当潜水器在水面时，没有真正的海底回波，设备锁定在潜水器本体的反射信号上了，当锁定以后，声学多普勒测速仪就会持续跟踪该信号，导致在潜水器下潜后高度不更新，速度始终为0。

图3.87　DVL插座

解决的措施是修改操作规程，在潜水器下潜过程中观察声学多普勒测速仪的数据，如果底数据无效则是正常的，如果底数据锁定在10 m以内的某个高度不更新，则关闭声学多普勒测速仪再重新启动。

2011年7月29日在“蛟龙”号第43潜次甲板准备时发现声学多普勒测速仪(DVL)的通信出现异常，显控发送BREAK信号无响应。

拆下DVL，发现水密插座中有水和一些发蓝的东西(见图3.87)。

更换备件DVL，通信仍然异常，显控程序能够接收到数据，但发送BREAK信号、命令无响应。因为时间关系，来不及进一步检查和处理，DVL在第43潜次中没有正常工作。

对拆下的DVL的水密插座中的水的电阻进行测量，阻值为300 Ω，确认为海水。对插座进行清理，然后通电检查，发现DVL仍无响应，可能是DVL输出接口损坏。

检查DVL电缆，发现绝缘电阻偏低，予以更换。

把DVL备件拆卸下来进行检查，确认其功能正常。重新设置其工作参数后安装回潜器，通电检查发现显控程序能够接收到数据，但发送BREAK信号、命令仍无响应。

更换串行口接口板，功能恢复正常。分析认为，可能是由于水密插座进水短路造成了串行口接口板与 DVL 的接口电路损坏。进水的原因无法正确确认，深海的高压、低温环境造成非金属材质的插座与插头的配合不够紧密是可能的原因之一。

更换 DVL 备件和相应的水密电缆，设备功能恢复正常。在第 44 潜次中 DVL 工作状态良好。

3.7.4　声学系统通信网络故障

1）水面通信网络故障

2011 年 7 月 25 日，在“蛟龙”号第 41 潜次中出现水面机柜与通信机 2＃吊舱的通信中断的问题，在中断 20～40 s 后能够重新建立网络连接，继续工作，过一段时间又再次出现通信中断的问题，11:55～13:08 期间重复出现多次。当时怀疑是由于发射电流过大导致系统复位，降低了发射功率，但问题仍然出现。在 13:08 之后此问题不再出现，恢复大功率发射也没有出现通信中断。

7 月 28 日对 2＃通信机吊舱连接吊缆通电测试，满功率发射，累计测试了 2 小时，没有出现异常。结合第 41 潜次试验的情况，排除由于发射电流过大导致系统复位的问题。

在 7 月 26 日的测试中发现通信机吊舱所用的 192. 168. 2. 239 网络 IP 地址有人占用，导致吊舱与机柜的通信中断，将水面机柜和吊舱的网络 IP 更改为 192. 168. 4. x 网段，在第 42 和第 43 潜次试验中未再出现网络中断现象。

在 7 月 31 日对 IP 占用的影响进行进一步测试，发现占用该 IP 的计算机一旦有网络活动就会导致吊舱与机柜的通信中断，断开该计算机 20～40 s 后吊舱与机柜的通信恢复，与第 41 潜次中的故障现象完全一致。

根据排查结果，确认第 41 潜次中水面机柜与通信吊舱网络通信中断的原因是由于 IP 冲突造成的。

水面机柜、吊舱的网络与全船的网络是联通的，统一使用 192. 168. 2. x 网段，个人使用的 IP 是可以随意设置的，一旦设置成 192. 168. 2. 239 就造成冲突。

把水面机柜和吊舱的网络 IP 更改为 192. 168. 4. x 网段，与船上计算机、监控设备等分开，杜绝冲突的可能性。

更改 IP 后通电检查，水面机柜和吊舱的通信正常，水面机柜通过网络能够正常接收超短基线数据，能够与航行控制显控计算机交换数据，各项功能均正常。

经过第 42、第 43、第 44 潜次的使用，证明更改后的系统工作正常，没有再出现因 IP 冲突造成网络中断的现象。

2）潜器端网络通信速度低且不稳定问题

在 2009 年和 2010 年的海试中发现由于潜器上舱外主机到舱内显控计算机经过多个水密接插件，对网络通信速度造成不良影响，使得通信不稳定且速度低，影响了水声通信系统和高分辨率测深侧扫声呐的正常工作。

在 2009 年海试结束后进行了诊断，判断问题主要是由于经过的水面接插件多、电缆不是标准网络线等原因使得网络信号被衰减、阻抗不匹配产生反射等。

2009 年海试后开展了解决方案的调研，但没有来得及在 2010 年海试前完成。在 2010 年海试后通过对调研，确定了采用 EDSL 设备的方案，经过现场验证后选择厂家定制了适合于潜器使用的 EDSL 设备，加装到水声通信主机、高分辨率测深侧扫声呐主机和舱内。在无锡 702 水池进行网络速度测试，测深侧扫声呐双向通信速度大于 200 kB/s，满足要求，通信机主机到显控的通信速度大于 200 kB/s，但显控到主机的通信速度只有 90 kB/s。检查发现通信机主机中的网络设置对通信速度有明显的影响，当网络设置由 10 M 以太网更改为 100 M 以太网后，双向通信速度大于 200 kB/s，满足要求。

3）1＃通信机网络通信故障

在 2009 年 9 月 18 日第 17 潜次和 9 月 20 日第 18 潜次试验过程中，通信机 1＃主机网络通信出现故障。

在第 17 潜次中，潜水器起吊前水声通信机 1＃主机已与主控计算机建立网络连接，水声电话功能开始工作。在下水后，突然出现网络通信异常，与声呐主控器计算机的网络速度变得非常缓慢，导致主控计算机与 1＃主机的通信中断。在试验结束，潜水器返回甲板后，对通信机 1＃主机进行检查，与主控计算机的网络连接正常，水声电话和高速通信功能均正常，未能重现和定位故障。

在第 18 潜次中，在甲板检查时水声通信机 1＃主机与主控计算机的网络连接正常，水声电话和高速通信功能均正常。在下水后再次开机时，与声呐主控器计算机的网络速度变得非常缓慢，水声电话无法正常工作。

从两次试验的故障现象看，出现故障与潜水器下水有关，怀疑线路上存在问题。在第 18 潜次结束后，声学所和 702 所负责同志一起对相关电缆和接插件进行了检查，发现通信机 1＃主机水密插座中的网络 TX＋信号线对壳体的阻抗为 3 M，而其他信号线对壳体的阻抗为无穷大。拆卸下通信机 1＃主机端盖进行检查的过程中，TX＋信号线对壳体的阻抗自行变成无穷大了。

通过分析，判断故障的原因可能是水密插座中有微量水分，导致 TX＋信号线对壳体的阻抗下降。在潜水器下水前时由于主机壳体与框架是绝缘的，其影响没有体现出来。当潜水器下水后，主机壳体与海水导通，并通过海水与框架导通，TX＋信号线受到影响，通信出现异常。在拆卸以后，插座中的水分挥发，阻抗上升。

采取的措施是用无水酒精清洗水密插座，消除残留的水分和盐分。系统恢复安装以后进行了功能检查，在甲板上的网络通信功能正常，在第 19 和第 20 潜次中通信机功能正常，故障消除。

4）2＃通信机发射机故障

在 2009 年 9 月 20 日第 18 潜次试验过程中，在试验的最后阶段潜水器向母船的水声电话效果变差。

在试验结束，潜水器返回甲板后，对通信机 2＃主机进行检查，发现发射幅度低于正常值，判断是发射机出现故障。

拆卸下通信机 2＃主机进行检查，确认发射机的一个功率管损坏。

采取的措施是更换发射机上的全部功率管，发射机功能恢复正常。安装到通信机2＃主机中，经过拷机后安装到潜水器上。在第 19 和第 20 潜次中通信机功能正常，故障消除。

5）1＃通信机 2＃接收通道故障

2011 年 7 月 20 日“蛟龙号”第 40 潜次中左试航员发现用 1＃通信机主机接 2＃换能器发射正常但水面无应答，改用 1＃换能器时则发射接收均正常，使用 2＃通信机主机 2＃换能器时也正常。

首先检查 1＃通信机数据记录，发现 1＃通信机接 2＃换能器时发射信号正常但接收信号微弱，确认试航员报告的故障是存在的。1＃通信机接 2＃换能器时发射信号正常并且 2＃通信机主机接 2＃换能器时收发工作都正常，说明 2＃换能器正常、2＃换能器到1＃通信机主机的线路正常。

在甲板上用备用机芯和备用有指向性换能器发射波形，备用有指向性换能器垫一个聚氨酯片后分别贴在 1＃和 2＃换能器上，对比接收波形幅度，结果表明 1＃通信机接 2＃换能器时比接 1＃换能器时接收信号幅度弱几十倍。进一步确认 1＃通信机至 2＃的接收通道存在故障。

拆开 1＃通信机罐检查，发现收发转换板通道 2 隔离变压器输出线开路。

收发转换板通道 2 隔离变压器输出线在胶粘固定时未固定到位，在船上长时间振动导致断线。

检查收发转换板备件上所有隔离变压器输入输出线的固定情况，确认都已固定。更换收发转换板，1＃通信机工作恢复正常。

6）6971 水声通信故障

在 2011 年 7 月 26 日第 41 次下潜过程中，蛟龙潜水器布放到水面后，使用 6971 应急通信装置通话时，语音稍有不畅，主要现象是：母船端发射，潜器端接收，通话效果很好；潜器端发射，母船端接收时，通话不通畅。

当时的浪高约 2.5 m，潜器使用下部换能器，母船换能器入水深度 20 m。潜器的位置在母船的左后方 300 m 左右。把母船通信装置的静音开关处于关，还有一点断续的语音，静音开关处于开，通话情况非常差，无法触发内部的切换开关，说明接收到的信号幅度非常小。试验结束后对录音进行了仔细的分析，发现 3 kHz 以下的干扰噪声幅度比有效信号高出约 30 dB。

综合上述情况可以初步得出以下结论：

（1）母船噪声对有效信号的干扰较大。

（2）由于涌浪高，潜器艏艉起伏比较大，可能对信号有一定的断续遮挡，影响通话质量。水面水声信道较为复杂，母船接收时，可能受随机的多次反射折射的影响，使接收出现断续不清的现象。潜器下潜入水后或涌浪减小的情况下，可以改善通话质量。

(3) 根据换能器的全向开角情况及实际的通信效果，及时调整母船换能器的入水深度，将起到积极的作用。

根据海况以及母船与潜器的相对位置，适当调整母船上换能器的深度。在后续的第42、第43潜次试验过程中，通信正常。

3.7.5 人员操作不当引起的故障

1) 吊舱插头故障

在潜水器第6次下潜过程中，母船水声通信机吊舱出现同步时钟信号异常。回收后检查，在甲板未能重现故障。根据信号通路逐级检查，发现ADIO板上一个芯片的一个引脚疑似虚焊。更换新的电路板后，复机工作正常，摇晃吊舱、吊缆未出现故障。

但在第8次下潜时再次出现该问题。经检查发现，由于吊缆较粗，弯曲半径大，在连接到吊舱上时插头侧向受力，并且在入水后被海流冲刷，力量直接作用到插头与电缆的连接点，导致插头内部出现异常，在晃动时产生了大量的毛刺干扰，导致同步时钟信号异常。

处理办法是将异常的电缆头连同50多米电缆切断，再将电缆与一只备用电缆插头组件进行连接和硫化处理。该电缆插头组件的电缆较软，对插头的侧向作用力较小，插头受损的可能性大大降低。同时对新电缆头进行合理的固定处理，保证其少受震动和水流影响。经过复机检查，功能恢复正常，在后续的试验中未再出现此类故障，问题得以排除。

2) 潜器串行口接口板故障

在潜水器第7次下潜前进行水面检查的时候，发现潜器内串行口接口板工作异常，导致潜器水声通信机无法正常接收同步信号。本次下潜取消水声通信试验。经检查发现，由于在拔插该电路板时的机械碰撞，导致芯片引脚被碰伤。更换备板后，潜器水声通信机工作正常。

为了避免再次发生类似问题，要求操作人员在操作时更加谨慎，恢复安装后加强检查。

3) 键盘故障

在做潜水器第9次下潜前的声学设备通电检查时，发现潜器内部声呐主控器的键盘失灵，随即更换了一只新的键盘。经检查发现该键盘由于长期使用，并且舱内没有较好的搁放位置，导致连接线被碰伤。以后需要对舱内的鼠标键盘性能状态进行更频繁的检查，发现问题及时更换。

4) 显控软件非正常退出

潜水器第9次下潜时出现了显控程序的非正常退出，潜器出水后经检查发现故障原因是显控程序收到有误码的避碰声呐数据后，对该类型误码的处理方式不当，导致非正常退出。经过修改显控程序，对避碰数据误码处理功能进行了完善。经过2个小时的陆上拷机试验后，问题未再出现。在后续的试验中，未再出现此故障。

对同为串行接口的DVL、GPS等接口软件的误码处理功能进行了检查和完善，避免出现类似问题。

5）避碰声呐外壳颜色改变

2008年在水池试验过程中，安装在前下位置的避碰声呐的外壳颜色发生改变，随着下潜次数的增加，颜色不断加深，而其他6个避碰声呐外壳颜色并没有改变。

检查发现外壳带24 V电压，在水下成为阳极，导致氧化腐蚀。进一步检查发现一颗安装螺钉的垫片压在印制电路板的24 V电源线上，压破了绝缘层，导致24 V电源与外壳短接。

在设计时预留的间距不足，所用垫片的孔径较大，在安装时向电源线一侧偏移，使垫片压到了电源线，经过一定时间后垫片压破了绝缘层，导致故障。把金属垫片更换为非金属垫片后该问题得以解决。

6）母船通信机同步信号异常故障

2009年8月16日第6潜次试验中通信机水面机柜接收到部分信号，解码正确无误码，但突发同步信号错误，关电重启3次，故障依旧。每次基本上都能够接收到1～5帧数据，基本上都是无误码。

2009年8月18日第8潜次试验中通信吊放系统的同步信号再次出现相同故障。

2009年8月16日设备收回甲板检查，故障未重现，未能够找到故障点。18日收回甲板检查，发现在晃动吊放电缆根部时会造成同步信号异常。进一步检查发现吊缆到吊舱的水密插头内部有接触不良的现象。

通过对以上现象的深入分析，发现水面机柜通过吊放电缆给吊舱提供300 V电源、同步信号和EDSL通信信号，三者是叠加在一起通过同一条同轴线传输的。

进口的吊放电缆在插头设计上有缺陷，电缆很硬，但在插头上未做弯折的保护。在使用中，电缆根部被反复弯折受力，导致内部的焊点断开出现接触不良，当晃动电缆时产生很多毛刺，同步检测电路误判为同步信号，导致通信机的同步时序错乱。16日可能焊点断开的程度还没有那么严重，当收回甲板后，插头不再受力，即使晃动也没有出现接触不良现象，在18日问题才暴露出来。

将入过水的电缆切断，并将新的电缆头硫化到电缆上，并对新电缆头进行合理的固定处理，保证其少受震动影响。经过多次复机，并且在人为施加作用力影响时均工作正常，问题得以排除。

7）水声通信机吊放电缆泄漏故障

2012年6月15日第46潜次试验中，水声通信机在前2.5小时工作正常，到12:10左右，水面机柜与吊舱的网络通信中断，300 V电源的电流跳动。

回收水声通信吊放系统后检查发现吊缆两根芯线之间短路。拆开吊缆端接，发现有少量进水，仔细观察，判断水不是从水密面漏进来的，而是从电缆进来的。检查电缆，发现在贴近电缆端接上保护支撑环的位置上有一道压痕，压痕中间有一个小孔（见图3.88），水是从这里进来的。

(a)

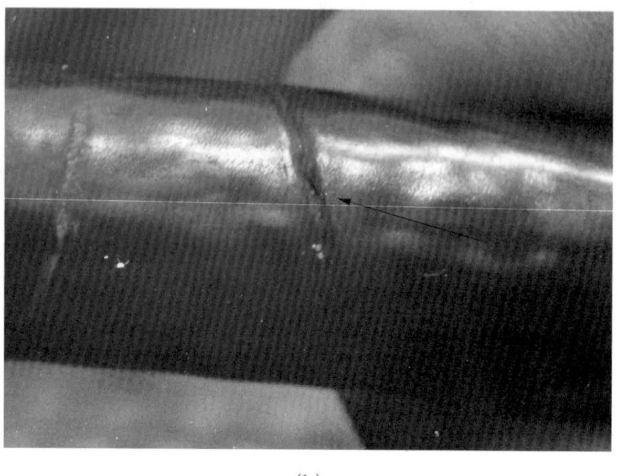
(b)

图 3.88　电缆受损部位

切开电缆表皮，有水冒出来(见图 3.89)。以 20～30 m 为间隔切开电缆，到将近 70～80 m 位置才看不到水的痕迹，多切掉了 20 m，总共切除了约 100 m 电缆。

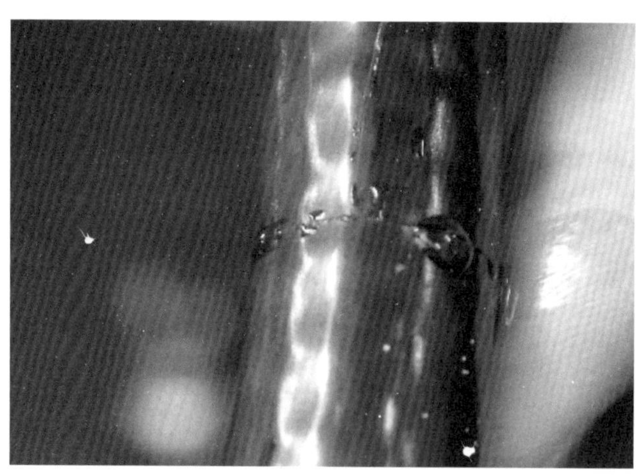

图 3.89　电缆切开后冒出的水

由于约 70 m 电缆的凯芙拉层进水，但有空隙的芯线内并没有水，吊缆端接的空腔内的进水量也较少，因此可以确定水既不是从吊缆端接的水密面渗漏的，也不是从电缆与金属端接的硫化密封部位渗漏的，而应该是从电缆上的破损点缓慢渗漏进入的，当端接内积聚一定数量的海水后，导致吊缆芯线之间短路，造成网络通信中断，300 V 电源电流波动。

从压痕的位置分析[见图 3.88(a)]，不可能是端接的保护环挤压造成的。具体原因当时无法确定。

15 日下午马上开始吊缆端接的修复工作，完成了部分修复工序。由于后面的工序需要使用 A 型架，必须等待潜器回收完毕后才能够进行。晚上下雨，到 21 点多雨停后开始进行后续的修复工作，到 16 日凌晨 1:30 完成了新电缆端接组装和灌胶，加载 150 kg 重物的拉力进行固化。

16 日下午 15:00 脱模，由硫化胶固化而成的电缆头外观检查无气泡等缺陷。完成保护框架、凯芙拉网套等的安装后的吊缆端接（见图 3.90）。分别和两个吊舱进行通电检查，均工作正常，说明两个吊舱没有受到 15 日试验中 300 V 电源短路后的损坏。

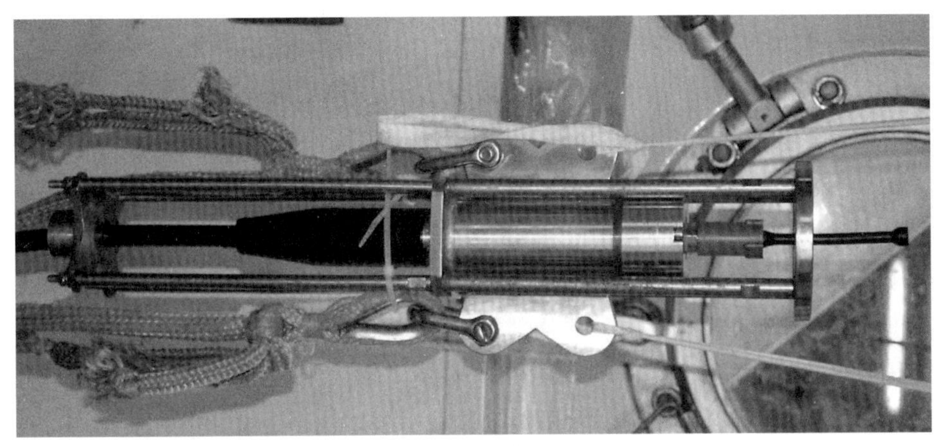

图 3.90　修复后的吊缆端接

17 日上午用绝缘表 500 V 挡测量吊缆芯线之间、芯线与端接壳体之间的绝缘电阻，均为无穷大。对吊放系统进行功能测试，吊缆放缆长度 300 m，在约 45 min 的试验时间内各项功能测试均正常。吊放系统回收到甲板后对吊缆芯线之间、芯线与端接壳体之间的绝缘电阻进行了复测，均为无穷大。

测试结果表明故障已排除，设备恢复正常。

8）通信机吊缆承重网套凯芙拉绳磨损问题

在 2009 年 1 000 米级海试中，现在经过几次使用后通信机吊缆承重网套上的凯芙拉绳出现磨损，磨损部位颜色发白，如同被烙铁烫过一样。

在吊放系统放入水中后船舶航行拖曳，水流导致吊放系统发生持续的振动，使得凯芙拉绳之间发生小幅度的相对运动，由于凯芙拉绳之间绷得很紧，相对运动导致摩擦，而凯芙拉纤维抗拉不耐磨，所以出现磨损。

在发生摩擦的部位用耐磨性良好的聚四氟乙烯薄膜进行包裹处理。经过几年的试验证明效果良好。

9）水声通信机启动速度慢问题

1 000 m 海试期间所用的水声通信机启动速度慢，需要约 90 s 才能够进入工作状态。

我们经过分析发现，1 000 m 海试期间所用的水声通信机的 Linux 系统的加载项较多，导致开机过程较长。另外需要人工登录 Linux 系统启动程序，操作烦琐费时。

1 000 m 海试后对水声通信机的 Linux 系统进行优化，删减不必要的加载工作，Linux 系统启动时间减少到 10 s 左右。编写了远程加载服务程序，在显控界面上一个按键就可以完成整个系统的程序加载工作，简化了操作，节约了时间。

经过改进后，大幅度降低了通信机的启动时间，同时其工作性能不受影响。

10）舱内电子设备故障率高的问题

2009 年 1 000 m 海试期间潜器舱内设备多次出现计算机无法启动、液晶屏背光灯损坏、电路板接触不良等故障。

我们经过分析后认为，由于舱内的湿度较高，而且开舱和关闭状态下的温度和湿度变化大，造成设备上凝露，在舱壁上的露水滴落到设备上，造成设备的故障率提高。

为此，我们对舱内的电路板进行防潮处理。在 1 000 m 海试后对电子设备的三防处理手段进行了调研，走访了厂家，对比了处理效果。“DJB－823 固体薄膜保护剂”的优点在于可浸泡处理，具有很强的润滑性能和金属防腐蚀性能，耐湿热、霉菌和盐雾，并且不影响接插件的导电性能。“PLASTICOTE 70”三防漆具有更好的耐湿热、霉菌和盐雾性能，但是会影响导电材料的导电性能和散热性能，在喷涂时需要对接插件进行保护，工艺比较烦琐。通过对比认为，“PLASTICOTE 70”三防漆比较适用于接插件较少的电路板，而像计算机主板这样的复杂板卡则采用“DJB－823 固体薄膜保护剂”浸泡处理。

经过处理后舱内设备出现异常的情况明显减少，处理措施是有效的。

11）1＃通信机罐泄漏报警

2011 年 7 月 29 日“蛟龙号”第 43 潜次潜水器上浮过程到水面后，在挂上龙头缆时出现 1＃通信机罐泄漏报警。

7 月 31 日第 44 潜次潜水器上浮过程到水面后，在挂上龙头缆时出现 1＃通信机罐泄漏预警。

7 月 30 日拆开 1＃通信机罐检查，未发现有水。加倍安装干燥剂后恢复安装。在 7 月 31 日的第 44 潜次中故障再次出现。

对航行控制系统的数据记录进行分析，图 3.91～图 3.95 是第 40～44 潜次中 1＃通信机罐泄漏检测结果，图中青色曲线的是泄漏检测值，降低说明绝缘电阻下降，红色曲线是潜器的艏向角，黑色曲线是潜器的深度。可以看到在 5 个潜次中 1＃通信机罐泄漏检测值均有不同程度的下降，均发生在潜器上浮到 2 000 m 以浅后。在第 40 潜次中当潜器上浮到 1 000 多米深度时泄漏检测值略有下降，到 500 m 以浅时开始回升，出水时恢复到正常值。在第 41 潜次中当潜器上浮到 2 000 多米深度时泄漏检测值开始下降，但未达到泄漏预警，到 100 m 以浅时开始回升，在水面漂浮挂龙头缆前恢复到正常值，挂龙头缆时的振动没有造成泄漏检测值的变化。在第 42 潜次中当潜器上浮到 100 多米深度时泄漏检测值开始下降，出水后持续下降，但未达到泄漏预警，在水面有一段突然的变化，可能是挂龙头缆时的振动造成的。在第 43 潜次中当潜器上浮到 500 多米深度时泄漏检测值开始下降，出水后持续下降，挂龙头缆时出现两个低的毛刺，造成 2 次泄漏报警和 2 次泄漏预警。第 44 潜次的情况类似第 42 潜次，当潜器上浮到 200 多米深度时泄漏检测值开始下降，出水后持续下降，在水面有一段挂龙头缆时的振动造成的突然变化，出现泄漏预警。

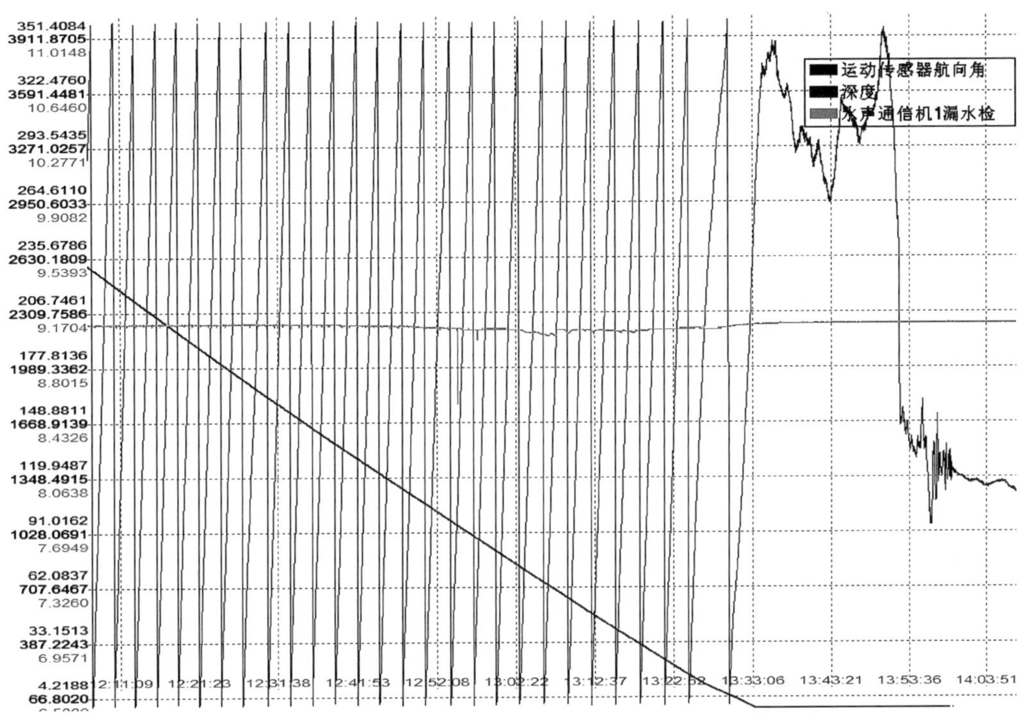

图 3.91　第 40 潜次 1＃通信机罐泄漏检测结果(见书末彩图)

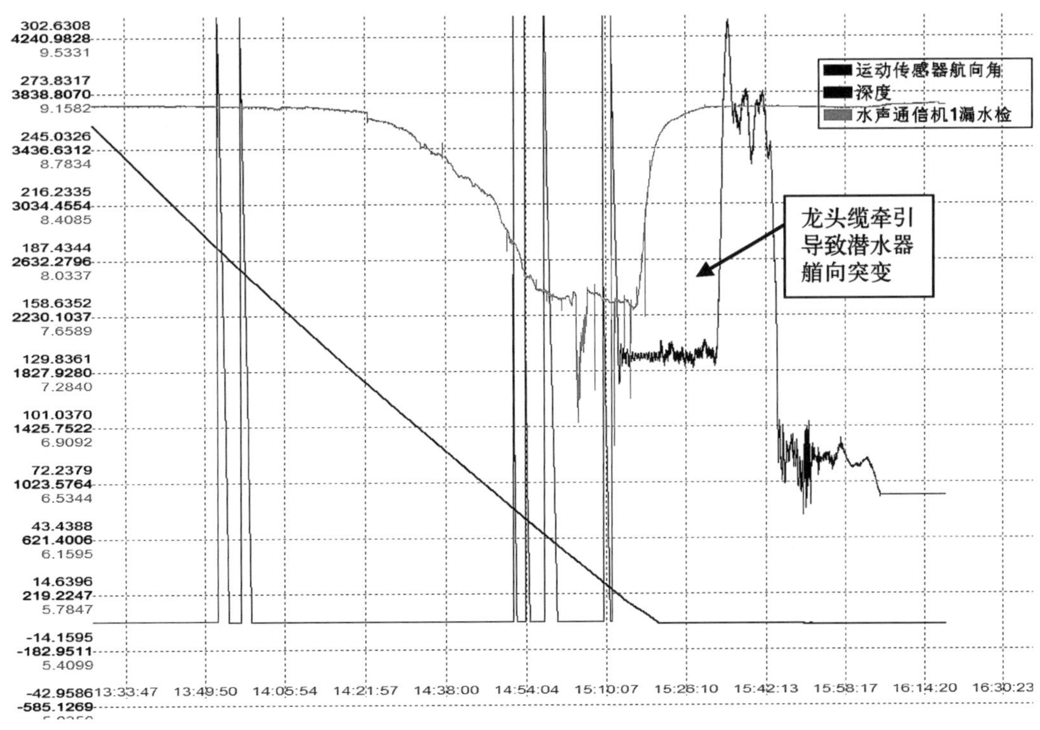

图 3.92　第 41 潜次 1＃通信机罐泄漏检测结果(见书末彩图)

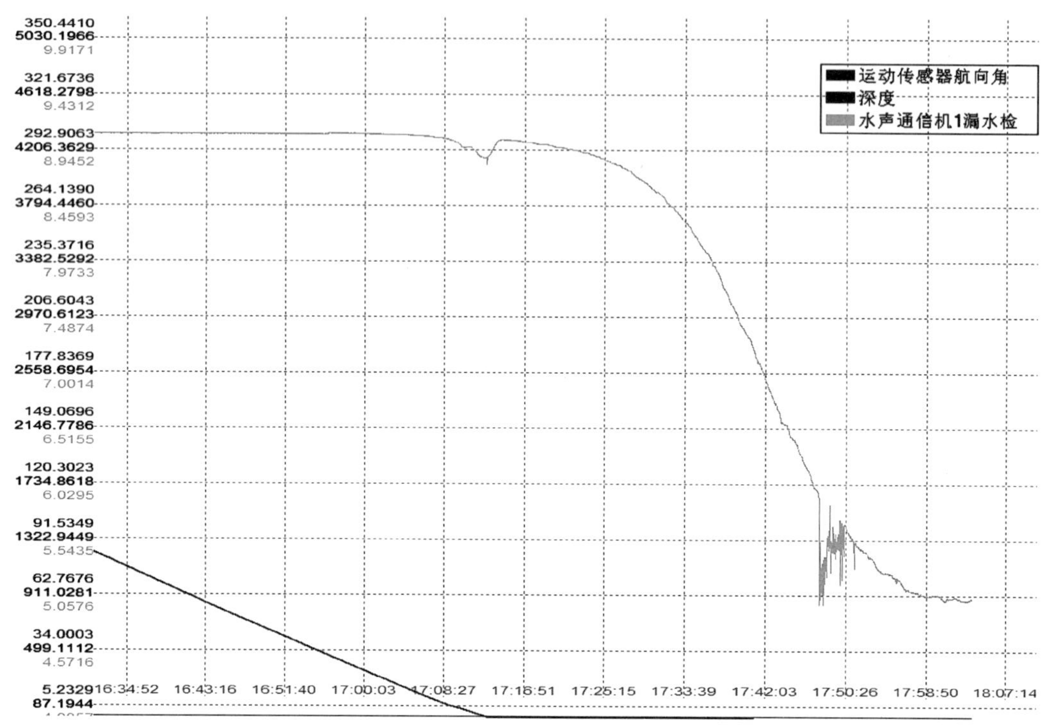

图 3.93　第 42 潜次 1＃通信机罐泄漏检测结果(见书末彩图)

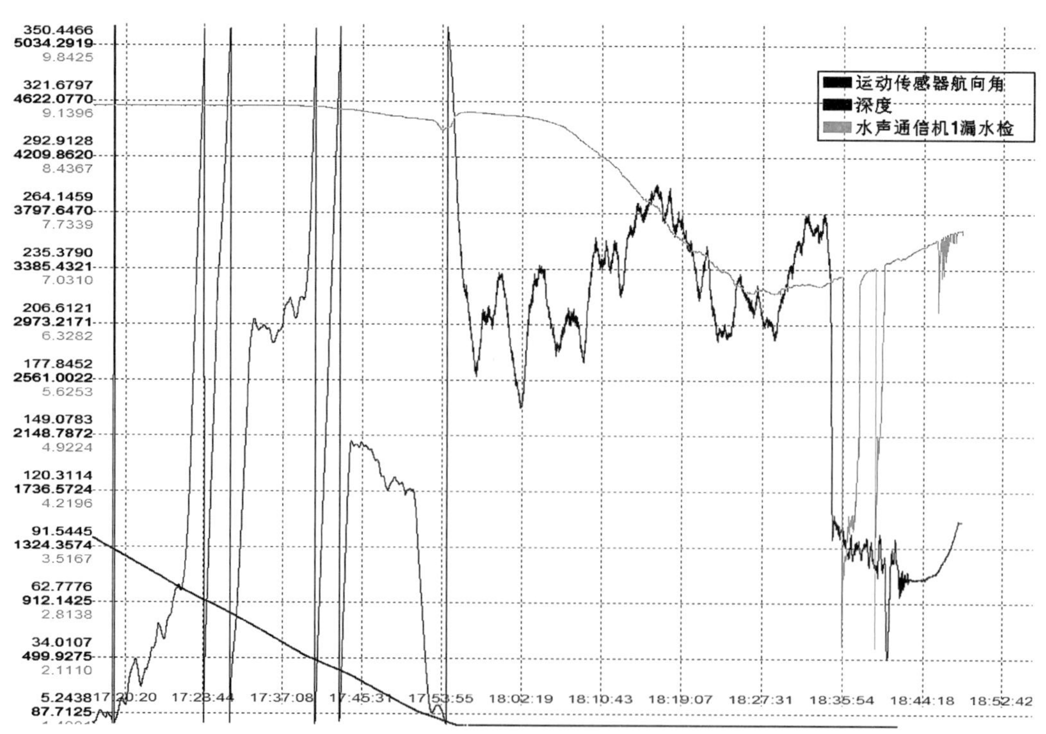

图 3.94　第 43 潜次 1＃通信机罐泄漏检测结果(见书末彩图)

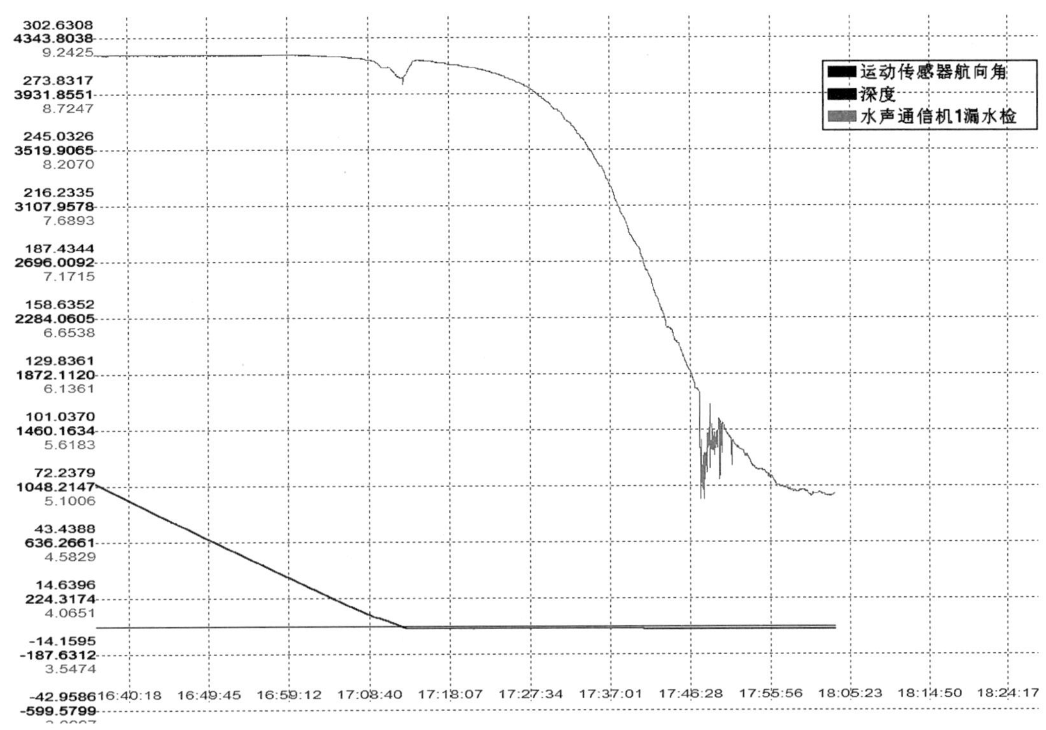

图 3.95 第 44 潜次 1♯通信机罐泄漏检测结果(见书末彩图)

根据第 44 潜次的情况分析,冷凝水的可能性较大。当潜器下潜时,水温逐渐降低,水汽首先在水密罐壳体的内壁上凝结,罐内设备上不会出现冷凝水。当潜器上浮后,水温逐渐升高,壳体温度首先上升,凝结在内壁上的水汽被释放,湿度加大,但此时罐内那些没有被通电设备加温的部分的温度回升滞后于壳体,下潜时间越长,其温度越低,可能出现冷凝水,导致漏水检测电阻下降,在水面挂龙头缆时的振动使得冷凝水滴流动,造成短时间的泄漏预警和报警。在水面水温较高,罐内设备温度升高,冷凝水消失,恢复正常。

通电的电子设备自身发热,不会出现冷凝水,因此不会对设备的工作造成影响。

在第 43 潜次发现泄漏报警后对 1♯通信机罐加倍安装了干燥剂,但从 44 潜次数据看只是略有改善,可能是开罐时高湿度的空气进入罐内,在甲板上温度高,新安装的干燥剂起效慢,没有能够即时把湿度降下来,导致下潜后再次出现冷凝水。

此现象不影响通信机安全工作,可继续使用。在干燥剂逐步发挥作用后此问题应当会消失。

今后如果条件具备,则在开罐后恢复安装前,用低湿度的空气对罐内吹风,降低湿度后再封罐。

3.8 生命支持系统

3.8.1 概述

生命支持系统作为一套直接作用于人体的设备，其运行的优劣直接影响到潜航员的生命安全。因此，生命支持系统运行时如出现任何异常状况，潜航员均应对其加以重视，检查无误后方可继续执行下潜任务。

在“蛟龙号”历时四年的海试任务中，生命支持分系统未出现过任何影响下潜的故障。但是这之中出现过下列一些异常现象，现对其进行分析。

(1) 舱内氧浓度较低，长时间保持在 18.5%左右。

(2) 舱内压力较低，约在 92 kPa 左右，导致潜器出水时舱口盖开启较为困难。

(3) 舱内二氧化碳吸收剂粉尘较多，弥散至空气中后导致潜航员不适。

3.8.2 氧浓度

首先对第一个现象进行分析：在第 47 潜次的下潜过程中，载人舱内的氧浓度较长时间保持在 19%以下(见图 3.96)，直至接近潜航员出舱，氧浓度有所回升。

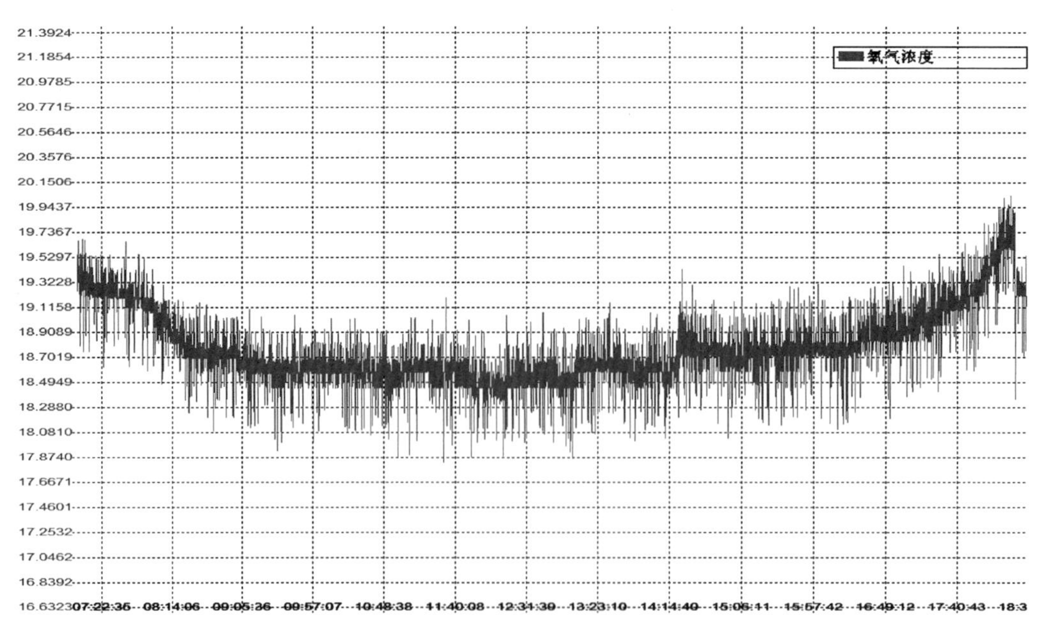

图 3.96 第 47 潜次载人舱内氧浓度曲线

生命支持分系统对于氧气浓度的指标为控制在 17%～23%之间。因此，此次氧浓度偏低不会出现报警等现象。但是，常态下，空气中的氧浓度一般在 20.9%左右，因此，载人舱内氧浓度低时有可能会造成个体潜航员的不适。

潜航员出舱后，经询问，此次氧浓度偏低是由于潜航员人为设置氧气的低流量排出。这是参考国外潜水器的做法：人为在载人舱内设置低压低氧的“类高原反应”，从而有效降低舱内火灾的可能性。这种做法有利有弊，益处在于可以防止火灾的产生，弊端是有可能潜航员会出现不适。

因此，在以后的下潜任务中，潜航员可以根据自身的低氧耐受能力，讨论决定氧气流量的设置问题。

但是，设计方认为此操作不可取，建议仍以保留舒适的正常范围为宜。

3.8.3　舱压

根据任务书的要求，载人舱内的环境压力应维持在 101.3±10 kPa 之间。

在载人潜水器 3 000 m 海试阶段，出现了由于海底温度较低，对舱压影响较大，导致潜水器回到母船由于舱压小于外界大气压导致舱口盖开启较为困难的情况。

根据这种情况，考虑到载人舱内的压力除出现气瓶泄漏的现象外不会大于外界气压的情况，系统在载人舱内配置了一个 2 L/20 MPa 的碳纤维缠绕气瓶。气瓶内填充高压空气，作为潜水器在水下及回到母船后调节舱内环境压力的手段。

同时，根据极限情况计算气瓶的填充压力。由于深海水温为 1℃左右，据此计算极限情况时载人舱内的舱压：

$$\frac{p_1}{t_1} = \frac{p_2}{t_2}$$

式中：p_1 和 p_2 分别为标准大气压和极限情况下的舱压；t_1 和 t_2 分别为环境气温和极限情况下舱内温度。

按 $p_1 = 101.3\ \text{kPa}, t_1 = 293\ \text{K}, t_2 = 274\ \text{K}$ 计算可得

$$p_2 = 94.73\ \text{kPa}$$

假设气瓶填充压力为 15 MPa，其内气体完全排放至载人舱内，可使舱内气压升高值为

$$p_3 = p_{\text{气瓶}} V_{\text{气瓶}} / V_{\text{舱}}$$

按载人舱体积 $V_{\text{舱}} = 4.3\ \text{m}^3$ 计算，可得

$$p_3 = 0.07(\text{大气压}) = 0.07 \times 101.3 = 7.91\ \text{kPa}$$

根据上述计算，使用 15 MPa/2 L 的气瓶可以弥补气温降低所导致的舱压降低。下面，以压力曲线进一步说明(见图 3.97)。

从图中可以看出，虽然舱压随之温度的降低有变化趋势，但是随着调压气瓶的压力介入，舱压能够达到规定的要求。

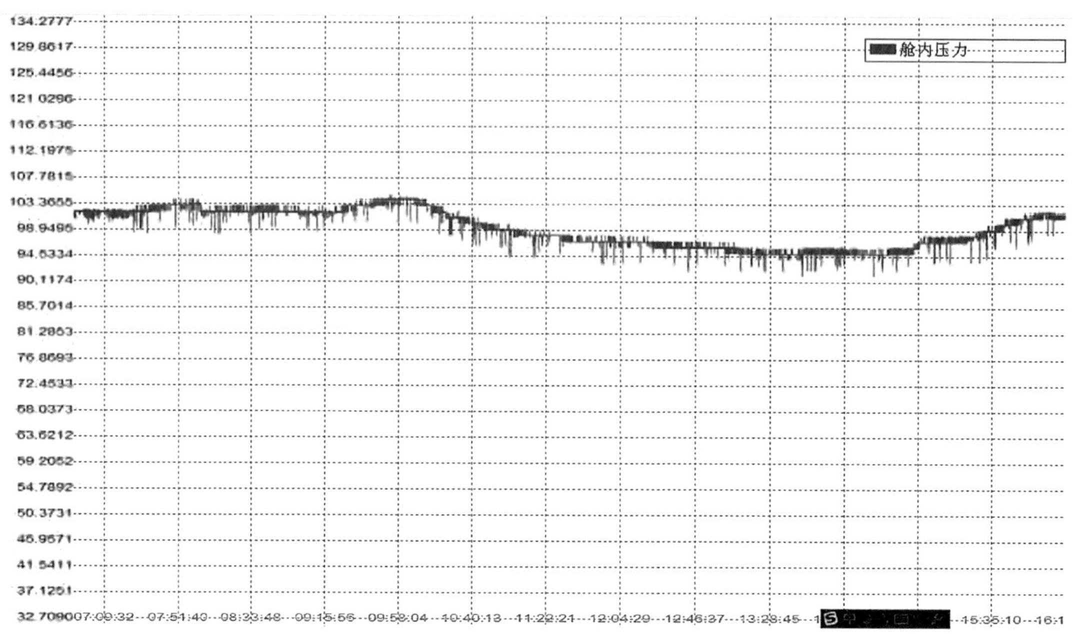

图 3.97 第 41 潜次载人舱内舱压曲线

3.8.4 二氧化碳吸收剂粉尘

由于生命支持系统使用氢氧化锂作为二氧化碳吸收剂，而这种物质作为强碱，其粉尘有强刺激性，对人体的呼吸道有损伤。在 1 000 m 海试的某潜次中，此粉尘使潜航员咳嗽不止。因此，在后续的潜次及海试任务中，设计人员在装填氢氧化锂时，预先用筛子先将吸收剂进行了筛选，过滤掉其中所含的粉尘后再装填至二氧化碳吸收装置中。采用这种方法后，再没有出现过类似的现象，说明了这种做法的有效性。

3.9 水面支持系统

1）A 形架故障

第 13 潜次，回收潜水器时出现 A 形架摆回被强制停止的故障，经紧急查找，原因是左舷的一根 A 架液压软管由于遭遇强风压迫 A 架摆回限位开关，并触发限位开关导致 A 架摆回停止，故障在十几分钟后被排除。

2）A 形架单侧副钩未到位

在甲板上使用 A 形架便携控制器进行第 4 潜次的布放操作时，当潜水器到达舷外准备下放时，出现右舷一只挂钩未挂上潜器，并及时告知，在两次挂、脱钩未果情况下，副总指挥经请示总指挥同意后，果断决定将潜水器收回。经检查：主缆正常，左钩到位，抱紧力、释放正常，总的显示正常，经请示后立即重新布放，之后的布放顺利。

此次故障的直接原因是导接时提升发力不够，潜器未完全提升到位，导致右钩挂不到位。

在甲板上使用便携控制器进行布放操作时，操作手因视野不佳，看不到挂钩的耦合情况。后来的布放改成先使用固定控制台，再转换使用便携控制器进行布放操作的方法，有效解决了该问题。

便携控制器的挂钩指示灯显示有误，对操作判断有一定影响，现已进行修理。

发生的误操再次证明一点，进行海上作业时注意力必须高度集中，一步一步有序进行，来不得半点大意。处置意外情况，应以安全为出发点，果断决策。对于新的操作对象，出现误操的概率相对较大一些，但对失误要积极总结，对有共性的要提炼成操作条令，使之今后无论谁操作，都不再出现同样情况。

3）拖曳缆绞车故障

第 14 潜次，在 4 级海况且在水面支持系统人员的海上作业经验极其有限情况下，得到船长等各方大力协同和支援，用人工牵引方式完成了潜水器回收。

试验期间对拖曳缆的龙头缆进一步优化，使拖曳绞车逐步发挥出了设计的功能，为回收潜器的止荡找到了稳定、可靠的方法，使安全回收潜水器的海情明显提高。第 18 潜次试验中，用此法创造了 1 人操作、50 秒内成功完成导接挂钩的记录。

4）拖曳缆缠绕故障

2009 年 8 月 20 日下午，7 000 m 载人潜水器进行了第 9 次试验，在试验即将结束进行回收时发生了潜水器拖曳缆与潜水器云台缠绕的意外，当时是舱内主操作员报告有云台上照相机被拉偏了，水面指挥立即命令关闭照相机电源，不做其他操作，返航后进行检查处理。橡皮艇上挂勾人员也果断进行了处理，解开了缠绕一侧的拖曳缆，确保潜水器拖回母船时不会对设备产生影响。

潜水器返回甲板后，通过目测可以看到拖曳缆在云台上缠绕了一圈，云台被拉后转动了 270°，最后被轻外壳卡死，云台上的摄像机和灯的水密电缆也被缠绕在云台上，经检查发现，灯的电缆被拉得比较紧，尾部有些弯曲，而照相机的电缆还是松弛的，在手动将云台转到正常位置后，我们对三根水密电缆进行了检查，电缆均完好，水下灯电缆尾部恢复正常，拔下插头检查，水密接插件没有水的痕迹，处于正常水密状态。外部检查完毕后，给云台通电，进行了云台的左转、右转、俯首和仰首动作测试，各动作均正常完成，确认云台功能正常。云台是充油设备，仔细检查其外部没有发现有泄漏的迹象，云台本体水密应处于正常状态。随后我们又对水下灯通电，灯光正常点亮，状态正常。对照相机进行通电检查，发现图像正常，照相机状态正常。对成像声呐通电检查，其状态正常。

在进行观察窗冲洗时发现，中间主观察窗表面有一个长约 5 cm 划痕，另有 6 处摩擦痕迹，摩擦痕迹对观察窗强度和水密性能没有影响，只是会影响观察效果，划痕对观察窗影响较为严重，但经观察其深度较浅，不会影响 1 000 m 海试，其对更深试验是否造成影响需要进行进一步评估。

4 蛟龙号载人潜水器载人舱技术状态评估方法

4.1 引言

本章的内容是在 7 000 米级海上试验之前而开展的一项评估工作，目的是为了确保 7 000 米级海试的成功。因为 7 000 m 海深是“蛟龙号”载人潜水器的最大设计工作深度，其综合性能只有通过 7 000 m 的海上试验才能证明设计指标是否达到，才能确认研制任务是否完成。但 7 000 米级海上试验是国际上同类型载人潜水器中最大深度的海试，也是中国跨越式发展的一项标志性事件。因此，这次海试并不是一次普通意义上的海洋装备的海上试验，它会受到国内外公众的广泛关注。如果试验成功，不仅能完成本项目的研制任务，还能振奋民族精神，全面提升中国载人深潜在国内的认知度。相反，如果试验遭遇挫折，也会在国际上造成重大影响，对我国的国家形象和我国未来深海事业的发展均会带来负面影响。因此，这次海试的安全性必须比过去三年更为重视。

对于载人潜水器海试的安全性，最为核心的是载人舱的安全性。在载人舱安全的前提下，其他设备的故障模式和处理方式基本上与以往三年是相同的。而载人舱随着深度的增加，其承受的压力也增加，因此，对其技术状态就应更为关注。本报告将从设计、制造、试验和维护角度对其当前的技术状态进行全面的评估，并与国际上同类型的载人潜水器的一些经验进行比较，以确认蛟龙号载人舱在 7 000 m 海区试验时是具有足够的安全系数的。这一方法对今后的载人舱安全使用也有同样的适用性，故也包含在本书中加以公开。

4.2 载人舱球壳的组成和基本参数

4.2.1 载人舱球壳的组成

如图 4.1 所示，载人舱球壳由球壳本体、舱口盖及其启闭机构、1 个 200 mm 观察窗、2 个120 mm 观察窗以及球壳底座组成。而球壳本体则由 13 块球瓣、出入舱口加强围壁、3 个观察窗窗座以及贯穿件盘组焊而成。

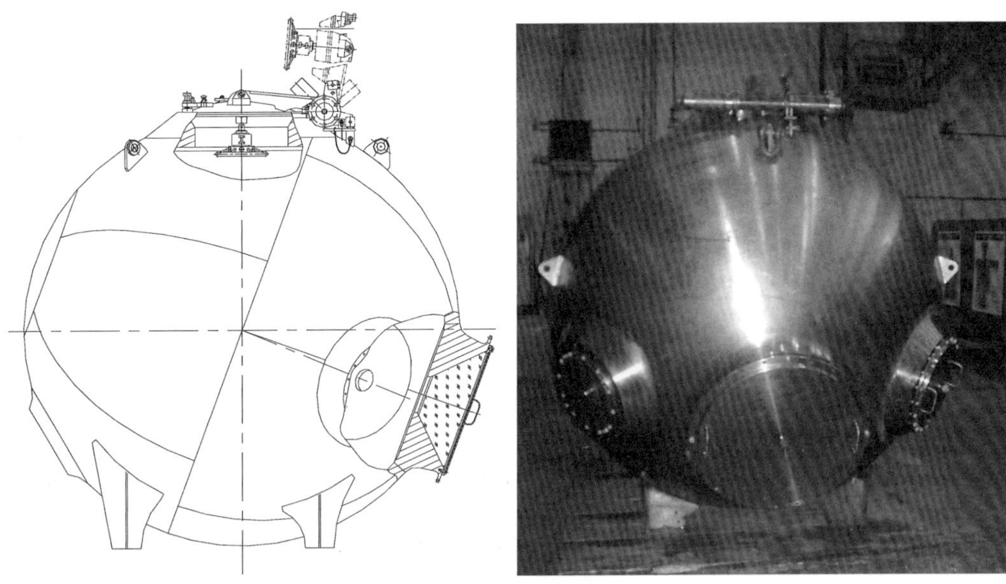

图 4.1 载人舱球壳总图

4.2.2 结构尺寸参数

设计参数如下：

- 内径：2.1 m；
- 真球度：1.004；
- 允许最大偏差：4 mm；
- 出入舱口透光直径：ϕ480 mm；
- 中观察窗透光直径：ϕ200 mm；
- 侧观察窗透光直径：ϕ120 mm(两只)；
- 壳板厚度：78^{0}_{-2} mm。

实测数据如表 4.1 所示。

表 4.1 载人舱球壳几何形状测量结果[1]

参数	名称	测量结果/mm
球半径/mm	实际值	1 049.1
	设计值	1 050.0
径向偏差/mm	实际值(后部半球)	$\ngtr$1.6
	实际值(前部半球)	$\ngtr$3.7
	设计值	$\ngtr$4
厚度/mm	最小值	77.0
	最大值	77.8
	设计值	76～78

4.2.3 钛合金母材性能参数

设计时，选用的材料为钛合金，牌号为 BT6（俄罗斯牌号，与 TC4ELI 类似），具体参数[2]如下：

- 屈服强度：$\sigma_{0.2} \geqslant 800$ MPa；
- 抗拉强度：$\sigma_b \geqslant 850$ MPa；
- 延伸率：$\sigma_5 = 8\%$；
- 断面收缩率：$\psi = 30\%$；
- 弹性模量：$E \geqslant 115$ GPa；
- 密度：$\rho = 4.45 \times 10^3$ kg/m^3。

钛合金材料供货单位提供的 BT6 板材和锻件力学性能的实测结果，如表 4.2 所示。

表 4.2 BT6 板材和锻件的力学性能[3]

板　　材	屈服强度 $\sigma_{0.2}$/MPa	拉伸强度 σ_b/MPa	延伸率 δ_5/%	断面收缩率 ψ/%
指　标	≥800	≥850	≥8	≥20
实测数据	886～949	937～996	10～17.2	29.4～40.3

俄方克雷洛夫研究院提供的钛合金 BT6 板材的拉伸测试数据[4]，如表 4.3 所示。

表 4.3 BT6 板材拉伸试验检测结果

试样编号	KP-1	KP-2	KP-3	KP-4	KP-5
E/GPa	121.4	120.7	122.8	120.5	121.7
$\sigma_{0.2}$/MPa	917	879	902	894	901
σ_b/MPa	974	951	976	958	967
延伸率/%	13.7	13.8	13.8	15.2	14.7
断面收缩率/%	30.1	28.0	31.2	26.3	33.3

4.2.4 钛合金的焊缝性能参数

由于“蛟龙”号载人潜水器的载人舱球壳是由球瓣组焊而成，因此钛合金材料的焊接工艺性能是否满足要求至关重要。中方与俄方多次交涉，要求对方提供钛合金材料 BT6 大厚板的窄间隙 TIG 焊焊接工艺评定，俄方称该焊接技术为俄方专利技术，不能提供任何相关工艺参数。因此，项目组无法获得焊缝区的原始数据以及窄间隙 TIG 焊焊接工艺评定的全部信息。

但在俄方提供的第二阶段工作报告中，提供了一点母材和焊缝金属材料的性能数据，如表 4.4 所示。

表 4.4 标准圆柱拉伸试样和棱柱断裂韧性试样的测试结果[5]

焊接节点	拉伸强度 σ_b/MPa	屈服强度 $\sigma_{0.2}$/MPa	延伸率 δ/%	截面收缩率 ψ/%	断裂韧性 a/(J/cm^2)
母　材	927～933	883～890	13.1～14.3	28.9～31.5	46～54
焊　材	791～796	738～739	11.5	20.7～26.6	46～70
热影响区	—	—	—	—	48～89

根据我们收集到的俄罗斯关于窄间隙焊接的等强度曲线的要求图(见图 4.2),我们认为俄方的窄间隙接头设计是合理的。

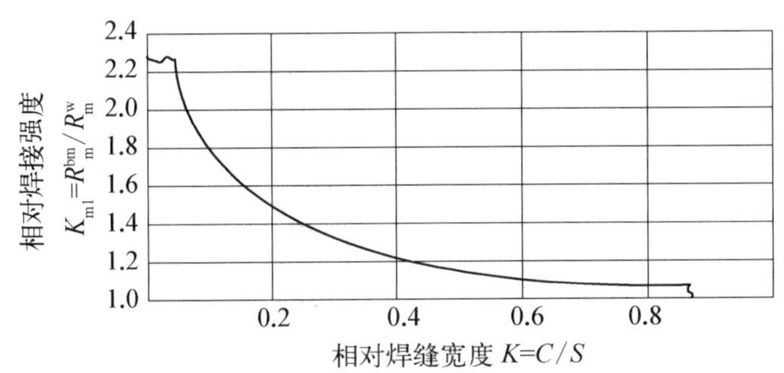

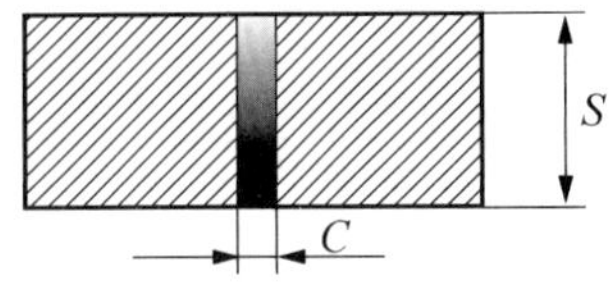

图 4.2 窄间隙接头设计的一般要求

图 4.2 中:$R_m^{b,m}$ 是母材的屈服强度;R_m^w 是焊缝金属的屈服强度;C 是焊缝宽度;S 是母板厚度。

根据表 4.4 的数据,相对焊接强度 $K_{m1}=886/738.5=1.2$,根据图 4.2,只要 C/S 小于 0.4 就落在等强度区,俄罗斯焊缝的宽度约 20 mm,母板厚度 114 mm,这一条件是满足的。

俄方对整个焊接接头进行了棱柱试样的拉伸试验,其中两个棱柱形试样的静载拉伸试验中,焊接接头的拉断强度分别为 925 MPa 和 931 MPa,与母材抗拉强度相当,断裂位置位于热影响区。俄方认为这个试验结果表明焊缝接头与母材是等强的。俄方又对另外两个同样的棱柱形试样先进行了 2 000 次的从 0～0.7$\sigma_{0.2}$的循环试验,未出现裂纹,然后进行静载拉伸试验,拉断强度分别为 951 MPa 和 953 MPa,可见焊接接头经过疲劳试验后依然保持与母材等强,甚至疲劳试验还有一些强化作用。由上述实验数据和结论,可知焊缝强度和母材等强。基于对窄间隙原理的判断,项目组认为这一结果是可信的,故接受了俄方等强度焊接的结论。

同时在中方提交给俄方的球壳设计图纸中,技术要求第 6 条规定:焊接后,焊缝及热影响区的机械性能与母材相当。俄方在提交的交付证明中,确认俄方的工艺和制造水平满足中方的图纸和技术文件的要求。

4.3 载人舱球壳极限承载能力计算结果

为更充分比较载人舱球壳的实际安全余量，我们根据 3 种不同的计算方法对实际球壳的极限承载能力进行了估算。

根据 4.2.2 节和 4.2.3 节中的实测数据，在以下计算中，球壳的形状参数取实测数据，即

- 内径：$R=1\,049.1$ mm；
- 壁厚：$t=77.0$ mm；
- 球壳的不圆度偏差：$\Delta=3.7$ mm。

材料的性能参数取母材试验的最低性能数据，见表 4.3 第二列，如下：

- 屈服强度：$\sigma_{0.2}\geqslant 879$ MPa；
- 抗拉强度：$\sigma_b\geqslant 951$ MPa；
- 弹性模量：$E=120.7$ GPa。

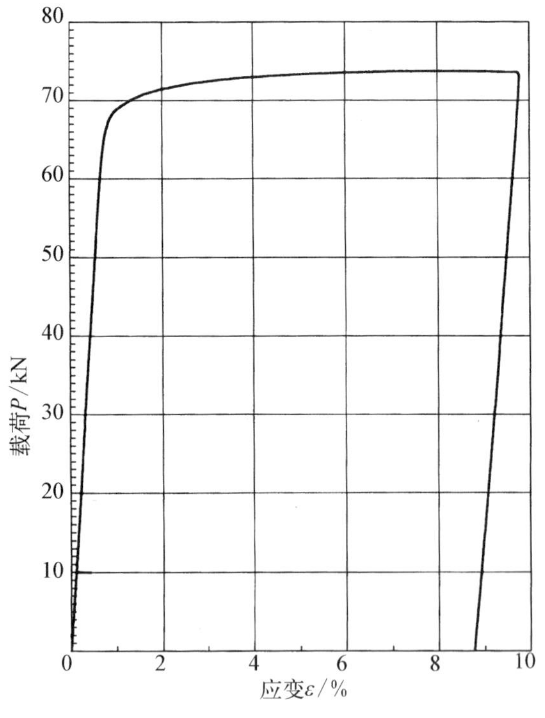

图 4.3 KP-2 的拉伸载荷-应变曲线

4.3.1 泰勒水池公式计算

根据美国海军的泰勒水池公式，计算的第一步是对钛合金材料拉伸试验的应力-应变曲线进行处理，本章选用力学性能最低的 KP-2 试样的应力应变曲线，报告 IN-40S-3 中给出的 KP-2 拉伸试验的载荷-应变曲线如图 4.3 所示，由该曲线和KP-2 试样圆形截面的直径为 9.94 mm(该值也取自报告 IN-40S-3)，可将载荷-应变曲线转换成应力-应变曲线。由应力-应变曲线可求出双模量曲线，如图 4.3 所示。

计算中制造系数 C_z 反映焊接残余应力的影响，“蛟龙”号载人舱球壳的焊缝均经过消除残余应力处理，故 C_z 取0.95。其他参数取实际测量值，计算后得到“蛟龙”号载人舱的承载能力为108.2 MPa，则安全系数为：$s_f=108.2/71=1.524\geqslant 1.5$。

4.3.2 俄罗斯规范

俄罗斯规范公式即克雷洛夫研究院 O. M. Paliy(蛟龙号载人舱俄方加工的负责人)的

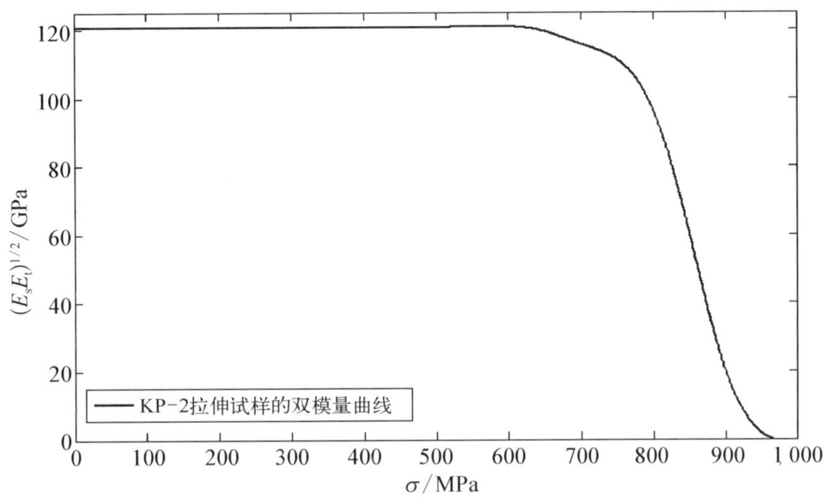

图 4.4　KP－2 的双模量曲线

公式，由于载人舱球壳主要受压，故计算中取受压安全系数 1.5，取力学性能最低的 KP－2 试样的屈服强度和弹性模量代入，其他参数取前表中的实际测量值，可得到“蛟龙”号载人舱的承载能力为 113.126 6 MPa，则安全系数为：s_f＝113.126 6/71＝1.593 3＞1.5。

设计要求中，材料性能标称值为 800/850，将该性能标称值和 KP－1～KP－5 的杨氏模量平均值为 121.42 GPa，代入俄罗斯规范公式，可得到“蛟龙”号载人舱的承载能力为 105.943 1 MPa，则安全系数为 s_f＝105.943 1/71＝1.492≈1.5。即用材料的名义值来计算时，安全系数接近 1.5，但当时我方与俄方共同确定的设计安全系数的要求是 1.45。如果用实际值来计算，即使用俄罗斯规范公式，安全系数也达到 1.593 3，超过一般规范要求的 1.5。

4.3.3　CCS 规范

项目组通过收集分析国内外共 8 家船级社的载人球设计规范，发现强度标准存在很大差异。基于大量非线性有限元分析流程的计算结果和模型球壳试验结果，建立一个钛合金球壳的极限承载强度的计算公式(Pan 等人，2010)，即无残余应力球壳的极限承载压力计算公式。该回归公式已经被中国船级社吸收进入了新版的入级规范(2013)。

根据新公式，将 KP－2 的性能代入，其他参数取实际测量值，可计算得到“蛟龙”号载人舱的承载能力为 126.409 5 MPa，则安全系数为 s_f＝1.780 4。

根据以上 3 种不同规范的计算结果可知，“蛟龙号”潜水器的载人舱球壳的实际安全系数均大于 1.5，满足国际上绝大多数载人舱球壳设计规范中安全系数的要求。

4.3.4　各国已建造的载人潜水器计算结果比较

将材料参数、制造偏差、安全系数等输入参数统一以后，对各国已建造的大深度载人潜水器的载人舱进行校核计算，计算结果如表 4.5 所示。

表 4.5　已建载人潜水器载人舱球壳安全裕度比较[6]

名　称	类　别						
	几　何　特　性				设计安全系数	极限下潜能力	
	内径/m	工作深度/m	设计深度/m	设计厚度/mm		计算破坏深度/m	计算安全裕度
日本深海 6500	2	6 500	10 050	73.5(实测 75)	1.55	10 308	1.58
法国鹦鹉螺	2.1	6 000	9 000	62	1.5	9 129	1.52
美国阿尔文	2	3 600(4 500)	5 400(5 720)	49	1.5	6 750	1.50
日本深海 2000	2.2	2 000	3 300	28.5(实测 30)	1.65	3 434	1.65
俄罗斯领事号	2.1	6 000	9 000	71	1.5	10 183	1.69

综上所述，从极限承载能力角度来说，“蛟龙号”载人舱球壳，按照不同的理论计算方法所获得的安全裕度均大于 1.5，与国外同类型载人潜水器的载人舱球壳安全裕度也相当。

4.4　载人舱球壳的有限元计算结果

根据“蛟龙号”载人潜水器载人舱球壳的详细设计图纸建立有限元计算几何模型，具体的有限元模型说明如表 4.6 所示，单元划分情况如图 4.5 和图 4.6 所示。

表 4.6　有限元计算说明

几何模型	$t=77$ mm，$R_i=1\ 049.1$ mm，开孔和加强见设计图纸
材料模型	杨氏模量 120.7 GPa，泊松比 0.3，屈服强度 879 MPa，拉伸极限强度 951 MPa
单　　元	整个球壳采用 Solid186(20 结点 6 面体单元)划分单元，在穿舱件部位将 Solid186 有重合结点的单元退化为 Solid187(10 结点 4 面体单元)。划分后得到 8 万至 10 万个单元
边界、载荷	对称面约束；限制刚体位移；外载压力 71 MPa，出入舱口和观察窗锥面上的压力可通过舱口盖和窗玻璃的压力平衡换算得到，也可将舱口盖和窗玻璃加入有限元模型并定义接触来计算(定义接触时：舱口盖和出入舱口围壁的摩擦系数取 0.4，即认为几乎不可滑动；窗玻璃和窗基座摩擦系数取 0.1，即认为润滑较好)

根据中国船级社《7 000 m 载人潜水器审图和检验原则》载人潜水器载人舱球壳的设计安全准则，载人舱球壳的应力水平应满足如下要求：在最大工作压力下，对包括开孔在内的球壳结构进行有限元应力分析，且符合下述应力标准。

- 远离开孔处壳体平均膜应力应不超过材料屈服强度的 2/3。
- 不计局部应力集中的平均膜应力和弯曲应力的组合应力应不超过材料屈服强度的 3/4。

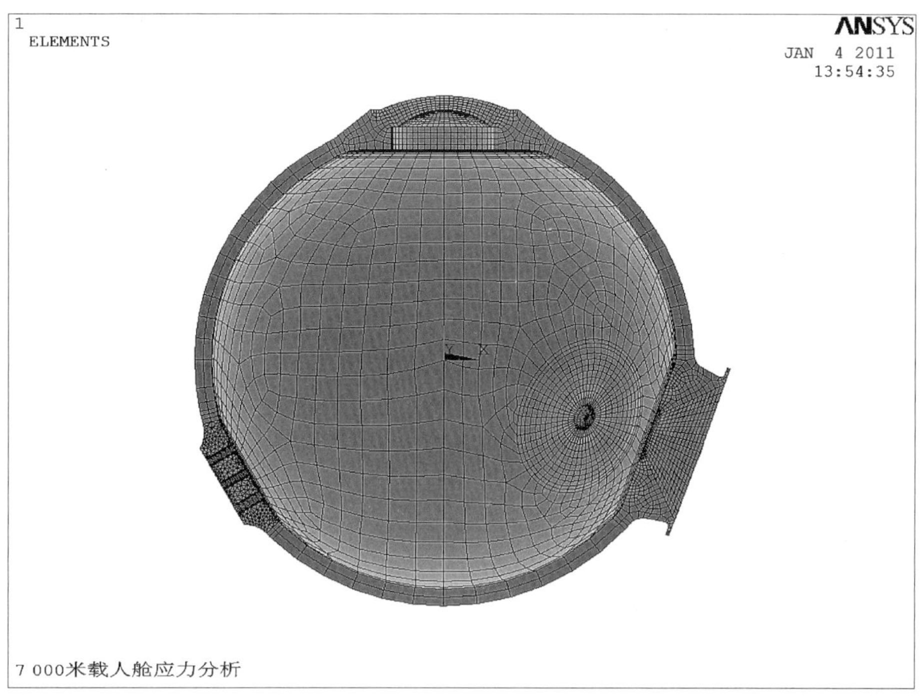

图 4.5　有接触模型的单元划分

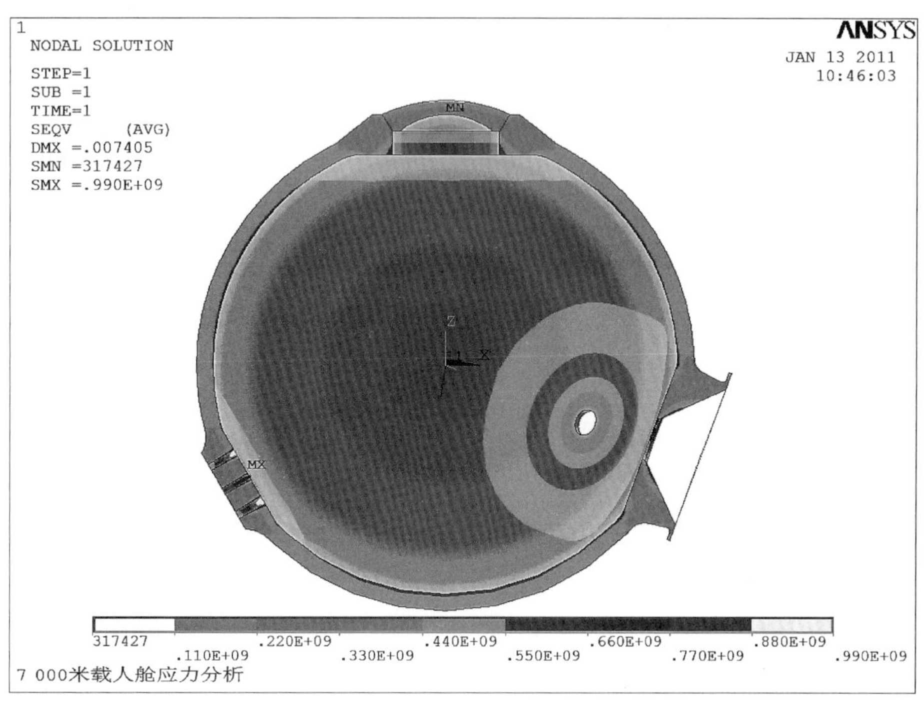

图 4.6　整球等效应力(von Mises Stress)

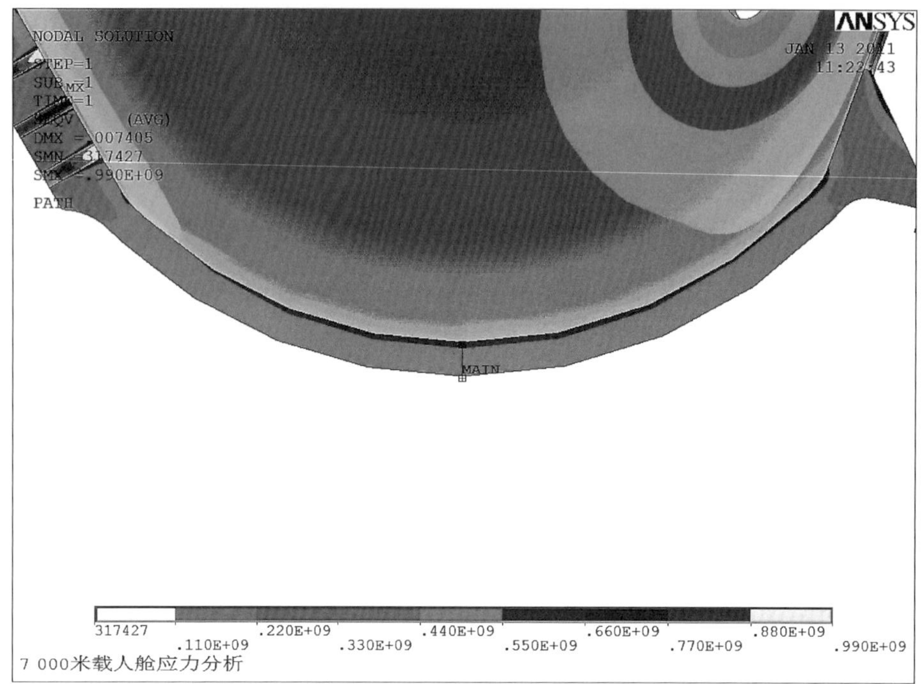

图 4.7　主球壳远离开孔区域的应力计算结果

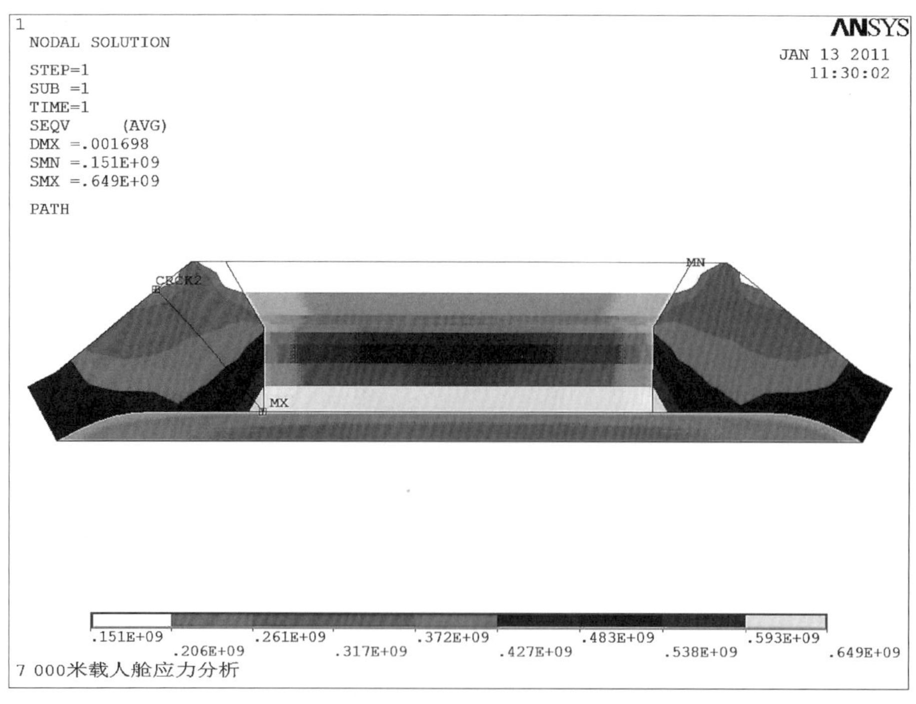

图 4.8　出入舱口加强围壁应力计算结果

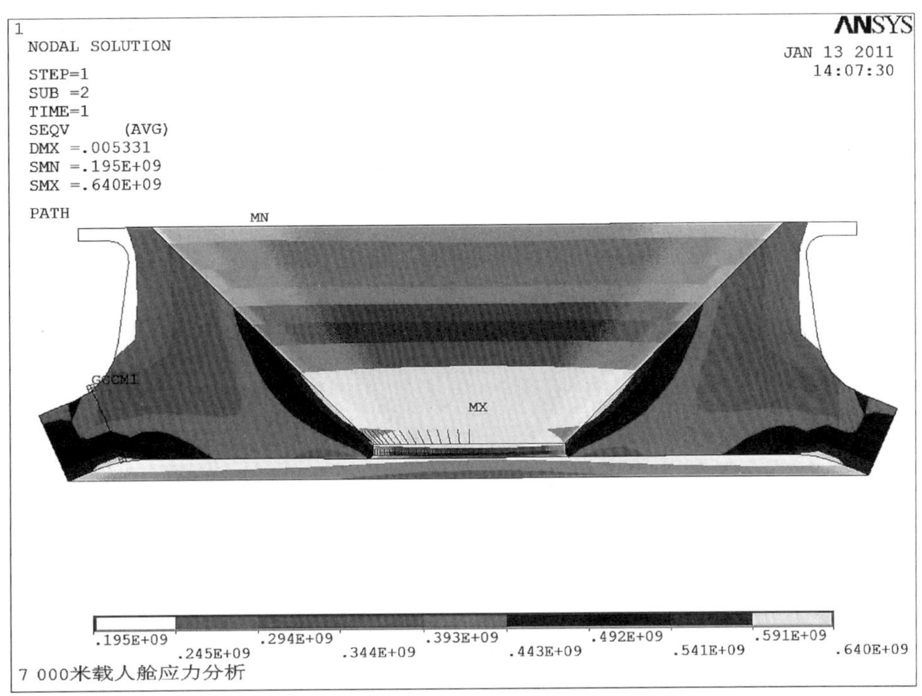

图 4.9 200 mm 主观察窗应力计算结果

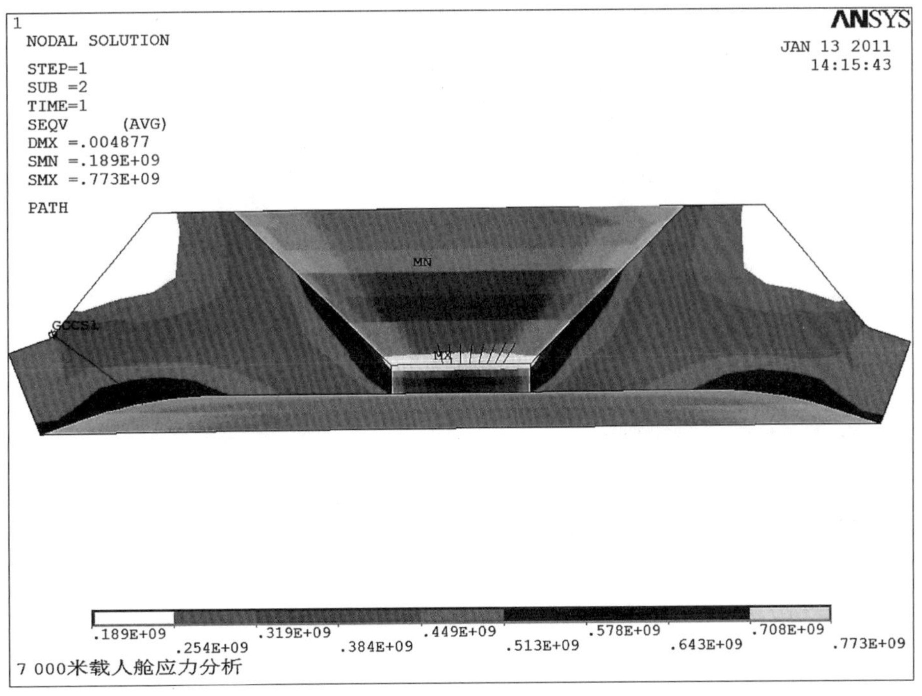

图 4.10 120 mm 侧观察窗应力计算结果

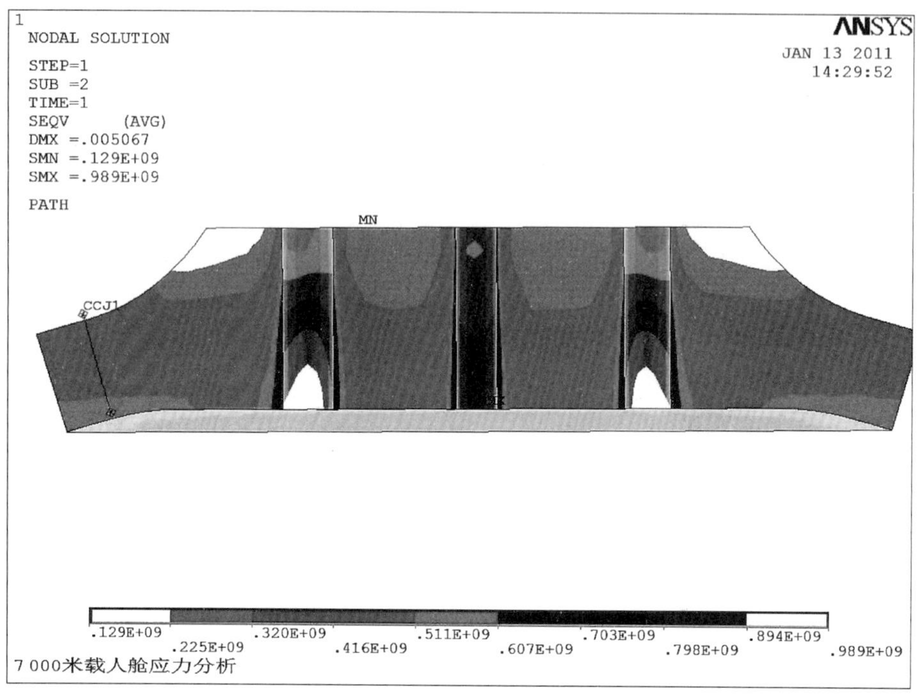

图 4.11　穿舱件锻件应力计算结果

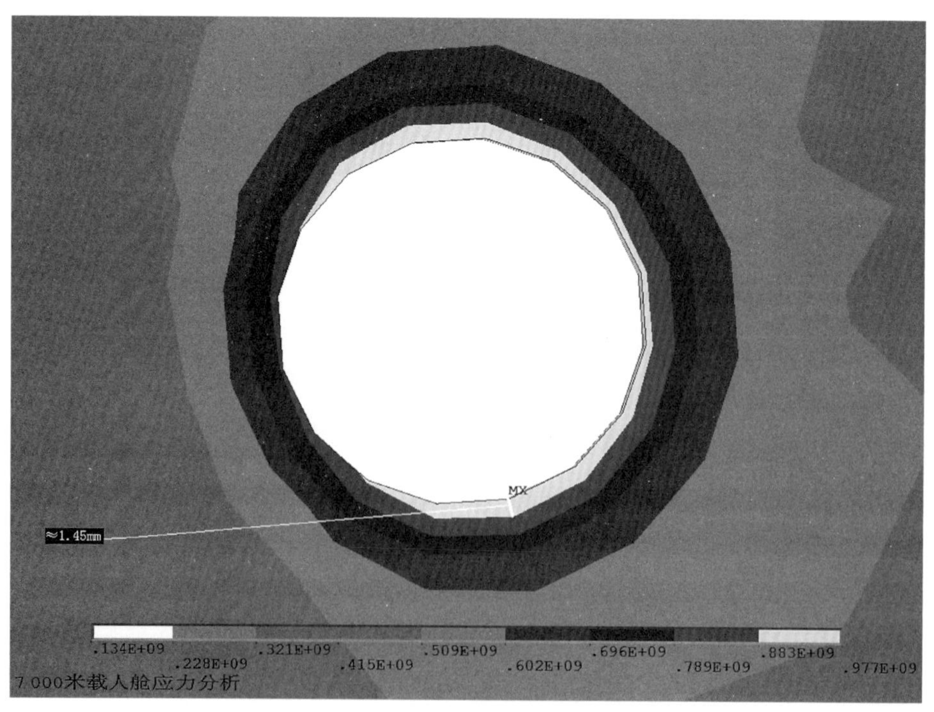

图 4.12　穿舱件锻件应力最大处俯视图

- 计及局部应力集中的壳体任一点处的最大峰值应力应不超过材料屈服强度；但如果最大峰值应力是压应力，则最大峰值压应力可允许超过材料屈服强度，但应不超过材料抗拉强度。

补充说明：上述应力控制标准实质上是我们课题组在 4 500 m 载人潜水器项目中的一个研究成果，推荐给 CCS 后被采纳。每个国家对实际有开孔的球壳如何进行强度核算通常是作为技术秘密的，我们迄今为止没有见到过那一个载人舱给出详细的强度计算过程。在目前所有船级社的规范中，一般对薄膜应力水平有规定，但对应力集中处的应力水平，目前所有的船级社规范没有做出明确规定，留给设计人员自己处理。这是因为点应力达到屈服甚至材料的破坏值不代表结构的破坏，它的唯一后果就是可能产生局部的裂纹，在长期使用过程中裂纹可能扩展，扩展到一定程度后才能导致结构破坏。对于应力集中水平唯一有规定的就是美国海军的潜水器规范（即 NAVSEA 准则）。在美国 NAVSEA 准则中有如下两条规定："2）不计局部应力集中的平均膜应力和弯曲应力的组合应力应不超过材料屈服强度的 3/4；3）计及局部应力集中的壳体任一点处的最大峰值应力应不超过材料屈服强度"。对于第 2 点，根据我们对钛合金材料性能的测试，3/4 屈服强度基本上是蠕变的开始，因此，这一点似乎是限制较大范围的局部应力不要导致蠕变，我们认为是合理的要求，另外，对于国际上几个现有的载人舱，这一条也能通得过，故我们建议采纳。对于第 3 点，按照它的原文："计及局部应力集中的壳体任一点处的最大峰值应力应不超过材料屈服强度"，则可以理解为拉伸应力不超过拉伸屈服强度，压应力不超过压缩屈服强度。根据我们的试验，钛合金的压缩屈服强度大概是拉伸屈服强度的 1.07 倍，钛合金拉伸极限强度大概是拉伸屈服强度的 1.10 倍。另外，美国 ASME 压力容器规范《Boiler & Pressure Vessel Code（BPVC） 2007 Ⅷ Division 3: Alternative Rules for Construction of High Pressure Vessels, published by ASME in 2007》第 50 页中，考虑应力集中时允许应力超过材料的屈服应力（最大允许至 2 倍屈服应力），如图 4.13 所示。所以，我们把 NAVSEA 准则中的第三条标准具体化了，保留"拉伸应力不超过拉伸屈服应力"；对于压缩应力，修改成"不超过拉伸极限强度"。对于钛合金材料，它比 NAVSEA 准则提高了 3%左右，但比美国 ASME 压力容器规范低很多。统一用拉伸性能表述有几个好处：在工程上很多时候只有拉伸试验数据，没有压缩试验数据。第二，如果真要测试材料的压缩性能，试件加工和试验必须非常仔细才行，否则试验数据会有较大变化，有些情况下获得的试验值并不代表真正的压缩性能。当然，完全用拉伸性能来代替压缩性能是可以的，但这样做只是一味地趋向于保守。当应力集中处的局部几何形状优化到一定程度后，只能靠提高壳体厚度来降低应力集中处的应力水平，此时，付出的代价是非常大的。因此，我们根据美国压力容器规范，结合美国 NAVSEA 准则，略微做了一点细化，我们认为这样的修改是可以保证安全的。这样的观点也得到了 CCS 的认同，因此，被他们接受并写进了他们的规范。

根据有限元计算结果，对照以上要求，可以得出以下结论：

FIG. KD-240 STRESS CATEGORIES AND LIMITS OF STRESS INTENSITY
[Notes to figure follow on next page]

Stress Category	Primary			Secondary Membrane Plus Bending [Note (1)]	Peak
	General Membrane	Local Membrane	Bending		
Description	Average primary stress across soild section. Excludes discontinuities and concentrations, Produced only by mechanical loads.	Average primary stress across any solid section. Considers discontinuities but not concentrations. Produced only by mechanical loads.	Component of primary stress proportional to distance from centroid of solid section. Excludes discontinuities and concentrations. Produced by mechanical loads.	Self-equilibrating stress necessary to satisfy continuity of structure. Occurs at structural discontinuities. Can be caused by mechanical load or by differential thermal expansion. Excludes local stress concentrations.	(1) Increment added to primary or secondary stress by a concentration (notch). (2) Certain thermal stresses which may cause fatigue but not distortion of vessel shape.
Symbol	ρ_m	ρ_L	ρ_b	Q	F

Combination of stress components and allowable limits of stress intensities

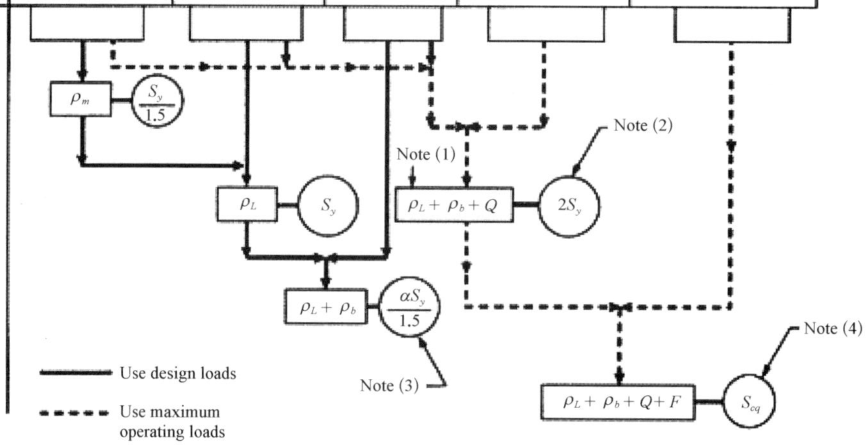

ρ_m — $\frac{S_y}{1.5}$

ρ_L — S_y

$\rho_L + \rho_b$ — $\frac{\alpha S_y}{1.5}$

$\rho_L + \rho_b + Q$ — $2S_y$

$\rho_L + \rho_b + Q + F$ — S_{eq}

Note (1)

Note (2)

Note (3)

Note (4)

Use design loads

Use maximum operating loads

图 4.13 ASME 应力约束

- 由图 4.7 可见球壳远离开孔区域的薄膜应力为 515.1 MPa，与理论值接近，均小于许可应力 879×2/3=586 MPa。
- 出入舱口加强围壁，主、侧观察窗基座和穿舱件锻件与球壳过渡处的应力校核见表 4.7，可见均能满足。

表 4.7 出入舱口加强围壁，主、侧观察窗基座和穿舱件锻件与球壳过渡处应力校核

位　　置	出入舱口加强围壁和主球壳过渡处/MPa	200 mm 主观察窗基座和主球壳过渡处/MPa	120 mm 侧观察窗基座和主球壳过渡处/MPa	穿舱件锻件和主球壳过渡处/MPa	许可应力/MPa
薄膜加弯曲应力	532.2	589.5	593.8	531.1	659.25

- 由图 4.8～图 4.11 可见出入舱口加强围壁，主、侧观察窗基座和穿舱件锻件的应

力集中部位处的峰值应力分别为：648.6 MPa，640.2 MPa，758.0 MPa，989.3 MPa。可看到出入舱口加强围壁，主、侧观察窗基座的峰值应力均未超过材料的屈服应力879 MPa，但穿舱件锻件开孔和舱内壁过渡处的应力则超过了材料的抗拉强度。从应力云图上看(见图 4.11)，该峰值应力出现的区域非常小，超过屈服应力的区域沿开孔径向分布最大约为 1.45 mm，如图 4.12 所示，就是穿舱件孔的部分圆周线，是属于很局部的。超越量＝989.3/879＝1.125，远小于美国压力容器规范中的允许值 2.0 以上。点应力达到屈服后材料只是屈服而已，在压应力下不会形成裂纹，所以也不会扩展。再加上又是在不与海水接触的球壳内表面，所以我们认为，这一应力集中超越不会影响整球的极限承载能力。

补充说明：作为一个新标准的制定，我们按照前一个补充说明说的理由给 CCS 推荐了一个新的标准。我们认为如果满足这个标准的要求，其安全性就是充分的。但不满足这个标准不能简单理解为就是不安全，还要根据具体情况做出判断。对“蛟龙”号载人舱来说，它的设计是在这个标准制订之前，迄今为止，所有的船级社规范均没有对应力集中的最高水平做出明确的规定，只要薄膜应力水平和极限承载能力达到要求就认为强度是足够的。我们为了更严格起见，对其他局部区域应力和应力集中也做出一点规定，目的是让规范更完整，更安全。

4.5　开孔密封结构及其附件的设计

4.5.1　出入舱口密封结构

出入舱口的密封结构采用锥面结构，其结构形式如图 4.14 所示。初始密封依靠 O 型密封圈实现，随着压力的加大，舱口盖和加强围壁逐渐贴紧，高压下的密封主要靠金属密封。该结构经过了最大压力 78 MPa 的考核，未发现渗漏的现象。

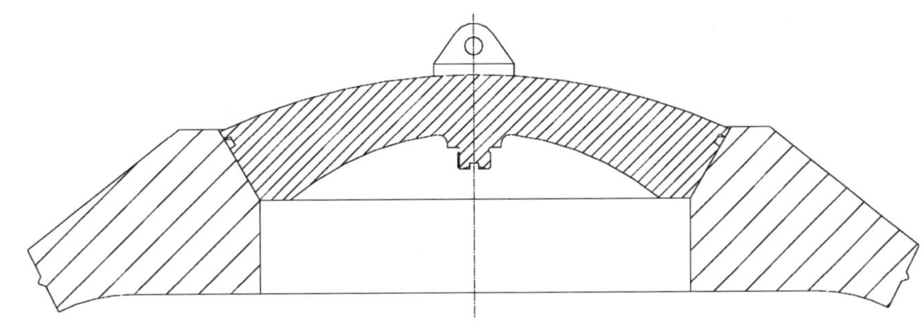

图 4.14　出入舱口的密封结构

出入舱口盖启闭机构如图 4.15 所示，由出入舱口盖、出入舱口加强结构、密封圈和驱动机构组成。

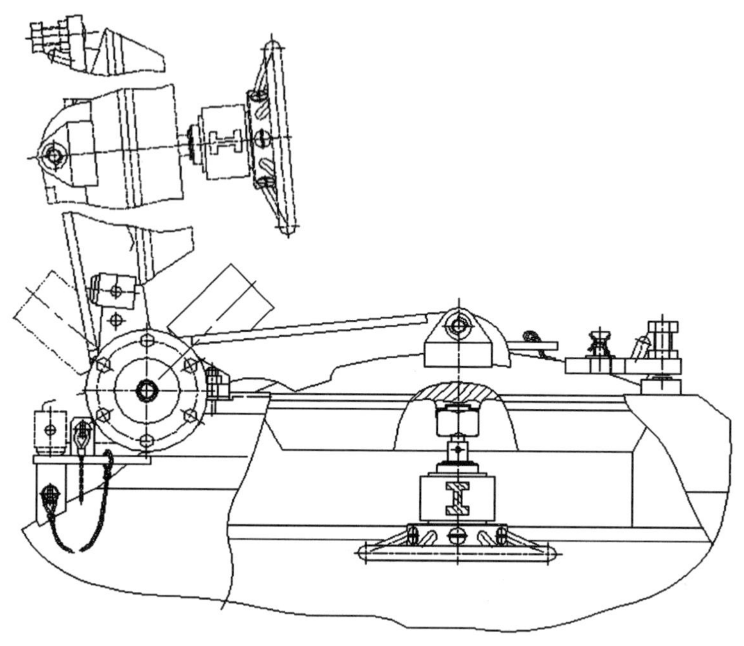

图 4.15 出入口盖启闭机构图

4.5.2 观察窗密封结构及窗玻璃设计

4.5.2.1 观察窗密封结构设计

观察窗选用圆锥形窗，如图 4.16 所示，采用压板压紧密封。该结构经过了最高压力为 78 MPa 的压力试验，未发生渗漏。同时，为确保每个航次的窗玻璃的密封，特设计了一套观察窗密封检测装置，检测压力为 1 MPa，重点考核观察窗在初始密封和低压密封是否可靠。

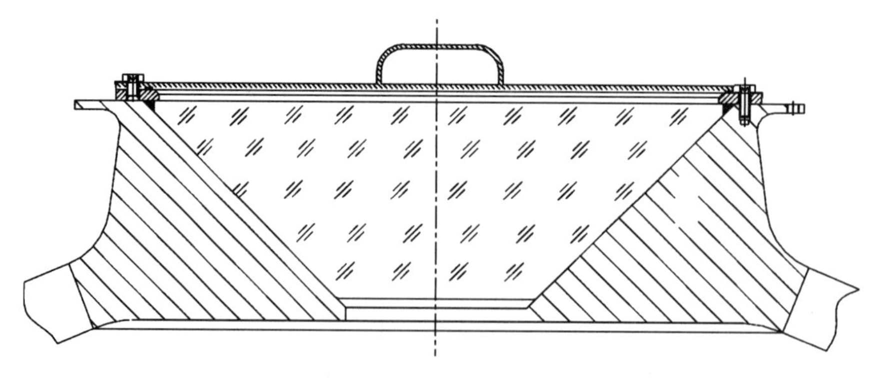

图 4.16 观察窗结构

4.5.2.2 观察窗设计

观察窗有机玻璃选用英国 Stanley Plastics 公司生产的聚甲基丙烯酸甲酯，其材料性能数据如表 4.8 所示，满足规范要求。

表 4.8 有机玻璃材料性能数据

序号	材料性能	平均值	最小值	试验标准
1	冲击韧性	22 J/m	13.3 J/m	ASTMD 256
2	折射率	1.49	1.49	
3	24 h 吸收率	0.25%	0.25%	
4	剪切极限强度	79 MPa	55 MPa	
5	洛氏硬度	108	90	
6	比重	1.19	1.19	
7	泊松比	0.38		
8	线性膨胀系数@26℃	10^{-5}(mm/mm^2 · K)	10^{-5}(mm/mm^2 · K)	
9	拉伸极限强度	77 MPa	62 MPa	
10	延伸率	5%	2%	
11	拉伸弹性模量	3 540 MPa	2 758 MPa	
12	压缩屈服强度	116 MPa	103 MPa	
13	压缩弹性模量	4 440 MPa	2 758 MPa	
14	27.5 MPa,50℃,24 h 压缩变形量	>0.54%	1%	
15	紫外线透射率	<0.08%	<5%	
16	甲基丙烯酸残余单体	<0.25%	<1.5%	
17	乙基丙烯酸盐残余单体	<0.00%	<0.01%	

根据规范,对于载人潜器,当工作压力大于 34.5 MPa,工作温度不大于 10℃时,安全系数不小于 4。本设计中,安全系数选取 4。同时,t/D_i 选取 1,其中 t 为玻璃厚度,D_i 为小端直径。所以,对于 ϕ200 mm 观察窗,窗玻璃厚度 t 为 220 mm;对于 ϕ120 mm 观察窗,窗玻璃厚度 t 为 130 mm。

4.5.3 贯穿件密封结构设计

载人舱球壳上共计有 9 个贯穿件,均选用了国际上成熟的产品,即 Impulse 公司的接插件。每个接插件均具有径向和轴向两道密封,从而确保了密封的可靠性。同时,为了更好地考核接插件的密封性,对每个接插件均加工了密封试验工装,进行了 78 MPa 的压力考核,未发现渗漏。

4.6 载人舱球壳的制造工艺

深潜器的载人舱球壳的加工通常有两种主要技术途径。一种是采用半球直接冲压成型,电子束焊接赤道环缝,先进行半球粗加工,孔座焊接完成后再进行半球的精加工;另外一种是采用将半球分瓣成型,采用窄间隙焊接半球和赤道环缝,半球直接精加工到位后再焊接孔座。

“蛟龙”号载人潜水器载人舱球壳采用的是分瓣成型技术途径,图 4.17 是“蛟龙”号载人舱球壳制造技术工艺路线。“蛟龙”号载人舱球壳的加工要经历厚板扎制、分瓣的成型、分瓣机加工、半球焊接成型、半球机加工、半球对接焊等程序。其工艺流程如下:首先把 114 mm 厚的 BT6 板冲压成 14 块瓜瓣,每块瓜瓣上焊上 3 个吊耳,抹上白灰,画线后在机床上进行粗加工,坡口铣平(见图 4.18),到尺寸后上装配工装,对齐焊缝线,然后加工每瓣的坡口,图 4.19 为窄间隙焊的坡口形式。最后上焊接工装焊接成半球(见图 4.20)。焊接采用 TIG 焊,手工送丝、中间探伤 X 射线,冲击消除应力,最后超声波探伤检验。半球焊接完成后进行整球对接焊接,形成完整载人舱球壳(见图 4.21)。

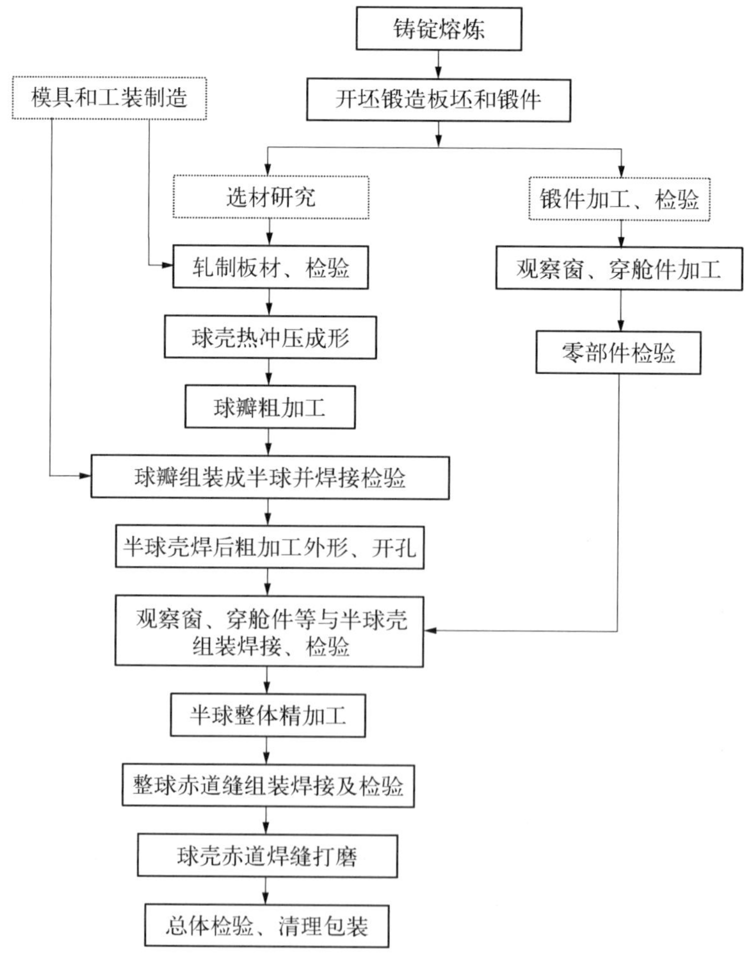

图 4.17 载人舱球壳加工的总体技术路线

图 4.18　冲压成型后的球瓣机加工

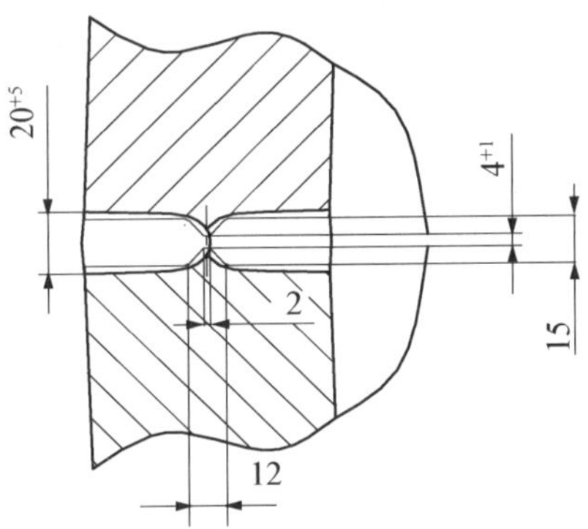

图 4.19　窄间隙焊的坡口形式

图 4.20　球瓣合拢成半球

图 4.21　半球合拢成整球

4.7　载人舱球壳压力筒考核试验结果

4.7.1　试验前的状态

载人舱球壳的耐压试验在克雷洛夫研究院进行。试验包括球体、观察窗、出入舱口盖底座和相关附件。除贯穿件采用闷头封闭、底座未与框架连接以外,其他完全与现使用的载人舱球壳正品相同。

试验前,对载人舱球壳进行了下列测量,其结果满足设计要求:

- 真球度、厚度。
- 焊缝 100%超声波、液体渗透、X 射线检测(厂家证明文件 No. 7000K. 360216. 0001. 32PS,7000K. 360216. 0001. 32ПС)。

4.7.2　试验设备

- 克院 DK - 600 压力筒,该实验室为德国 Deutscher Akkreditierung Rat(DAR)成员单位,并通过 DAR 认证,证书编号 DAP - PL - 3417. 00,有效期至 2006. 7. 5。
- 超声波检验设备标检有效期至 2006. 03. 16,精度±0. 1 mm,真球度检验设备为半径规,有效期至 2006. 05. 24,编号 No. 3/32 - 05,精度±0. 2 mm。

- 压力计最大量程 100 MPa，精度等级 0.6，编号 2004173，有效期至 2005.11.10。一只，精度 0.25，编号 200458，有效期 2006.03.25。
- 应变测量仪编号 447/307-04，有效期 2005.11.05。
- 声发射监控证书编号 RU.E.36.001.A，RU.C.27.036。

4.7.3　试验程序

78 MPa 保压 1 小时，71 MPa 保压 8 小时，0～71 MPa 6 次循环压力试验。

4.7.4　测试内容

4.7.4.1　*应变片设置*

- 出入舱口盖加强围栏；
- 载人舱球壳球体；
- 船舱件过渡区域；
- 半球对接焊缝区域；
- 主观察窗法兰连接焊缝区域；
- 副观察窗法兰连接焊缝区域；
- 主副观察窗之间；
- 安装底座区域和安装底座板。

共贴 102 块应变片，舱内 42 块，舱外 60 块。

4.7.4.2　*变形测试*

- 安装底座变形；
- 载人舱球壳内部直径变形；
- 主副观察窗开口变形。

4.7.4.3　*声发射测试*

- 赤道焊缝；
- 两极。

4.7.5　测试结果

4.7.5.1　*变形测量结果*

变形测量结果如表 4.9 所示。

表 4.9　78 MPa 下测量结果变形

编　号	测 量 片	位　　置	变形/mm
1	D-01	左舷两只安装底座之间	2.5
2	D-02	右舷两只安装底座之间	4.3

（续表）

编　号	测 量 片	位　　置	变形/mm
3	D-03	首部两只安装底座之间	2.4
4	D-04	尾部两只安装底座之间	2.7
6	D-06	主观察窗	2.6
7	D-07	副观察窗	0.9

4.7.5.2　应力测量结果

应力测量结果如表4.10所示，并与有限元计算结果作了对比，总体上符合良好，且测试值略低于计算值。表明经过加工后的载人舱在外压作用下的实际应力水平与设计计算分析是一致的，也即制造后的载人舱的安全储备达到设计要求。

表4.10　应力测量结果汇总表

编　号	区　　域	应力/MPa		
		σ	测 量 值	计 算 值
Ⅰ	出入舱口围栏	σ_1^{Out}	−689	−672
		σ_2^{Out}	−542	−583
		σ_1^{Int}	−481	−513
		σ_2^{Int}	−590	−603
Ⅲ	船舱件区域	σ_1^{Out}	−611	−615
		σ_2^{Out}	−456	−504
		σ_1^{Int}	−668	−695
		σ_2^{Int}	−592	−595
Ⅴ	主观察窗围栏区域	σ_1^{Out}	—	−486
		σ_2^{Out}	—	−474
		σ_1^{Int}	−792	−804
		σ_2^{Int}	−589	−617
Ⅵ	主副观察窗之间	σ_1^{Out}	—	—
		σ_2^{Out}	—	—
		σ_1^{Int}	−582	−529
		σ_2^{Int}	−524	−600
	副观察窗围栏区域	σ_1^{Out}	−465	−532
		σ_2^{Out}	−652	−644
		σ_1^{Int}	−578	−595
		σ_2^{Int}	−474	−583

（续表）

编 号	区 域	应力/MPa		
		σ	测 量 值	计 算 值
G(1)	出入舱口围栏与赤道焊缝交接区域	σ_1^{Out}	−544	−561
		σ_2^{Out}	−546	−562
		σ_1^{Int}	−549	−604
		σ_2^{Int}	−542	−605
Ⅺ	前部安装底座区域	σ_{max}^{Out}	−587	−556
		σ_{min}^{Out}	−626	−563
		σ_{max}^{Int}	−520	−567
		σ_{min}^{Int}	−595	−582
Ⅻ	后部安装底座区域	σ_{max}^{Out}	−548	−559
		σ_{min}^{Out}	−685	−561
		σ_{max}^{Int}	−552	−566
		σ_{min}^{Int}	−578	−576

4.7.5.3 试验后的检测结果

- 变形测量，未发现球壳发生永久变形；
- 100%焊缝液体渗透检测，未发现缺陷。

4.8 载人舱球壳在 7 000 米级海试前的检查和维护

从设计、制造和载人舱的压力筒试验结果来说，7 000 m 的压力下，其载人舱的耐压强度从理论上来说是有充分保障的。在这次 7 000 米级海试前，我们对载人舱又进行了如下的检查和维护。

4.8.1 载人舱球壳的检查

目前，项目组已经完成了载人舱球壳壳体和可见焊缝的外观检查以及赤道焊缝的超声波检查，未发现载人舱球壳和焊缝存在缺陷。

4.8.2 观察窗检查和维护

目前“蛟龙”号载人潜水器上使用的观察窗窗玻璃是俄方 2003 年向英国 Stanley Plastics 公司购买的，当时共买了三套，第一套用于试验，第二套装在潜水器上，第三套备用。潜水器上的第二套在 3 000 m 海试时曾被拖曳缆刮伤，因此，在 5 000 m 海试时换上了第三套。根据俄方的规定，使用时有两个条件：① 寿命期 10 年；② 下潜次数的限制。现在的下潜次数只有 5 000 米级深度的 5 次，远没达到次数的使用极限（7 000 m 时 100 次），时间还在寿命期内，但已接近尾声。因此，我们的决策是先不更换，认为强度应该是足够的，但海试时带上备件。这次海试前我们向英国 Stanley Plastics 公司又订购了两套作为备件。海试时是否要更换根据观察来定。如果发现有变形、损伤、微泄漏等，就马上更换。在母船上更换是比较方便的，还有一套简易的检测装置可以测量安装后的密封性。

新窗玻璃到货后，项目组将对窗玻璃进行以下检查和维护工作：

- 复核观察窗玻璃的尺寸；
- 加工试验工装，对其中两只窗玻璃（200 mm 窗玻璃和 120 mm 窗玻璃各一只）进行 78 MPa 的外压试验，考核窗玻璃的承载能力、应力状态和密封性能；
- 利用密封检测装置对窗玻璃进行 1 MPa 的密封性考核。

4.8.3 舱口盖启闭机构的检查和维护

项目组已完成整套启闭机构的检查工作，并进行了正常的启闭操作考核，并对机构的备品备件进行了清点和整理。在“蛟龙号”载人潜水器水池试验前，项目组还需要对启闭机构进行以下维护：

- 更换舱口盖的密封圈；
- 进行舱口盖的印痕试验，检查密封圈是否与围壁完全贴合，同时检测舱口盖与舱口围壁的内外间隙是否均匀。

4.8.4 接插件的检查和维护

现在载人舱球壳上的穿舱接插件自从 2006 年安装后未进行拆装，也未对接插件的密封圈进行更换。根据代理商向我们的承诺，“此类密封结构（静密封），如果不进行拆卸，该结构的密封可保持 10 年不发生渗漏”。考虑到拆装检查这一密封件本身具有一定的风险，因为，我们不能保证重新安装后能达到原来的紧密程度，目前国内也没有可打压的压力筒能进行检测。因此，项目组在此次维护中，将不对载人舱的穿舱接插件进行拆装。

为更好地证明接插件的密封是可靠的，项目组将配电罐封头上的接插件（与载人舱球壳的接插件安装时间基本一样，且其中有三个接插件的规格与载人舱上的接插件一样）全部拆下来，对接插件的密封圈进行仔细检查，检查结果显示：

- 密封圈已产生永久变形，但依然有一定的弹性；
- 密封圈可以提供 12%～15%的压缩量。

项目组将其中两个拆下的接插件和相应的密封圈安装到接插件试验工装上，对试验工装进行了 78 MPa 的压力试验，试验结果显示，接插件未发生渗漏。由此，间接地验证代理商所做的承诺是可信的，载人舱球壳上的接插件在 7 000 m 海试中可以确保不渗漏。

4.9 结论

根据上述的“蛟龙”号载人舱技术状态分析，可以得出以下结论：

- 钛合金材料的性能是满足标准指标值的，且焊缝的强度与母材相当，焊接工艺采用的是俄罗斯成熟的窄间隙氩弧焊工艺。
- 根据不同的计算方法获得载人舱球壳极限承载能力，其安全裕度均大于 1.5，这与国外同类型潜水器的载人舱球壳的安全裕度相当。美国“ALVIN”载人潜水器近 40 年的成功应用经验表明，这一安全裕度已经足够。
- 球壳壳体和开孔区域的应力水平满足中国船级社《深海载人潜水器审图和检验原则》的安全准则要求，且球壳试验时的应力水平与理论预报值接近。表明俄方制造后的载人舱的安全储备达到中方的设计要求。
- 开孔的密封结构均经过了最高 78 MPa 压力试验的考核和 71 MPa 的循环试验考核，试验中均未产生渗漏，且在近几年的海试中，开孔处从未发生任何的渗漏。
- 载人舱球壳的舱口盖及其启闭机构、观察窗结构和穿舱件在本次海试前均进行了仔细地检查和维护，确保设备状态的正常可靠。

因此，无论从设计角度、制造角度、试验角度以及海试维护角度来说，“蛟龙”号载人舱的安全性储备介于国际上几个载人舱的中间，特别是高于下潜次数最多的“ALVIN”载人潜水器。根据国外数十年的实践经验，我们有理由相信，“蛟龙”号载人舱的安全储备是足够的，其所面临的安全风险是可以接受的。

5 安全和质量问题的深入分析

如果我们把“蛟龙”号海试期间所出现的故障用表格形式进行分析，结果如表 5.1 所示。凡是由于人为因素引起的故障均用括号标出。

表 5.1 载人潜水器故障及原因分析表

故障名称	出现时刻	故　障　原　因
VHF 故障	南海的第 1 潜次（编号 004 潜次）和第 2 潜次（编号 005 潜次）	首先发现 VHF 天线的屏蔽线和潜水器的外壳短路，造成 VHF 不通；短路问题解决后 VHF 电话的通话效果很差；采取了将天线内的油放光和提高天线屏蔽的绝缘性后，VHF 电话的通信效果在近距离时有明显改进，距离拉远后仍然较差。经过排查，最后确认是 VHF 电话天线的电气线路阻抗不匹配，导致 VHF 电话信号大部分被电气线路本身所吸收，传递到天线上的信号已经衰减得比较厉害，因此潜水器一旦距离母船较远，就无法和母船建立 VHF 通信。这一问题的根源是设计过程中没有考虑到高频信号传输的特点，在穿舱水密接插件和电缆使用时均采用了通用件而不是专用件，致使信号衰减过大。这一问题只能通过修改线路并采用专用的穿舱水密接插件和电缆才能彻底解决（缺乏设计经验导致）
舱内右舷视频显示器故障	南海 007 潜次中出现	在第 7 次下潜试验期间，发现右舷视频监视器不能正常工作，并且发出异味，试航员当时切断了该视频显示器的电源。试验结束后，打开显示器后发现电源部分有烧焦的痕迹，另外有一股电缆也有烧焦痕迹。仔细观察和分析得出：烧焦的电缆是由于挤压显示器上的电源输入端，被电源输入端电路板上的焊接针刺穿导致短路，引起部分烧焦，而挤压是由于用力按显示器按钮所致，是显示器自身缺陷导致的故障
左舷 1CCD 摄像机故障	南海 010 潜次中出现	第 10 次试验例行检查时发现舱内接地检测异常，关闭所有摄像机后，舱内接地检测恢复正常。逐一检查发现接地异常主要是由左舷 1CCD 摄像机引起，问题出在该摄像机尾部的水密接插件上。该水密接插件为一个橡胶密封型，外加钛合金的螺套进行固定，拆下该水密接插件发现，摄像机上水密插座的针已经变形，水密电缆上橡胶孔变大，导致有海水进入，引起了对接插件的腐蚀，从而引起故障（水密插座插拔方式不当造成）
拖曳缆缠绕故障	南海 009 潜次中出现	第 9 次试验即将结束进行回收时发生了潜水器拖曳缆与潜水器云台缠绕的意外，这是由于回收操作不当造成的

（续表）

故障名称	出现时刻	故障原因
吊舱插头故障	第6次和第8次下潜过程中出现	在第6次下潜过程中，母船水声通信机吊舱出现同步时钟信号异常。回收后检查，发现ADIO板上一个芯片的一个引脚疑似虚焊。更换新的电路板后，复机工作正常，摇晃吊舱、吊缆未出现故障。但在第8次下潜时再次出现该问题。经检查发现，由于吊缆较粗，弯曲半径大，在连接到吊舱上时插头侧向受力，并且在入水后被海流冲刷，力量直接作用到插头与电缆的连接点，导致插头内部出现异常，在晃动时产生了大量的毛刺干扰，导致同步时钟信号异常（插头加工质量不过关）
潜器串行口接口板故障	第7次下潜时出现	在潜水器第7次下潜前进行水面检查的时候，发现潜器内串行口接口板工作异常，导致潜器水声通信机无法正常接收同步信号。回收后经检查发现，由于在拔插该电路板时的机械碰撞，导致芯片引脚被碰伤
键盘故障	第9次下潜时出现	在做第9次下潜前的声学设备通电检查时，发现潜器内部声呐主控器的键盘失灵，经检查发现是该键盘由于在使用过程中没有特别注意保护，随便搁置，导致连接线被碰伤
显控软件非正常退出	第9次下潜时出现	潜水器第9次下潜时出现了显控程序的非正常退出，潜器出水后经检查发现故障原因是显控程序收到有误码的避碰声呐数据后，对该类型误码的处理方式不当，导致非正常退出
舱内麦克风故障	第9次下潜时出现	第9次下潜时舱内左舷麦克风录音质量较差，检查发现左舷麦克风故障，原因可能是由于设备老化
银锌电池失效问题	第12潜次准备时发现；第15潜次下潜准备时发现；第16次下潜试验时，主蓄电池一只爆裂；第18潜次下潜准备时发现	8月24日，在50 m海区试验刚结束进行300 m海区试验准备的时候，发现银锌副蓄电池有4节性能明显下降，已经不能再使用。9月9日，在进行第15潜次下潜准备的时候，发现主蓄电池中有一个单体电池失效，电压变为0 V。9月16日，第16次下潜试验，主蓄电池一只爆裂，导致蓄电池箱上方的皮囊保护盖被顶裂，同时也导致蓄电池箱内所有的油、电池外表、连接线路均被爆裂蓄电池中溢出来的银粉污染。9月19日，在潜水器进行第18潜次下潜准备时发现副蓄电池一只单体电池失效，原计划将该失效单体电池拆下后继续试验该电池组，但打开后发现该蓄电池箱内已被失效电池的银粉污染。这一问题完全是由于为了节约经费而使用过期的银锌蓄电池引起的
高速水声通信问题	300 m海区的各个潜次（第12至第18）均出现	高速水声通信功能在300 m海区试验中进行了调试，试验结果表明，高速水声通信能够实现语音、文字、数据和图像的传输功能，但误码率偏高，需要在软硬件和算法上进一步改进。一方面由于母船噪声较高，需要提高抗母船噪声干扰的能力以提高作用距离；另一方面需要提高抗大延时多途信号的能力，降低误码率（缺乏设计和制造经验）

（续表）

故障名称	出现时刻	故　障　原　因
接地和泄漏故障	第13潜次出现泄漏报警但接地检测显示为正常；其他潜次均出现接地值超标的情况	在进行13潜次海试时，当潜水器下潜到79 m处，综合显控计算机显示配电罐漏水预报警，当潜水器继续下潜到约100 m处，配电罐漏水预报警消失，当潜水器继续下潜时，综合显控计算机显示配电罐和作业系统接线箱均发出泄漏报警，但在整个航次中，接地检测均显示为正常，表明接地检测系统不能发现这些故障。在甲板检查时，当拔去XP125水密插头时，发现该水密接插件之间发生泄漏，有若干芯线根部有绿色的铜锈，其他一些芯线之间有白色的盐霜，接插件表面有一些海水；将配电罐上封盖连同配电盘一起从配电罐罐体上拆下，对XS125水密插座和XP125水密插头进行检查，发现插头内一只端面密封的O型圈有略微的凹陷迹象，我们认为在插该插头时，插座内有异物，因而该O型圈变形，没有起到密封作用，从而发生泄漏。由于J63的XP125水密插头也进水，并且插孔内的金属部分有锈蚀的痕迹，因此决定对该电缆也进行更换。将J63水密电缆另一端插在计算机罐上的XP126水密插头拔下时，发现这端的水密接插件也发生泄漏，但泄漏没有配电罐端严重，将J63从潜水器框架上拆下，仔细检查J63，发现在距离XP126插头较近的位置，在水密电缆拐角处，有一个很小的破口，破口内还有海水流出，可以确认J63水密电缆是被异物割破，从而造成泄漏 由水密接插件泄漏导致的接地检测超标几乎在每一个潜次均发生，这是因为过去在设计时没有考虑这一问题，只在海试出发前临时安装了一个装置
起吊时副钩不到位	第13潜次试验过程中出现	潜水器吊起后副钩未挂上，潜水器归位后重新起吊后副钩挂上。属于操作失误
A字架不动作	第13潜次试验过程中出现	潜水器挂钩后不能及时移位到甲板。17分钟后A字架动作，潜水器归位。由于维护不到位而引起
A字架液压站停车	第15潜次试验过程中出现	布放、回收过程中液压站各停车一次。由于维护不到位而引起
液压源故障	在第20潜次试验过程中出现	在第20潜次开始启动主液压源进行机械手操作，在机械手伸出准备抓取物品时突然失去动力，对操作没有响应，这时发现液压源补偿报警，在这种情况下试航员关闭了液压源。在潜水器返航后，通过对液压系统进行检查发现，主液压源的输出油管有一个小洞，进一步打开液压源发现补偿膜破损，由此可以推断，在机械手动作时，油管破裂导致没有高压油供给，导致其无法动作，这时液压源继续在运转，高压油通过破口直接排到海水里，在补偿油用尽后，补偿报警，补偿膜在外压作用下破裂，海水进入液压系统，并有部分进入正在运转的机械手系统中(设计不当造成)
接地异常	在第20潜次试验过程中出现	潜水器在下潜到500 m时，110 V接地到达4级，24 V接地到达7级，在潜水器发现液压系统补偿报警后检查，110 V接地到达7级，24 V接地到达9级。潜水器返航后检查发现，6971通信电缆绝缘性能降低，进一步检查时发现了6971换能器和接线箱的一个硫化接头进水，该电缆中有110 V线路，由此导致110 V接地异常；同样该电缆中有24 V的线路，导致24 V接地增加(接头加工质量差造成)

（续表）

故障名称	出现时刻	故　障　原　因
可调压载系统排水异常故障	第24潜次下潜试验过程中出现	当潜水器下潜至水下290 m深度时，潜航员开启可调压载系统排水功能，发现可调压载水舱内水位没有减少反而增加。通过拆解可调压载系统阀组中的C阀，发现其阀芯和驱动油缸活塞处的螺纹连接已经损坏，导致阀芯和活塞脱离，使该阀始终处于常开状态
1CCD摄像机故障	第24潜次和第32潜次下潜试验过程中出现	在第24潜次，右舷1CCD摄像机在入水后没有图像，但潜水器到达水下200 m后，1CCD摄像机信号又恢复，更换摄像机后，故障仍旧存在。分析认为可能是电缆故障，更换电缆后故障消失 在第32潜次试验中发现，右舷1CCD摄像机信号异常，返航后打开检修发现，在试验中期进行的摄像机改造中将焦圈磨薄后导致镜头较松，更换备用摄像机，但摄像机信号依旧比较差，后发现是新更换的左舷接线箱到载人舱的电缆导致该现象的发生
水密电缆短路故障	第27潜次下潜试验过程中出现	第27潜次试验潜水器回收到甲板后，发现备用蓄电池箱附近有漏油迹象，检查时，发现备用蓄电池箱侧面水密插座附近发烫，立即将备用蓄电池箱供电电缆插头拔去，将轻外壳拆去进行检查。在检查从左舷接线箱到载人舱的水密电缆时，发现该电缆表皮有鼓起膨胀的现象，并且拔左舷接线箱端的水密插头时感觉非常费力。检查电缆，发现该插头端备用24 V正端和负端的芯线有发热熔化的现象，将其表皮割开，里面没有发现有水，但有大量橡胶发热熔化的难闻的气体泄出。发现左舷接线箱的水密插座的备用24 V正端和负端的芯线同样有发热熔化的现象。拆开备用蓄电池箱，发现里面的电容器油发黑，备用24 V回路的63 A保险丝已经裂开，里面的石英砂呈黑色，测量保险丝电阻，尚未断开。出现这些问题的原因是潜水器下潜到3 000多米后，该电缆的XP22插头尾部受压，橡胶的硫化包挤压，将承载备用24 V的一对电源线短路，备用电池大电流放电，温度迅速上升，将63 A的保险丝熔化，并将水密电缆、左舷接线箱端和备用蓄电池箱端的水密插座的尾线损坏。至于备用蓄电池箱内的63 A的熔芯，由于内部灌满了石英砂，并且是浸没在电容器油中，当供电回路短路时，熔芯内的保险丝熔断，但高温将附在石英砂上的电容器油氧化，形成导电的通道，将熔芯变成一只电阻器
液压系统压力异常	第27潜次下潜试验过程中出现	第27潜次下潜试验过程中，当潜水器下潜至水下3 039 m深度时，潜航员开启副液压源，进行可调压载排水动作，出现了液压系统工作压力报警，压力达到了25 MPa。当潜水器返回水面进行压载水箱排水操作时，再次开启副液压源，发现液压系统压力只有8 MPa，但排水功能仍正常实现。潜水器回收后，陆上开启液压源，通过阀箱上的溢流阀调节系统压力，发现压力逐步往下降，突然降到零。然后，反复调节都无法建立压力，调压功能失效。在确认了液压系统加载阀功能正常的情况下，可以确认为溢流阀调压失效。拆下溢流阀，拆检，发现阀芯和阀体卡死，故无法实现调压功能

(续表)

故障名称	出现时刻	故　　障　　原　　因
声学副接线箱泄漏故障	第 34 潜次下潜试验过程中出现	第 34 潜次试验过程中,潜水器正在 3 730 m 左右海底近底航行和坐底时,声学系统副接线箱泄漏报警的检测值有三次异常下降,但未到达 6 V 的报警临界值。潜水器上浮到海面后,声学系统副接线箱泄漏报警开始连续出现,17 分钟后报警信号消失,同时有源接地电流上升到 0.6 mA。经过系列排查,最后确认由于声学系统副接线箱上的补偿膜使用时间较长,老化发硬,弹性较差,在海水压力下,补偿功能退化,导致泄漏故障
有源接地电流达 1.07 mA 故障	第 30 至 35 潜次下潜试验过程中出现	在第 30、31 和第 32 潜次中,下潜深度小于 1 800 m 时,有源接地电流均在 0.1 mA 以下,超过此深度,有源接地电流均突然跳到 1.07 mA 左右,之后潜水器在上浮到 1 000 多米时,有源接地电流又突然回落到 0.1 mA 以下。在第 33 至第 35 潜次中继续存在数值不同的接地值,直至第 36 和第 37 潜次完全排除。由于在这区间采取了一系列的排查措施,如耐压罐内的线路改进、修复,水声罐内屏蔽线和外壳脱开,更换了水密电缆,最后才导致了故障得到排除。但究竟是哪条措施导致故障彻底消失我们目前还无法确认
副蓄电池箱泄漏报警故障	第 35 潜次下潜试验过程中出现	第 35 潜次试验时,潜水器下潜到 45 m 时,潜水器接地电流由 0.05 mA 上升到 0.4 mA,下潜到 500 m 深度时,副蓄电池箱泄漏报警,紧接着接地电流上升到 0.9 mA。之后副蓄电池箱泄漏报警时有时断,当下潜深度超过 1 000 m 时,指挥部下令潜水器抛载上浮。从副蓄电池箱端把 XP13 插头拔去,发现 XP13 插头和插座之间有水,并且 6#、11#、17# 等+24 V 芯线根部有绿色锈蚀的迹象。检查分析认为,在 7 月 10 日的日常维护中,在重新将 XP13 插头插上时,没有将水密插头紧密地插到位,插头、插座之间有缝隙,造成潜水器在下潜时发生泄漏,而该水密插头、插座承载了副蓄电池箱泄漏报警的信号,由于泄漏,造成副蓄电池箱泄漏的误报警
同步时钟故障	在第 21 和第 22 潜次之间	在 6 月 5 日出现水面机柜的同步时钟不能正常启动,分析认为是由于湿度过大引起的。为此规定指挥室必须保持门窗关闭,空调始终开机除湿,降低指挥室的湿度(规定不周全引起)
水声通信机接收机故障	在第 21 和第 22 潜次之间	同样在 6 月 5 日,由于同步时钟故障,导致吊舱工作时序混乱,在发射过程中继电器切换到接收机上,换能器上的未来得及释放的高压损坏了一路接收机,更换接收机板后恢复。在操作上从此规定必须在同步时钟正常工作之后才能够让吊舱开机工作(操作顺序不当引起的故障)
成像声呐计算机故障	第 26、第 28 潜次中出现	在 6 月 20 日(第 26 潜次)和 6 月 27 日(第 28 潜次)两次试验中均出现成像声呐显控计算机在潜器入水时刻黑屏的问题,在 6 月 28 日(第 29 潜次)试验中确认问题与电源线有关。为此,规定在操作上潜器入水后再打开成像声呐显控计算机(操作顺序不当引起的故障)

(续表)

故障名称	出现时刻	故障原因
避碰声呐故障	第30、第31、第32潜次中出现	在6月29日(第30潜次)、6月30日(第31潜次)和7月6日(第32潜次)的试验中,避碰声呐由于软件更改时出现错误,导致数据无效,在纠正软件错误后在后续试验中工作正常
高度计故障	第30潜次中出现	在6月29日的第30潜次试验过程中,发现通过测量高度计的接地电阻比较低,打开电子舱后,发现电子舱内部有微渗水现象,确定是密封问题
补偿式接线箱油位补偿报警	第40潜次试验中下潜到2 840 m深度时	底部的作业系统接线箱、外接的补偿器和顶部的观通系统接线箱通过油管连为一个连通器,在高压下发生补偿报警的原因是这个连通器内的油不足,空气较多,在高压下补偿器内的油不足以抵消油和气的压缩量,因此补偿器变形压紧,将安装在补偿器内的补偿报警极板挤压、短路,发出补偿报警信号,在潜水器上浮之后,补偿器较为柔软,首先逐渐恢复原来的形状,补偿报警板松开,补偿报警信号消失(准备阶段气没有排干净,充油不足)
110 V有源接地检测异常	第40潜次下潜试验	经甲板排故确认,发生故障的原因是右舷HMI灯镇流器不正常,更换镇流器后,110 V有源接地恢复到0.04 mA的正常值,故障排除
作业接线箱泄漏报警	第41潜次下潜试验	返航后把作业系统接线箱从潜水器上拆下,打开,发现接线箱的底部有两大滴海水。经分析认为,在第40潜次后,我们给作业系统接线箱和观察系统接线箱补油时,作业系统接线箱的充油阀没有完全拧紧,在5 000 m水压下,有两滴海水进入接线箱内。泄漏报警板是紧贴安装在接线箱底部的,两滴海水流到报警板上之后,系统检测到泄漏报警信号。此外,由于海水的水滴较大,海水流到报警板上时,同时把报警板的检测端与接线箱外壳短路,而泄漏报警的检测线是通过检测计算机与24 V地导通的,因此24 V地间接地和潜水器外壳短路,导致24 V有源接地电流上升到1 mA。潜水器上浮后,由于姿态发生变化,这两滴海水流至他处,作业系统接线箱泄漏预警信号消失,同时24 V有源接地电流恢复到0.04 mA的正常值(作业系统接线箱的充油阀没有完全拧紧,导致在5 000 m水压下有两滴海水进入接线箱内)
主液压源油位补偿报警	第41潜次下潜试验	出现预警的主要原因是油位不足。经分析认为,将主液压源油位充至75%以上,并对系统进行充分放气,将不出现油位预警故障。对主液压源进行补油、放气,油位达79%(准备阶段充油不足)
主从手机械手故障	第40潜次、第41潜次下潜试验过程中	潜水器入水后潜航员舱内启动主机械手主控制器,系统显示“Telem[A]”错误,在水中该错误一直存在。潜水器回收至甲板后,该错误消失,主机械手控制恢复正常。经分析认为,潜水器入水后开启了很多电器设备,对主机械手从手基座摆动关节位置传感器检测芯片产生了干扰,影响其和主机械手主控制器之间的通信,造成了通信错误。利用备件对问题芯片进行了更换,经陆上调试合格后,再经42潜次水下考核,主机械手通信、控制恢复正常

（续表）

故障名称	出现时刻	故　障　原　因
运动传感器故障	第41潜次潜水器上浮过程中	航行控制系统获取的运动传感器数据出现中断，现场用运动传感器的 Repeater 监控软件观察发现运动传感器自身工作是正常的，问题应该是出在数据输出方面。根据对输出数据的分析，认为该故障是由于运动传感器自身软件的缺陷造成的，由于所用的输出数据格式是为大洋协会定制的 CGS04 格式，厂家测试的充分性不够，没有发现这个比较隐蔽的缺陷。海试结束后送厂家返修，现已解决
罗盘故障	第41潜次和第42潜次	潜水器第41潜次，在潜水器布放之前的入舱检查时，罗盘工作正常，在潜水器下潜过程中和潜水器返回水面发现罗盘不工作。第42潜次又发生与第41潜次相同的现象。分析第41潜次和第42潜次的数据，发现罗盘是在第41潜次潜水器与底部台架发生碰撞后不工作的，第42潜次是在潜水器入水后，潜水器在水面摇晃比较剧烈的情况下不工作的。从上述的各种现象进行判断，可能是由于在第41潜次，潜水器发生与底部台架碰撞产生的冲击，导致罗盘内部有故障。在航控计算机开机重新触发又可工作，但在潜水器摇晃比较剧烈的情况下，又不工作，可以判断罗盘已经部分损坏。返航后，重新更换新的罗盘(收放时操作不当导致潜水器上设备损坏。事实上回所后的检查还发现，此次碰撞导致一块浮力块断裂，框架上出现数个裂纹)
CTD故障	第41潜次	发生 CTD 传感器测量的海水的电导率值不变、海水密度值不正确。通过对故障现象的深入分析并结合以往的经验，认为是由于 CTD 内的海水泵没有工作，原因可能是管路内存有气泡，导致水泵没有运转，因此测量不到海水的电导率。通过更换 CTD 备件解决
水面时钟失效	第41潜次	起吊潜水器阶段，发现水面机柜同步时钟停止工作，多次断电重启也无法恢复工作。分析认为，该同步时钟不工作是设备老化导致失效。该同步时钟采购于2004年，至今已有7年，受震动、湿气、盐分等影响，加速了其老化过程。更换同步时钟备件，系统工作正常
水面通信网络故障	第41潜次中	出现水面机柜与通信机2#吊舱的通信中断的问题，在中断后20～40 s 后能够重新建立网络连接，继续工作，过一段时间又再次出现通信中断的问题，11:55～13:08 期间重复出现多次。根据排查结果，确认第41潜次中水面机柜与通信吊舱网络通信中断的原因是由于 IP 冲突造成的。水面机柜、吊舱的网络与全船的网络是联通的，统一使用 192.168.2.x 网段，个人使用的 IP 是可以随意设置的，一旦设置成 192.168.2.239 就造成冲突。把水面机柜和吊舱的网络 IP 更改为 192.168.4.x 网段，与船上计算机、监控设备等分开，杜绝冲突的可能性。经过第42、第43、第44潜次的使用，证明更改后的系统工作正常，没有再出现因 IP 冲突造成网络中断的现象(网址设置不当造成的)

（续表）

故障名称	出现时刻	故　障　原　因
6971 水声通信故障	第 41 次下潜过程中	蛟龙潜水器在布放到水面后，使用 6971 应急通信装置通话时，潜器端发射，母船端接收时，通话不通畅。经过分析认为，母船噪声对有效信号的干扰较大。根据海况以及母船与潜器的相对位置，适当调整母船上换能器的深度。在后续的第 42、第 43 潜次试验过程中，通信正常
采样篮丢失	第 40 潜次和第 42 潜次	第 40 潜次采样篮底板丢失，第 42 潜次采样篮整体丢失，均是入水时巨大的海水抨击力造成。设计时没有充分考虑到这一抨击力（缺乏设计经验，设计不当造成）
机械手和纵倾调节响应缓慢	第 42、第 43 潜次试验过程中	潜航员在深度 5 100 m 处舱内启动主液压源，遥控操作机械手动作，发现其动作缓慢并有滞后现象发生。5 000 m 深海超高压和低温环境使得液压油的黏度急剧变化，据估算可达液压油陆上黏度的 3 倍左右。所以液压系统的管路阻力、液压油的流动性大大恶化，造成机械手供油路供油不畅。另外，节流阀的特性在超高压环境下也发生了变化，使得回油不畅。今后将对液压系统、纵倾调节系统更换低黏度液压油，以减小超高压环境对液压油黏度的影响（对液压油的黏度规律不掌握导致）
多普勒故障	第 43 潜次	甲板准备时发现声学多普勒测速仪（DVL）的通信出现异常，显控发送 BREAK 信号无响应。拆下 DVL，发现水密插座中有水和一些发蓝的东西。分析认为，可能是由于水密插座进水短路造成了串行口接口板与 DVL 的接口电路损坏。进水的原因目前无法确认，深海的高压低温环境造成非金属材质的插座与插头的配合不够紧密是可能的原因之一。更换 DVL 备件和相应的水密电缆，设备功能恢复正常。在第 44 潜次中 DVL 工作状态良好
24 V 有源接地报警	第 44 次下潜试验中	当潜水器下潜到 5 100 多米时，24 V 有源接地电流突然由 0.04 mA跳升到 1 mA，潜航员随即关注副蓄电池组的电压和电流有无异常变化，在确认无异常后，继续进行下潜作业。当潜水器抛载上浮到 4 500 多米时，24 V 有源接地突然恢复到 0.04 mA。故障是由于某个设备在高外压下变形收缩，导致设备内部的 24 V 地和金属外壳短路，24 V 有源接地达到 1 mA；而潜水器上浮到相近深度时，该设备恢复尺寸，24 V 地和外壳分开，接地恢复正常。根据分析，故障源是水声通信机罐 1 或机械手高清摄像机。由于船舶续航力等原因的限制，5 000 米级海试不再安排更多的潜次，因此，究竟哪一个是真正的故障源就没有机会确认了。好在我们对接地故障的排查已经积累了比较丰富的经验，现在开发的故障定位系统已经具有了很强的故障定位能力，因此，这一问题不会成为今后更大深度试验的障碍

(续表)

故障名称	出现时刻	故　障　原　因
压载铁安装事故	第40潜次准备阶段	2011年7月18日，由于天气和海况条件恶劣(下雨，东北风6级，最大浪高在2.5 m以上)，计划上午10:00开始安装压载铁的任务，结果到晚上也没有等到合适的时间窗口。晚上指挥部会议之后，为了确保第二天在天气许可的情况下可以下潜，只好在比较恶劣的海况条件下，开始压载铁的安装作业。在21:00左右，上浮压载铁由铲车艰难地提升到安装位置，但安装人员发现压载铁在两个轻外壳之间进不去，作业人员试图通过移动铲车来调整压载铁的安装位置，期间一块260 kg的压载铁从近3 m的高空掉下来，尽管当时没有伤到任何人和设备，但这是一种非常危险的作业行为。分析原因主要有以下三个方面：一是为了抢进度，在海况条件恶劣，没有周密策划的情况下盲目作业；二是甲板上进行轻外壳安装时没有严格控制安装间隙，致使留给压载铁安装的间隙太小；三是替岗作业人员熟练程度不够。后续作业采取了以下措施：一是重新安装压载铁两侧的轻外壳，扩大压载铁安装空间；二是把压载铁上端悬挂卸扣换小一号，方便在吊挂机构上挂钩；三是改变用铲车来微调260 kg的压载铁位置的作业方式，规定铲车只用于上下移动压载铁，调整压载铁水平位置通过移动轨道车来实现。通过这些措施，19日下午的压载铁安装就很顺利，后续几次海试的压载铁安装也如期完成，没有再次发生压载铁掉落事故(高海况下盲目作业和操作不当导致)

从表中可以看出，在45个故障中有27个是与人为因素有关，占总故障率的60%，人为因素主要有如下几种类型：

(1) 缺乏设计经验，设计不当或选材不当造成，如VHF、采样篮、高速水声通信、接地、液压源等，液压油牌号也选用不当。

(2) 日常维护操作不到位造成，如水密插座没有插好导致漏水，键盘故障，A字架不动作，A字架液压站停车，同步时钟故障等。

(3) 缺乏经验，操作顺序不当造成，如水声通信机接收机故障，成像声呐计算机故障。

(4) 软件编写出现错误，如避碰声呐故障、水面通信网络故障、显控软件非正常退出等。

(5) 下水前检查不到位，如补油不够、气没有排干净等。

(6) 设备加工质量差造成的，如视频显示器、连接接头质量等。

(7) 高海况下盲目作业和操作不当导致：如布放回收过程中的挂缆、潜水器与胎架碰撞、压载铁安装过程中的掉落事故。

这应该引起今后工作的重视。应尽量避免人为故障的出现。

参考文献

第 1 章所引用的参考文献

[1.1] Kohnen W. Human exploration of the deep seas: fifty years and the inspiration continues[J]. Marine Technology Society Journal, 2009, 43(5): 42-62.

[1.2] Cui W. Development of the Jiaolong deep manned submersible[J]. Marine Technology Society Journal, 2013, 47(3): 37-54.

[1.3] Cui W C, Hu Y, Guo W. et al.. A preliminary design of a movable laboratory for hadal trenches[J]. Methods in Oceanography, 2014, 9: 1-16.

第 2 章所引用的参考文献

[2.1] 中国船级社.《潜水系统和潜水器入级与建造规范》[S]. 1996 年颁发。

[2.2] Pan Binbin and Cui Weicheng. A comparison of different rules for the spherical pressure hull of deep manned submersibles[J]. Journal of Ship Mechanics, 2011, 15(3): 276-285.

[2.3] Pan Binbin, Cui Weicheng. On an appropriate design and test standard for spherical pressure hull in a deep manned submersible[C]. Proceeding of 2011 IEEE Symposium on Underwater Technology (UT 2011) and 2011 Workshop on Scientific Use of Submarine Cables and Related Technologies (SSC 2011), Tokyo, Japan, 5-8 April 2011, IEEE Catalog Number: CFP11UTS-PRT, ISBN: 978-1-4577-0165-8, pp. 436-442.

第 5 章所引用的参考文献

[5.1] 俄方提供的第五阶段报告. R&D Report incorporating delivery test programme, conclusion on hull serviceability based on test results & certificate for delivery/acceptance of the structural components (Phase 5 Report, Contract No. 156/07535359/124-2003 BKI 149)[R]. p. 6, Table 1.1。档号为 E112-7000 m 潜器-145,序号 22.

[5.2] 中国大洋协会."7 000 m 载人潜水器"技术代表团访问俄罗斯技术考察报告[R]. p. 3。档号为 E112-7000 m 潜器-139,序号 13.

[5.3] 俄方提供的第三阶段工作报告. R&D Report incorporating certificate to confirm delivery of materials to the manufacturing yard (Phase 3, Contract No. 156/07535359/124 - 2003 BKI 149)[R]. p. 8 - 32. 702 所档案馆编号为 E112 - 7000 m 潜器- 143,序号 20。

[5.4] 钛合金 BT6 拉伸试验报告(No. IN - 40S - 3)[R]. 702 所档案馆编号: E112 - 7000 m潜器- 142.

[5.5] 俄方提供的第二阶段报告. Substantiation of technical concept solutions[R]. p. 23 - 24. 702 所档案馆编号为 E112 - 7000 m 潜器- 142,序号 19。

[5.6] Rules for the classification and construction of manned submersibles, ship's diving systems and passenger submersibles[S]. published by Russian Maritime Register of Shipping (RS) in 2004.

[5.7] Pan B B, Cui W C, Shen Y S, et al. Further study on the ultimate strength analysis of spherical pressure hulls [J]. Marine Structures, 2010, 23 (4): 444 - 461.

[5.8] Rules for the classification and construction of diving systems and submersibles [S]. published by China Classification Society (CCS) in 2013.

[5.9] 刘涛. 深海载人潜水器耐压球壳设计特性分析[J]. 船舶力学, 2007, 11(2): 214 - 219.

彩　图

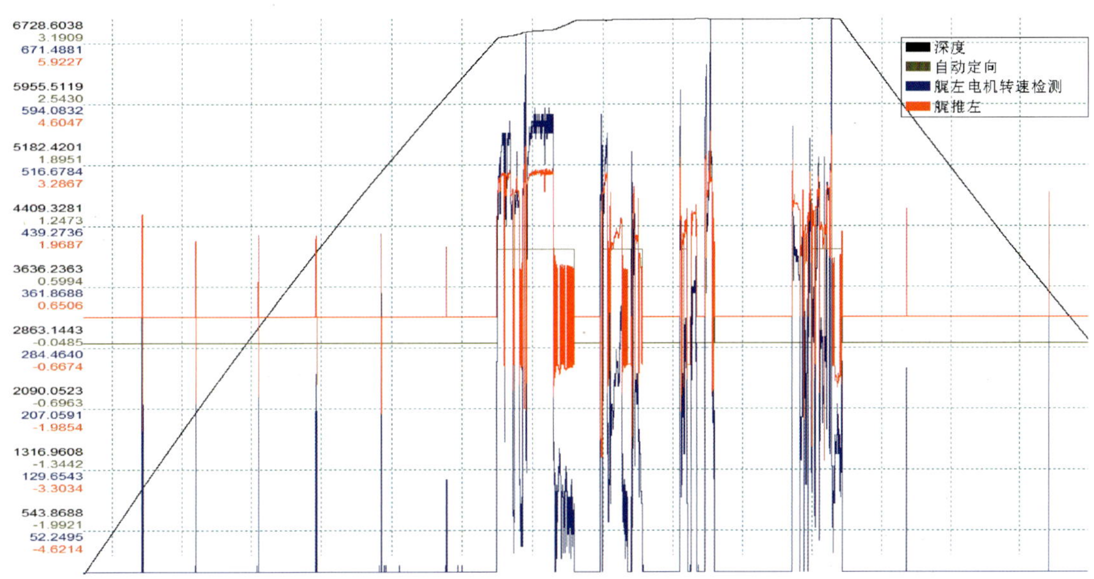

图 3.58　艉部左侧推进器性能曲线

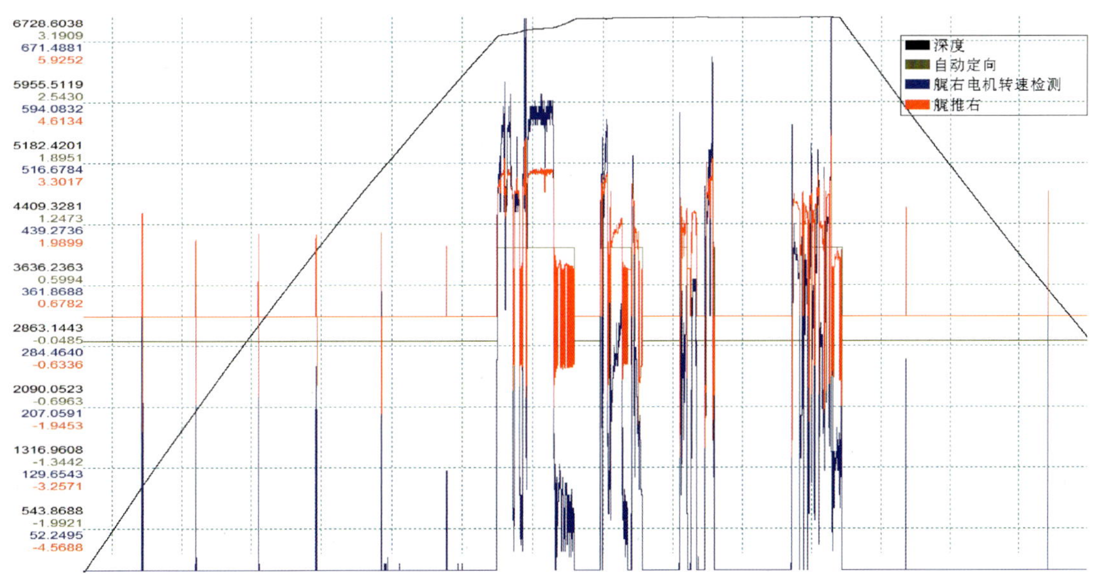

图 3.59　艉部右侧推进器性能曲线

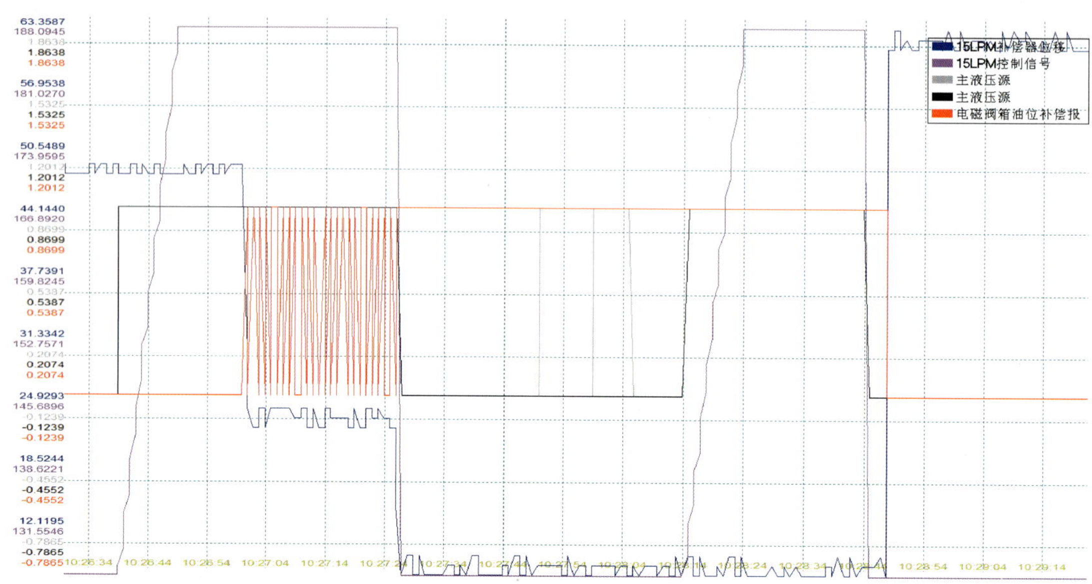

图 3.61　主液压源补偿器位移互锁保护曲线

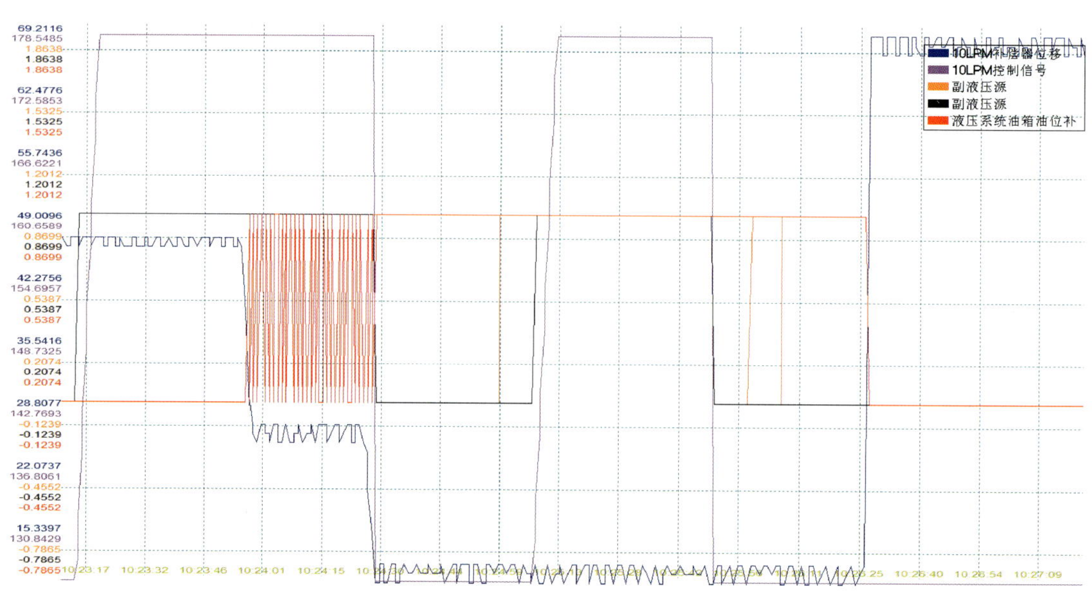

图 3.63　副液压源补偿器位移互锁保护曲线

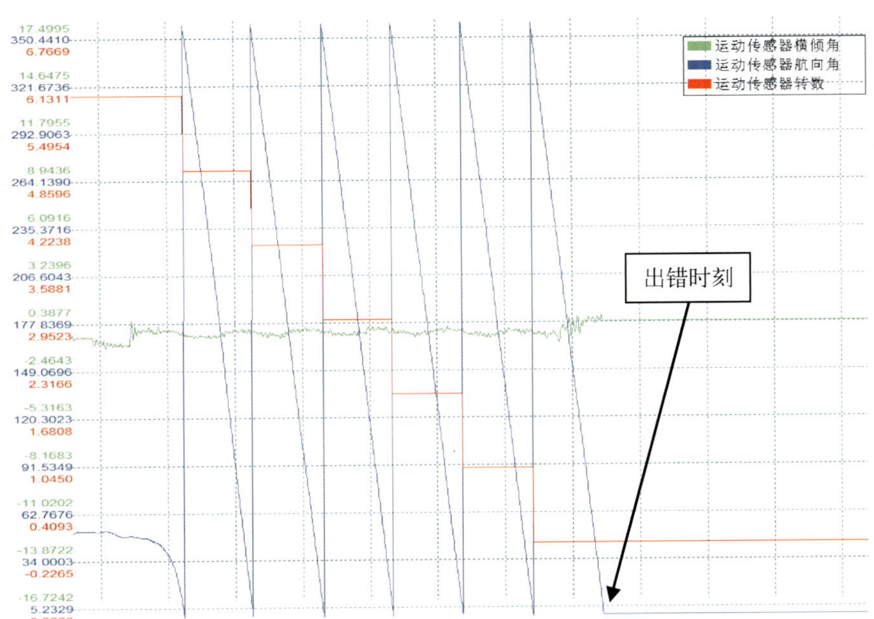

图 3.86　运动传感器转圈曲线

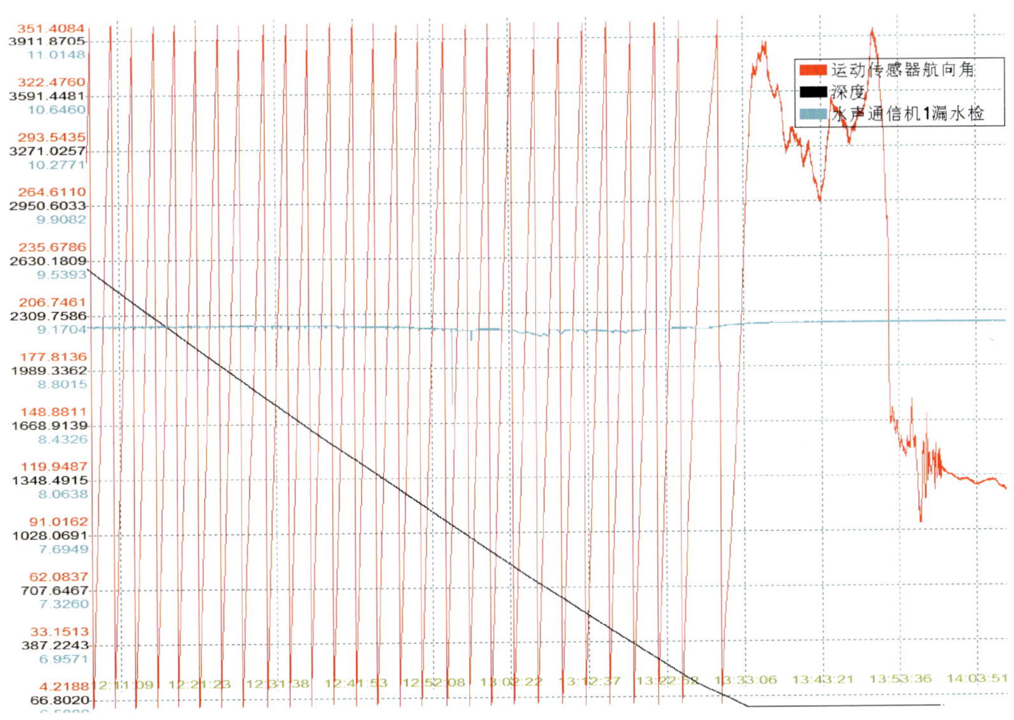

图 3.91　第 40 潜次 1♯通信机罐泄漏检测结果

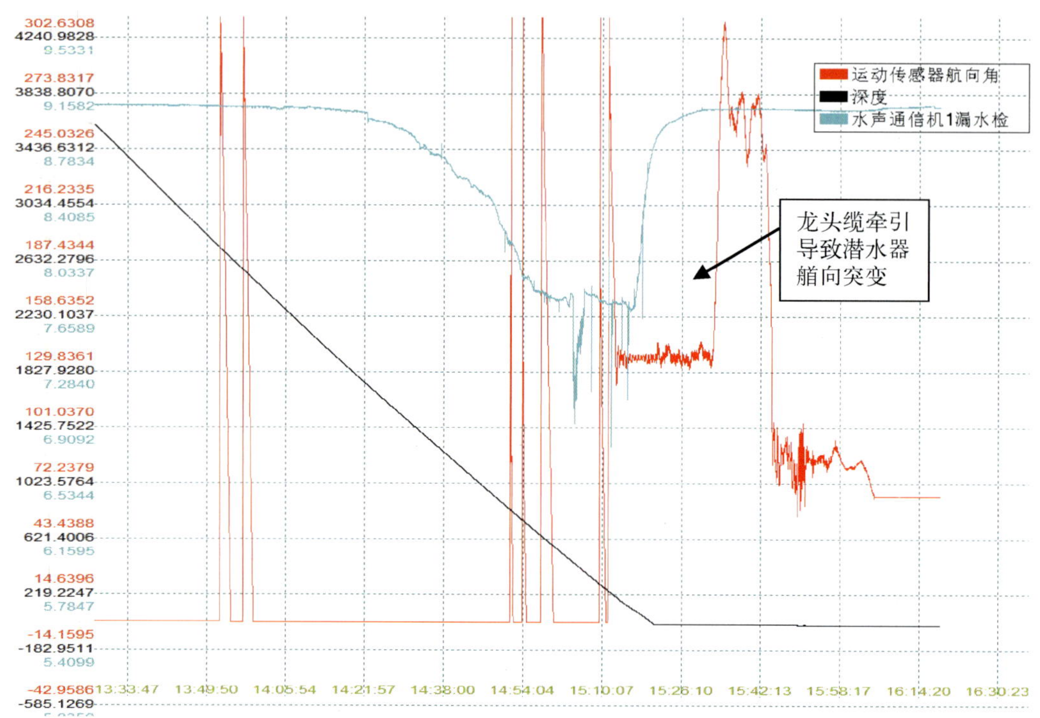

图 3.92　第 41 潜次 1♯通信机罐泄漏检测结果

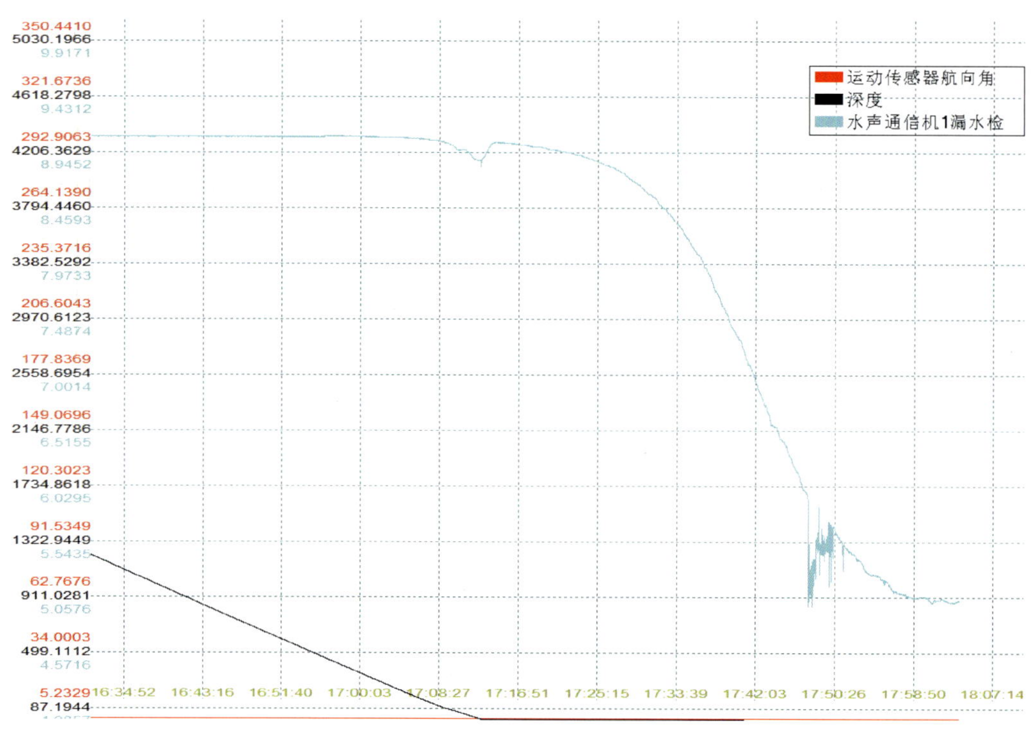

图 3.93　第 42 潜次 1♯通信机罐泄漏检测结果

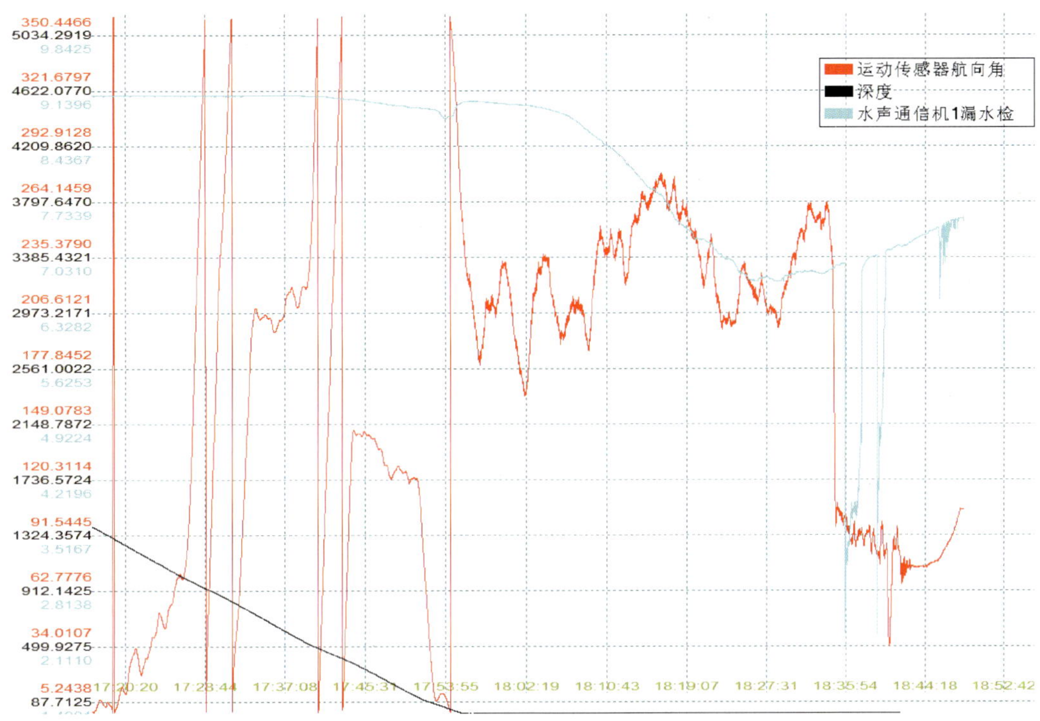

图 3.94 第 43 潜次 1#通信机罐泄漏检测结果

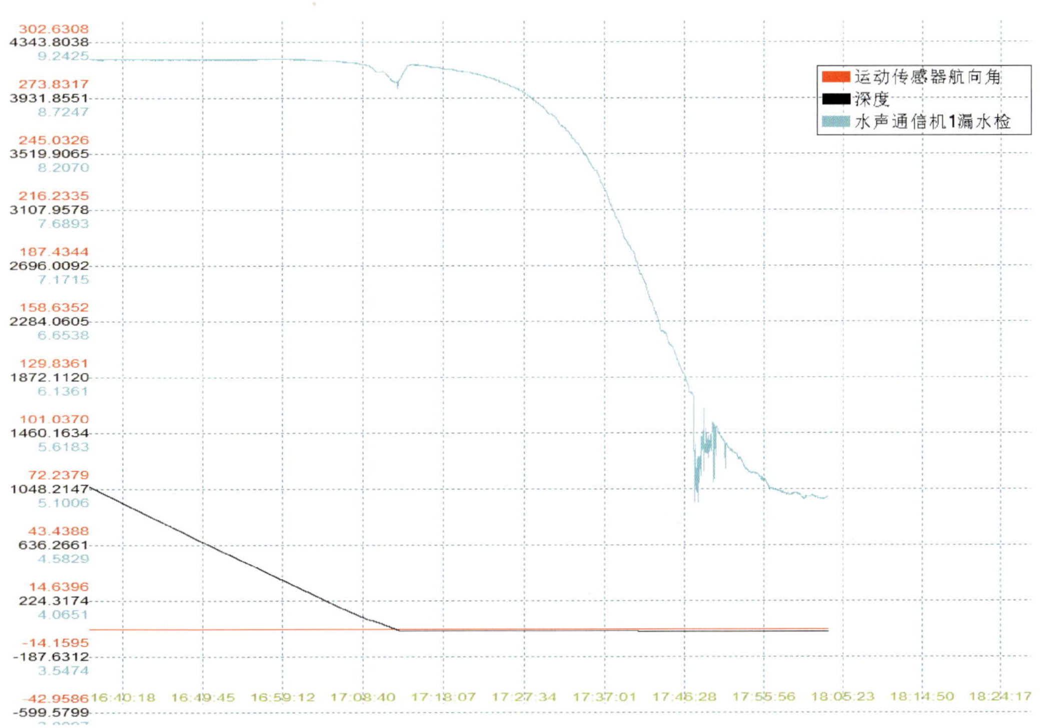

图 3.95 第 44 潜次 1#通信机罐泄漏检测结果